S·R Statistics Series with R

基于R应用的统计学丛书

应用回归及分类

——基于R

Applied Regression and Classification with R

吴喜之 编著

中国人民大学出版社

·北京·

前 言

本书不像很多教科书那样只讲80年之前的以数学假定和推导为主的内容, 而要强调最近20年最新和最有效的统计方法. 本书冠以"分类"二字, 是为了纠正由于只有"回归"而鲜有(如果不是没有)"分类"的教科书所造成的人们以为回归比分类更重要的偏见. 实际上, "分类"一词很少出现在教科书的书名中的主要原因恐怕是长期以来数学主导的统计界缺乏除了判别分析之外的数学式的分类方法, 而引入近年来新发展的机器学习方法似乎又不合那些只认数学公式的统计学家的胃口.

回归和分类的问题是相同的, 仅区别于因变量的形式. 在统计应用中, 最常见的是根据数据建立从自变量来预测因变量的模型, 也就是说, 用包含自变量和因变量的数据来训练一个模型, 然后用这个模型拟合新的自变量的数据来预测新的因变量的值.

$$\text{自变量} \longrightarrow \boxed{\textbf{模 型}} \longrightarrow \text{因变量}$$

上图为这样一个预测模型的示意图. 所谓因变量, 就是我们要预测的目标变量. 当因变量为数量变量时, 这种建模称为**回归**, 而当因变量为分类变量(定性变量)时, 则建模称为**分类**. 利用数据训练模型是一个学习过程, 因此, 统计建模过程也称为**统计学习**(statistical learning). 在有因变量的情况下, 无论是回归还是分类, 都属于**有指导学习**(supervised learning). 作为对照, 没有因变量的建模, 称为**无指导学习**(unsupervised learning).

目前有很多关于回归的教科书和课程, 但鲜有关于分类的教科书和课程. 而在回归中又以通常称为线性模型的线性最小二乘回归为主, 其原因是在前计算机时代, 线性模型是数学上最方便也最容易研究的模型, 关于线性模型的大量数学结果使其成为硕果累累的一大领域. 从线性模型又引申出非线性模型、广义线性模型、随机效应混合模型等新的建模方向, 使得回归领域不断扩大. 而在分类方面, 仅有在多元分析名下的"判别分析"可以做分类. 分类方面的研究在计算机出现前的很长一段时间远远不如回归那么普遍.

然而在实际工作中, 分类的需求并不比回归少, 但是, 由数学家所发明的经典方法无力解决如此多种多样的分类问题, 而又没有多少人愿意在文献中介绍他们不能解决的问题. 除此之外, 传统的回归方法也由于其对数据所限定的种种无法验证的假定而受到极大的限制和挑战. 计算机时代的到来彻底改变了这种局面. 各种机器学习方法的出现全面更新了传统回归领域的面貌和格局. 机器学习方法充分显示出在回归预测上的优越性能. 在分类领域, 机器学习方法在应用范围及预测精度上都普遍超过传统的诸如判别分析和二元时的logistic回归等参数方法.

　　本书的宗旨就是既要介绍传统的回归和分类方法, 又要引入机器学习方法, 并且通过实际例子, 运用R软件来让读者理解各种方法的意义和实践, 能够自主做数据分析并得到结论.

　　传统的回归分析教科书, 通常只讲所述方法能够做什么, 不讲其缺点和局限性, 并且很少涉及其他可用的方法, 而本书以数据为导向, 对应不同的数据介绍尽可能多的方法, 并且说明各种方法的优点、缺点及适用范围. 对于不同模型的比较, 本书将主要采用客观的交叉验证的方法. 对于每一个数据以及通过数据所要达到的目的, 都有许多不同的方法可用, 但具体哪种方法或模型最适合, 则依数据及目标而定, 绝不事先决定.

　　本书所有的分析都通过免费的自由软件R来实现.[1] 读者可以毫不困难地重复本书所有的计算. R网站[2]拥有世界各地统计学家贡献的大量最新程序包(package), 这些程序包以飞快的速度增加和更新, 已从2009年底的不到1000个增加到2015年8月中旬的7000多个. 它们代表了统计学家创造的针对各个统计方向及不同应用领域的崭新统计方法. 这些程序包的代码大多是公开的. 与此相对比, 所有商业软件远没有如此多的资源, 也不会更新得如此之快, 而且商业软件的代码都是保密的昂贵"黑匣子".

　　在发达国家, 不能想象一个统计研究生不会使用R软件. 那里很多学校都开设了R软件的课程. 今天, 任何一个统计学家想要介绍和推广其创造的统计方法, 都必须提供相应的计算程序, 而发表该程序的最佳地点就是R网站. 由于方法和代码是公开的, 这些方法很容易引起有关学者的关注, 这些关注对研究相应方法形成群体效应, 推动其发展. 不会编程的统计学家在今天是很难生存的.

　　在学校中讲授任何一种商业软件都是为该公司做义务广告, 如果没有相关软件公司的资助, 就没有学校愿意花钱讲授商业软件. 在教学中使用盗版软件是违法行为, 绝对不应该或明或暗地鼓励师生使用盗版商业软件, 使得师生通过盗版软件对其产生依赖性, 并抑制人们自由编程能力的发展.

　　对R软件编程的熟悉还有助于学习其他快速计算的语言, 比如C++, FORTRAN, Python, Java, Hadoop, Spark, NoSQL, SQL等, 这是因为编程理念的相似性, 这对于应对因快速处理庞大的数据集而面临的巨大的计算量有所裨益. 而熟悉一些傻瓜式商业软件, 对学习这些语言没有任何好处.

　　本书试图让读者理解世界是复杂的, 数据形式是多种多样的, 必须有超越书本、超越所谓权威的智慧和勇气, 才能充满自信地面对世界上出现的各种挑战.

　　由于统计正以前所未有的速度发展, R网站及其各个程序包也在不断更新, 因此, 笔者希望读者通过对本书的学习, 学会如何通过R不断学习新的知识和方法. "授人以鱼, 不如授之以渔", 成功的教师不是像百科全书那样告诉学生一些现成的知识, 而是

---

[1]R Core Team (2014). R: A language and environment for statistical computing. R Foundation for Statistical Computing, Vienna, Austria. URL http://www.r-project.org/.

[2]网址: http://www.r-project.org/.

让学生产生疑问和兴趣, 以促进其做进一步的探索.

本书所有的数据例子都可以从网上找到并且下载. 这些例子背后都有一些理论和应用的故事. 笔者并没有刻意挑选例子所在的领域, 统计方法对于各个实际领域是相通的. 我们想要得到的是在任何领域都能施展的能力, 而不是有限的行业培训. 如果你能够处理具有挑战性的数据, 那么无论该数据来自何领域, 你的感觉都会很好.

本书包括的内容有: 经典线性回归、广义线性模型、纵向数据(分层模型)、机器学习回归方法(决策树、bagging、随机森林、mboost、人工神经网络、支持向量机、k最近邻方法)、生存分析及Cox模型、经典判别分析与logistic回归分类、机器学习分类方法(决策树、bagging、随机森林、adaboost、人工神经网络、支持向量机、k最近邻方法). 其中, 纵向数据(分层模型)、生存分析及Cox模型的内容可根据需要选用, 所有其他的内容都应该在教学中涉及, 可以简化甚至忽略的内容为一些数学推导和某些不那么优秀的模型, 不可以忽略的是各种方法的直观意义及理念.

本书的适用范围很广, 其内容曾经在中国人民大学、首都经贸大学、中央财经大学、西南财经大学、云南财经大学、四川大学、哈尔滨理工大学、新疆财经大学、中山大学、内蒙古科技大学、云南师范大学及大理大学讲授过, 对象包括数学、应用数学、金融数学、统计、精算、经济、旅游、环境等专业的本科生以及数学、应用数学、统计、计量经济学、生物医学、应用统计、经济学等专业的硕士和博士研究生. 作为成绩评定, 给每个学生分配若干网站上的实际数据, 并要求他们在学期末将分析处理这些数据的结果形成报告. 这些数据如何处理, 没有标准答案, 甚至有些必要的方法还超出了授课的范围, 需要学生做进一步的探索和学习.

笔者认为, 这本书可以作为本科生的回归分析及分类课程的教科书, 应用统计硕士的知识应该包括本书的全部内容. 希望本书对于各个领域的教师以及实际工作者都有参考价值.

本书的排版是笔者通过 LaTeX 软件实现的.

在任何国家及任何制度下都能够生存和发展的知识和能力, 就是科学, 是人们在生命的历程中应该获得的.

吴喜之

目 录

第一章 引 言

1.1 作为科学的统计

1.1.1 统计是科学

统计是**科学**(science), 而科学的基本特征是其方法论: **对世界的认识源于观测或实验所得的信息(或者数据), 总结信息时会形成模型(亦称假说或理论), 模型会指导进一步的探索, 直到遇到这些模型无法解释的现象, 这就导致对这些模型的更新和替代.** 这就是科学的方法. 只有用科学的方法进行的探索才能称为科学.

科学的理论完全依赖于实际, 统计方法则完全依赖于来自实际的数据. 统计可以定义为"收集、分析、展示和解释数据的科学", 或者称为**数据科学**(data science). 统计几乎应用于所有领域. 人们现在已经逐渐认识到, 作为数据科学的统计, 必须和实际应用领域结合, 必须和计算机科学结合, 才会有前途(见图1.1).

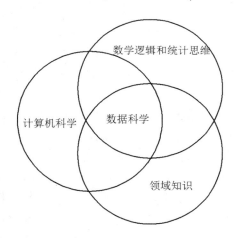

图 1.1 作为数学逻辑和统计批判性思维、计算机科学、实际领域知识之交的数据科学

统计的思维方式是**归纳**(induction), 也就是从数据所反映的现实得到比较一般的模型, 希望以此解释数据所代表的那部分世界. 这和以**演绎**(deduction)为主的数学思维方式相反, 演绎是在一些人为的**假定**(或者在一个公理系统)之下, 推导出各种结论.

1.1.2 模型驱动的历史及数据驱动的未来

在统计科学发展的前期, 由于没有计算机, 不可能应付庞大的数据量[1], 只能在对少量数据的背景分布做出诸如独立同正态分布之类的数学假定后, 建立一些假定的数学模型, 进行手工计算, 并推导出一些由这些模型所得结果的性质, 诸如置信区间、假

---

[1]请想象一下用纸和笔来计算简单线性回归所必须计算的预测矩阵 $X(X^\top X)^{-1}X^\top$, 假定 X 为 30×5 的数值矩阵.

设检验的p值、无偏性及相合性等. 在数据与数学假定相差较远的情况下, 人们又利用中心极限定理或各种大样本定理得到当样本量趋于无穷时的一些类似性质. 统计的这种发展方式, 给统计打上了很深的数学烙印.

统计发展的历史痕迹体现在很多方面, 特别是流行"模型驱动"的研究及教学模式. 各统计院系的课程大多以数学模型作为课程的名称和主要内容, 一些数理统计杂志也喜欢发表没有数据背景的关于数学模型的文章. 很多学生毕业后只会推导一些课本上的公式, 却不会处理真实数据. 一些人对于有穷样本, 也假装认为是大样本, 并且堂而皇之地用大样本的性质来描述从有穷样本中得到的结论. 至于数据是否满足大样本定理的条件, 数据样本是不是"大样本"等关键问题尽量不谈或少谈. 按照模型驱动的研究方式, 一些学者不从数据出发, 而是想象出一些他们感觉很好的数学模型, 由于苦于世界上不存在"适合"他们模型的数据, 他们则可能按照自己的需要来模拟一些满足自己需要的数据来说明自己的模型"有价值". 这种自欺欺人的做法绝对是不科学的.

以模型而不是数据为主导的研究方式导致统计在某种程度上成为自我封闭、自我欣赏及自我评价的系统. 固步自封的后果是, 30多年来, 统计丢掉了许多属于数据科学的领域, 也失去了许多人才. 在存在大量现成数学模型无法处理的复杂数据的情况下, 计算机领域的研究人员和部分概率论及统计学家开发了许多计算方法, 处理了传统统计无法解决的大量问题. 诸如人工神经网络、决策树、boosting、随机森林、支持向量机等大量算法模型的相继出现宣告了传统数学模型主导(如果不是垄断的话)数据分析时代的终结. 这些研究最初根本无法刊登在传统统计杂志上, 因此大多出现在计算机及各应用领域的杂志上.

模型驱动的研究方法在前计算机时代有其合理性. 但是在计算机快速发展的今天, 仍然固守这种研究模式, 就不会有前途了. 人们在处理数据时, 首先寻求现有的方法, 当现有方法不能满足他们的需求时, 往往会根据数据的特征创造出新的可以计算的方法来满足实际需要, 这就是统计科学近年来飞速发展的历程. 创造模型的目的是适应现实数据. 统计研究应该是由问题或者数据驱动的, 而不是由模型驱动的.

随着时代的进步, 各个统计院系现在也开始设置诸如数据挖掘、机器学习等课程, 统计杂志也开始逐渐重视这些研究. 这些算法模型很多都不是用封闭的数学公式来描述的, 而是体现在计算机算法或程序上. 对于结果的风险也不是用假定的分布(或渐近分布)所得到的p值, 而是用没有参加建模训练的测试集的交叉验证的误差来描述的. 这些方法发展得很快, 不仅因为它们能够更加精确地解决问题, 还因为那些不懂统计或概率论的人也能够完全理解结果(这也是某些有"领域垄断欲"的传统统计学家不易接受的现实). 现在, 无论承认与否, 多数统计学家都明白, 如果不会计算机编程或者不与编程人员合作, 则不会产生任何有意义的成果.

1.1.3　数据中的信息是由观测值数目及相关变量的数目决定的

为了使得模型简单且具有可计算性, 传统的统计研究人员经常把很大精力投入到减少自变量数目的降维研究上, 而很多机器学习方法不但不降维, 而且希望有更多相关变量的参与. 事实上, 所有的人都明白, 除了样本量之外, 变量越多, 信息量越大. 比如金融机构想要知道客户是否有信用, 就需要很多客户信息, 比如年龄、职业、收入、过去的信用记录等, 这些其实远远不够, 如果还能加上客户的行为、心理特征、朋友圈、理财效率和财产使用模式等则更好, 谁能够说应该为了计算方便而减去一些变量呢?

现代的计算机及算法对于信息量大的数据根本不惧怕, 它们欢迎巨大的样本量和变量维数, 因为维数是宝贵的资源, 从中可以得到低维状况无法得到的大量信息, 提高统计预测的准确性.

1.2　传统参数模型和机器学习算法模型

在回归和分类中, 模型都可以表示成下面抽象的形式:

$$y = f(x, \theta, \epsilon) \tag{1.1}$$

这里 y 为因变量, 分类时 y 是定性变量(亦称分类变量、属性变量等), 回归时 y 是定量变量(亦称数量变量等), 它可能是向量; 而 x 为自变量(可以是向量), 可以是定性变量或定量变量; 而 $f()$ 是因变量和自变量之间的关系, 在参数模型中是一个公式, 在机器学习方法中是一个算法; 其中的 θ 在参数模型中可以代表参数(向量), 在算法模型中可以代表具体的模型; 最终, 所有的模型都是近似的, 这样就把模型和数据之间不吻合的地方都归到误差 ϵ(可以是向量)上去. 有人把 ϵ 称为随机误差, 这是不妥的, 因为只有完全确定你的模型的准确性(不可能的), 才可以这样说, 但所有模型都是猜想, 不应该狂妄地说这误差是随机的.

从模型(1.1)可以引申出许多具体的模型, 比如误差可加模型

$$y = f(x, \theta) + \epsilon, \tag{1.2}$$

线性模型

$$y = x^\top \beta + \epsilon \tag{1.3}$$

等, 这里 β 是系数(参数).

1.2.1　参数模型比算法模型容易解释是伪命题

很多人认为机器学习的算法模型不如参数模型容易解释自变量对因变量的贡献. 这是因为他们对两种模型都缺乏了解.

以线性模型为例, 很多人认为拟合的系数代表自变量对因变量的贡献, 还说"当其他变量不变时, 一个自变量的系数代表该自变量对因变量的贡献". 其实, 这仅仅在所有变量都不相关时才成立, 而这在大多数回归中根本不成立(或至少无法验证).

但机器学习中的诸多方法可以从各个角度评价各个变量和观测值的关系. 比如随机森林不仅可以给出各个变量在回归和分类中从不同角度衡量的重要性以及对因变量的影响, 还可以给出每一个观测值和每一个变量之间的关系重要性, 以及所有观测

值之间在回归和分类中的关系. 目前还没有对任何一种经典方法有如此详尽的剖析. 这些结果比在沉重而又不可靠的数学假定下对系数的解释更加客观、合理.

1.2.2 参数模型的竞争模型的对立性和机器学习不同模型的协和性

对于每个数据, 总有一些不同的参数模型均被认为可以很好地解释数据所代表的现象, 它们互相竞争. 实际上, 这些模型的优劣仅仅是从不同的角度来刻画的, 除非用交叉验证, 否则很难比较. 但是机器学习方法可以把不同的竞争模型组合起来, 产生比单个模型更加精确的预测. 这如同俗语所说, "三个臭皮匠, 顶个诸葛亮".

1.2.3 评价和对比模型

很多传统回归分析教科书对于模型的评价是基于对数据及模型形式的数学假定, 且只用一个训练集本身对模型的拟合来判断模型是否合适. 这种用参与建模的数据加上主观假定来判断模型的方式不但很主观, 而且无法与其他模型做对比.

交叉验证的方法是在计算机时代才发展起来的, 它用训练数据集来训练模型, 然后用未参与建模的测试数据集来评价模型预测功能的优劣. 这对于在任何模型之间做预测比较都适用. 交叉验证不用对模型做任何假定, 因此是能够为各个领域的人所理解和接受的. 对于诸如回归和分类这样的有指导学习, 预测能力是反映模型好坏的最根本的标准.

交叉验证最常用的是N折交叉验证. 其要点为, 把数据随机分成N份, 轮流把其中1份作为测试集, 其余的$N-1$份合起来作为训练集; 然后用训练集拟合数据得到模型, 并用这样训练出来的模型来拟合未参加训练的测试集数据. 这种交叉验证共做N次. 对于分类, 就会得到在测试集中的N个误判率, 从而得到平均误判率; 而对于回归, 就可以得到在测试集中的N个**标准化均方误差**(normalized mean squared error, NMSE), 并得到其平均. 标准化均方误差NMSE定义如下:

$$NMSE = \frac{\sum_i (y_i - \hat{y}_i)^2}{\sum_i (y_i - \bar{y})^2}, \tag{1.4}$$

这里的y_i是**测试集**的因变量观测值; $\hat{y}_i$是**利用训练集得到的模型拟合测试集得到的因变量拟合值**; $\bar{y}$是**测试集**的因变量观测值的均值. 其分母是不用任何模型, 而仅仅用因变量观测值的均值来作为拟合值的均方误差MSE; 而分子为运用模型的拟合结果. 如果标准化均方误差NMSE小于1, 说明用这个模型比不用模型要强, NMSE越小越好; 如果NMSE大于1, 则说明这个模型根本是垃圾, 不能用.

交叉验证可以做很多次, 每次的N个数据子集都不一样, 这样得到的结果更加客观. 由于数据子集的选择是随机的, 交叉验证结果不唯一, 但可以发现, 多次交叉验证的结果差别不会太大. 后面将会更加具体地介绍各种情况下交叉验证数据子集的选择过程.

1.3 国内统计教学及课本的若干误区

1.3.1 假设检验的误区: 不能拒绝就接受?

除了像两点分布那样的理论探讨之外, 在目前数理统计教科书的内容范畴中, 当 p 值被认为太大而不能拒绝零假设时, 只能够说"目前没有足够证据拒绝零假设", 而绝对不能说"接受零假设". 在实际数据分析中, 人们只能够得到"拒绝零假设时可能犯错误的风险"(相应于 p 值[1]), 而得不到"接受零假设时可能犯错误的概率"(这是不可能得到的概率[2]).

国内某些"权威"教科书长期错误使用"接受零假设"的说法, 其原因可能是觉得任何统计分析一定要有确定性结论, 实际上, 在给出任何统计结论时, 都必须给出相应于该结论可能产生的风险. 提供决策建议而又不说明风险是不负责任的. 无法给出风险的"接受零假设"决策是绝对不能做的. 无论"权威"如何说, 我们应该运用自己的大脑来思考. "接受零假设"的说法已经成为中国特色, 近40多年来, 笔者没有见到国外教科书有这种说法.

下面我们用一个数值例子来说明"接受零假设"说法的荒谬. 对自然数列(当然不是正态分布)做两种正态性检验: 一种是对从1到50的自然数列做Shapiro-Wilk正态性检验; 另一种是对从1到500的自然数列做Kolmogorov-Smirnov正态性检验. 它们的 p 值分别为0.05809及0.0667, 结果是两种正态性检验在0.05的显著性水平下都无法拒绝(正态性的)零假设. 程序代码及结果如下:

```
> shapiro.test(1:50)
        Shapiro-Wilk normality test
data:  1:50
W = 0.9556, p-value = 0.05809
> x=1:500;ks.test(x,"pnorm", mean(x), sd(x), exact = T)


        One-sample Kolmogorov-Smirnov test

data:  x
D = 0.058, p-value = 0.0667
alternative hypothesis: two-sided
```

难道我们能够说"接受1到50或者1到500的自然数来自正态分布"吗? 很多人把很荒唐的事情当成理所当然的, 这或者是因为不动大脑, 或者是盲目迷信国内"权威"教科书. 对于上面两个正态性检验, 如果要拒绝零假设, 对Shapiro-Wilk检验, 只

---

[1]即使是 p 值, 也仅仅是从一个样本得到的, 不能代替整个总体.

[2]在理论探讨时所用的零假设和备选假设都是一点, 零假设和备选假设对称, 那时用"接受零假设"的说法似乎有些意义, 但这种"两点假设"的问题没有普遍的实际意义, 也不是国内教科书的主要内容.

要有52个自然数就可以对0.05的显著性水平拒绝零假设了(shapiro.test(1:52)),
而对于Kolmogorov-Smirnov检验, 要有544个自然数, p值才达到0.05, 这说明Shapiro-
Wilk检验比Kolmogorov-Smirnov检验要强势, 或者效率高(至少高10倍).

在一般情况下, 只要样本量小, 就往往会得到不能拒绝零假设的结论, 比如$\boldsymbol{x} = (-10^{20}, -10^{40})$, $\boldsymbol{y} = (10^{20}, 10^{40})$, 我们设零假设为这两个数据所代表的均值相等,
即$H_0 : \mu_x = \mu_y$, 并且做两样本均值的双边t检验$H_0 : \mu_x = \mu_y \leftrightarrow H_1 : \mu_x \neq \mu_y$, 代码及
结果如下:

```
> x=c(-10^20,-10^40);y=c(10^20,10^40)
> t.test(x,y)


        Welch Two Sample t-test

data:  x and y
t = -1.4142, df = 2, p-value = 0.2929
alternative hypothesis: true difference in means is not equal to 0
95 percent confidence interval:
 -4.042435e+40  2.042435e+40
sample estimates:
mean of x mean of y
   -5e+39     5e+39
```

从计算机输出可以看出, 一个数据的均值为-5×10^{39}, 另一个为5×10^{39}, 但由
于p值为0.2929, 在一般的显著性水平α下(只要α小于0.2929)无法拒绝零假设, 难道我
们应该说"接受"两个均值相等的零假设吗?

1.3.2 p值的误区

在假设检验中, p值的生成需要一系列无法验证的关于样本及关于模型的假定, 即
使这些主观假定完全符合(这是不可能的), 也有确定显著性水平(通常用α表示)大小的
问题. 一些教材以p值小于等于0.05作为显著的标准, 这是典型的没有根据的主观行
为.

"p值要多小才算小概率"取决于显著性水平α的取值, 也就是说, 给定显著性水平α,
当p值小于α时应拒绝零假设. α取多少完全依赖于问题本身. 对于80年前的Fisher时
代, 在农业试验中, 概率为0.05可以认为很小, 小于它就算显著, 这不会引起任何争
议. 但是在另外一些情况就不行了. 如果1000对父子(父女)做亲子鉴定, 有50个鉴定错
了(误差0.05), 或者有5个鉴定错了(误差0.005), 你能按照显著性水平0.05来认为这是
小概率事件吗? 显然不能, 即使是0.001, 也不能算是小概率事件, 鉴定机构肯定脱不了
干系. 不能让0.05这个数字把自己的头脑禁锢了. 任何时候都要以问题的性质为出发
点, 绝对不能盲目跟随某些定式思维教科书的并非负责任的暗示.

因此, p值小于多少才算显著应依问题而定. 有人不但把头脑固定在0.05, 而且对于p值等于0.052不知所措. 这可能是人们某种"洁癖"所致, 其实0.05和0.052没有什么区别, 不必太纠结. 数据的任何改动都会引起p值或多或少的变化.

p值本身仅仅根据一个样本来确定, 很难说对于新的或其他样本有多大的指导意义. 加上无法验证的主观假定及显著性水平确定的任意性, 完全有理由怀疑p值对于实际问题决策的作用.

1.3.3　置信区间的误区

如果根据公式$\bar{x} \pm t_{\alpha/2} \frac{s}{\sqrt{n}}$从数据算出来的均值$\mu$的置信区间为$(2.3, 4.5)$, 那么能不能说: "区间$(2.3, 4.5)$以概率$1 - \alpha$覆盖$\mu$?" 上述说法显然不对, 因为$\mu$和区间$(2.3, 4.5)$都是固定的数, 没有随机性可言, 不能出现任何概率. 区间$(2.3, 4.5)$是否覆盖μ, 不可能知道. 人们只能够说, "根据公式$\bar{x} \pm t_{\alpha/2} \frac{s}{\sqrt{n}}$对于无穷多个不同样本(样本量均为$n$)算出来的无穷多个区间中, 大约有$1 - \alpha$比例的置信区间覆盖$\mu$, 但到底哪些覆盖, 谁也不知道". 或者能够说, "对于随机变量X而言, 随机区间$\bar{X} \pm t_{\alpha/2} \frac{s}{\sqrt{n}}$以概率$1 - \alpha$覆盖$\mu$", 但这个结论和用具体数据算出来的数字区间意义不一样, 和具体样本无关. 此外, 上面的置信区间论述是假定样本为独立同正态分布的, 你敢保证样本满足这个条件吗?

1.3.4　样本量是多少才算大样本?

"大样本"经常用来表示可以使用中心极限定理来说明线性回归的F检验和t检验有效(因为均值渐近正态). 但在实际数据分析中, 有的教科书说样本量是30就可以认为是大样本. 这种说法不负责, 会产生严重误导. 我们看下面的模拟例子.

运行下面的模拟和检验程序会产生1000个样本量为100000的$t(3)$分布的样本均值, 并检验这些均值是否服从正态分布.

```
set.seed(10);y=NULL;for(i in 1:1000)
{y=c(y, mean(rt(100000,3)))};shapiro.test(y)
```

得到

```
    Shapiro-Wilk normality test

data: y
W = 0.99623, p-value = 0.0161
```

输出的p值等于0.0161, 对于任何大于p值的显著性水平(更不用说通常的0.05水平了), 都可以拒绝零假设. 这说明即使完全符合中心极限定理的假定, 且总体分布是对称的$t(3)$分布, 即使样本量为100000$(n = 100000)$, 所得到的均值的正态性假设还会被拒绝. 注意, 由于这里是模拟, 所以可以认为中心极限定理的条件完全满足, 但对于实际数据, 该定理的条件根本无法核实.

下面的模拟和检验程序表明来自χ^2及F分布的样本量为1000和100000的样本均值的正态性检验的p值分别只有0.03207和2.2×10^{-16}(浮点运算中就等于0).

```
set.seed(10);y=NULL;for(i in 1:5000)
{y=c(y, mean(rchisq(1000,2)))}
shapiro.test(y)# 得到W = 0.9993, p-value = 0.03207
set.seed(10);y=NULL;for(i in 1:5000)
{y=c(y, mean(rf(100000,1,2)))}
shapiro.test(y)# 得到W = 0.0036, p-value < 2.2e-16
```

显然"$n = 30$就算是大样本"的断言是荒唐和不负责任的. 实际上, 在证明各种"大样本定理"的统计学家中, 没有人愿意说样本量多大才是大样本, 除非他说谎. 大样本定理的结论对于样本量$n \to \infty$时是有意义的, 但谁能够说清楚你的n与∞差多远呢?

1.3.5 用31个省市自治区数据能做什么?

在宏观经济统计领域中, 很多人都用国家统计局公布的31个省市自治区的数据来做回归等统计分析, 但是究竟有多少人想过下面的问题:

- 31个省市自治区数据仅仅是一些汇总数据, 根本不是样本. 因此完全不满足任何适用于样本的统计推断方法.
- 如果一定要说31个省市自治区数据是样本, 那么总体是什么? 如果还有疑问, 好好温习一下初等概率统计读本就会明白了.
- 此外, 31个省市自治区数据互相根本不独立.
- 由于不是任何总体的样本, 更谈不上分布及正态性.
- 对于31个省市自治区的数据, 使用任何超出描述性统计方法的做法都值得怀疑.

1.3.6 汇总数据(比如部分均值)和原始观测值的区别

很多人喜欢用汇总数据, 比如用各地区变量的均值来做诸如回归那样的推断. 这时会出现很多弊病. 下面把一个含600个观测值的原始数据分成4, 12及30组, 然后求出每组的均值, 看各组的相关系数的差别, 并点出均值的散点图(见图1.2). 产生图1.2的代码为:

```
set.seed(999);n=600
w=data.frame(x=rnorm(n),y=rnorm(n))
I=c(4,12,30);par(mfrow=c(2,2))
plot(w,main=paste("n=",n," r=",round(cor(w)[1,2],2)))
for(j in 1:length(I)){
z=NULL;u=I[j];for( i in 1:u)
z=rbind(z,apply(w[((i-1)*n/u+1):(i*n/u),],2,mean))
plot(z,main=paste("n=",u," r=",round(cor(z)[1,2],2)))}
```

　　图1.2显示, 原来基本独立的(相关系数为0.01)两组数据在分组并取各组均值之后, 它们的相关系数从4个均值的0.91, 12个均值的0.22到30个均值的−0.17. 事实上, 当只有两组时, 相关系数为1, 随着组的个数增加, 各组均值的相关系数应该接近原始数据的相关系数.

　　从这个例子可以看出, 在任何情况下, 最好使用原始数据. 如果使用原始数据分组后的各组均值来替代原始数据, 则组的数目越少, 结果越不可靠.

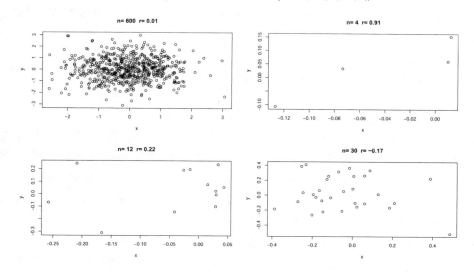

图 1.2　对样本量为600的数据分组求均值, 按照均值作散点图并求相关系数r

1.4　R软件入门

1.4.1　简介

　　R软件(R Development Core Team, 2011)用的是S语言. 对R软件编程的熟悉还有助于学习其他快速计算及处理各种数据的语言, 比如C++, FORTRAN, Python, Java, Hadoop, Spark, NoSQL, SQL, 等等, 这是因为编程理念具有相似性, 这对于应对因快速处理庞大的数据集而面临的巨大的计算量有所裨益, 而熟悉一些傻瓜式商业软件, 对学习这些语言没有任何好处.

　　R软件是免费的自由软件, 它的代码大多公开, 可以修改, 十分透明和方便. 大量国外新出版的统计方法专著都附带有R程序. R软件有强大的帮助系统, 其子程序称为函数. 所有函数都有详细说明, 包括变元的性质, 缺省值是什么, 输出值是什么, 方法的大概说明以及参考文献和作者地址. 大多数函数都有例子, 把这些例子的代码复制并粘贴到R界面就可以立即得到结果, 学习有关函数十分方便.

　　反映新方法的各种程序包(package)可以从R网站下载, 更方便的是联网时通过R软件菜单的"程序包"—"安装程序包"选项直接下载程序包.

　　软件必须在使用中学, 仅仅从软件手册中学习是不可取的, 正如仅仅用字典和语法书来学习外语则不可能成功. 笔者用过众多的编程软件, 没有一个是从课堂或者手册学的, 全部都是在分析数据的实践中学会的. 笔者在见到R软件时, 已至"耳顺"之年, 但在一天内即基本掌握, 几天内就可以熟练编程和无障碍地实现数据分析目的. 昏聩糊涂之翁尚能学懂, 何况年轻聪明的读者乎!

1.4.2 安装和运行小贴士

- 登录R网站(http://www.r-project.org/)[1], 根据说明从你所选择的镜像网站下载并安装R的所有基本元素.
- 向左边变元赋值可以用"="或者"<-"; 还可以用"->"向右赋值.
- 运行时可以在提示码">"后逐行输入指令. 如果回车之后出现"+"号, 则说明你的语句不完整(得在"+"号后面继续输入)或者已输入的语句有错误.
- 每一行可以输入多个语句, 之间用半角分号";"分隔.
- 所有代码中的标点符号都用半角格式(基本ASCII码). R的代码对于字母的大小写敏感. 变量名字、定性变量的水平以及外部文件路径和名字都可以用中文.
- 提倡使用工作目录. 可以在"文件"—"改变工作目录..."菜单确定工作目录, 也可以用诸如setwd("D:/工作")之类的代码建立工作目录. 有了工作目录, 输入存取数据及脚本文件的命令时就不用键入路径了.
- 不一定非得键入你的程序, 可以粘贴, 也可以打开或新建以R为扩展名的文件(或其他文本文件)作为运行脚本, 在脚本中可以用Ctrl+R来执行(计算)光标所在行的命令, 或者仅运行光标选中的任何部分. 使用脚本文件是应该提倡的, 它可以使你对你的操作有一个完整的书面记录, 对于发现错误及更改程序十分方便.[2]
- 出现的图形可以用Ctrl+W或Ctrl+C来复制并粘贴(前者像素高), 或者通过菜单存成所需的文件格式.
- 输入代码history(n), 则会给你找回n行你输入过的代码(无论对错).
- 如果在运行时点击Esc, 则会终止运行.
- 在运行完毕时会被问道"是否保存工作空间映像?"如果选择"保存", 下次运行时这次的运行结果还会重新载入内存, 不用重复计算, 缺点是占用空间. 如果已经有脚本, 而且运算量不大, 一般都不保存. 如果你点击了"保存", 又没有输入文件名, 这些结果会放在所设或默认的工作目录下名为.RData的文件中, 你可以随时找到并删除它.
- 注意, 从PPT或Word文档之类非文本文件中复制并粘贴到R上的代码很可能存在由这些软件自动变换的首字大写、(可见及不可见的)格式符号或者左右引号等造成的R无法执行的问题. 此外, 不要使用(例如中文中的)全角标点符号.
- R中有很多常用的数学函数、统计函数以及其他函数. 可以通过在R的帮助菜单中选择"手册(PDF文件)", 在该手册的附录中找到各种常用函数的内容.
- 在R界面, 你可以用问号加函数名(或数据名)的方式来得到该函数或数据

---

[1] 网上搜索"R"即可得到其网址.
[2] 目前的R对于没有存过的新建的脚本文件限制了存的次数, 其实只要存一次, 关闭之后再打开, 这个限制就没有了.

的细节, 比如用"?lm"可以得到关于线性模型函数"lm"的各种细节. 另外, 如果想查看在MASS程序包中的稳健线性模型"rlm", 在已经打开该程序包时(用library(MASS)打开, 用detach(package:MASS)关闭), 可用"?rlm"来得到该函数的细节. 如果MASS没有打开[1], 或者不知道rlm在哪个程序包, 可以用"??rlm"来得到其位置(条件是你有这个程序包). 如果对于名字不清楚, 但知道部分字符, 比如"lm", 可以用"apropos("lm")"来得到所有包含"lm"字符的函数和数据.

- 如果想知道某个程序包中有哪些函数或数据, 则可以在R的帮助菜单上选择"Html帮助", 再选择"Packages", 即可找到你的R上装载的所有程序包. 这个"Html帮助"很方便, 可以链接到许多帮助(包括手册等).
- 有一些简化的函数, 如加、减、乘、除、乘方("+, -, *, /, ^")等, 可以用诸如"?"+""这样的命令得到帮助(不能用"?+").
- 你还可以写关于代码的注释: 任何在"#"号后面作为注释的代码或文字都不会参与运行.
- 你可能会遇到无法运行过去已经成功运行过的一些代码, 或者得到不同结果的现象. 原因往往是这些程序包经过更新, 一些函数选项(甚至函数名称和代码)已经改变, 这说明R软件的更新和成长是很快的. 解决的办法是查看该函数, 或者查看提供有关函数的程序包来探索一下究竟.
- 有一个名为"RStudio"可以自由下载的软件能更方便地用几个窗口来展示R的执行、运行历史、脚本文件、数据细节等过程.
- 网页https://vincentarelbundock.github.io/Rdatasets/datasets.html提供大量R的各个程序包所带的数据, 可以由此搜寻所需要的数据.

1.4.3　动手

如果你不愿意弄湿游泳衣, 即使你的教练是世界游泳冠军, 即使你在教室里听了几百个小时的课, 你也永远学不会游泳. 如果你不开口, 即使你熟记了字典中所有英文单词的音标, 即使你完全明白英语语法, 你也永远学不会说英语.

软件当然要在使用中学. R软件的资源丰富、功能非常强大, 我们不可能也没有必要把每一个细节都弄明白, 软件中有很多功能都很少用到, 或者是不知道, 或者是因为没有需要, 或者是因为有替代方法. 我们都有小时候读书的经验, 能看懂多少就看懂多少, 很少查字典, 后来长大了, 在开始学外语时, 由于大量单词不会才对每个不认识的单词查字典. 实际上, 学外语时, 在有一定单词量的情况下, 能猜就不查字典可能是更好的学习方式.

本书最后的附录"练习: 熟练使用R软件", 提供了一些作者为练习而编写的代码, 如果全部一次运行, 用不了一分钟, 但希望读者在每运行一行之后就思考一下. 一般人都能够在很短的一两天内将这些代码完全理解. 如果在学习以后章节的统计内容时

---

[1]通常为了节省内存以及避免变量名称混杂, 应该在需要时打开相应的程序包, 不需要时关闭.

不断实践, R语言就会成为你自己的语言了.

　　建议初学R者, 在读本书之前, 务必花些时间, 运行一下这些代码!

1.5　习　题

1. 下载R软件.
2. 打开R软件, 建立你的工作目录, 并且做一些简单的运算, 比如:
   (1) 求多项式$3 + 4x - 6x^2 - 780x^3 + 50x^4 + 20^6$的根.
   　　(提示: 用代码`polyroot(c(3,4,-6,-780,50,0,20))`.)
   (2) 计算复数值
   $$\frac{(2 + 3i)(56 - 78i)}{(-23 - 34i)(59 - 4i) + 34 - 5i}.$$
   　　(提示: 用代码`((2+3i)*(56-78i))/((-23-34i)*(59-4i)+34-5i)`.)
   (3) 求标准正态随机数产生的20×20矩阵的逆.
   　　(提示: 用代码`x=matrix(rnorm(400),20,20);solve(x)`.)
   (4) 画出一串1000个标准正态随机数的直方图.
   　　(提示: 用代码`hist(rnorm(1000))`.)
3. 打开R, 点击"帮助"—"CRAN主页"—"Packages"看看今天有多少可供使用的程序包(packages), 再看看今天又增加了多少新程序包.
4. 打开R, 点击"帮助"—"CRAN主页"—"Task Views"看看有多少你感兴趣的领域或方向, 再点击你感兴趣的领域, 看看有多少程序包可用.
5. 运行一遍本书最后的"练习: 熟练使用R软件"中的代码.

第二章　经典线性回归

以最小二乘方法为主的经典线性回归是最经典的回归模型. 最初是在110年前由Legendre(1805)提出的. 100多年来得到无数数学家的研究, 以致发展到目前的水平. 经典的线性回归已经发展出很多分支, 本章将介绍其中的一些内容.

无论对于回归还是分类, 关于模型有两个问题需要说明:

1. **模型拟合**

在你选定要采用的模型种类之后, 就可以用你的模型来拟合数据, 或者说用数据来训练模型. 拟合之后会得到模型中参数的估计, 或者算法模型的结构或参数. 这一步不需要什么假定. 即使你任意用手画一条线, 也是一种拟合, 只不过不易说清楚你所画的线的优劣, 也不易和其他模型比较罢了. 人们对数据与模型的假定有以下几种:

(1) **不需要任何假定的拟合**. 诸如决策树、boosting、随机森林等机器学习方法不需要对数据做出任何关于模型和分布的假定.

(2) **不需要分布假定但需要模型假定的拟合**. 例如, 最小二乘回归不需要分布假定, 但需要关于模型形式的假定.

(3) **需要对分布和模型作假定的拟合**. 例如, 最大似然法需要对数据的分布和模型形式做出假定.

2. **模型评价**

人们需要对各种模型或者一种模型的不同形式做出比较, 以判断模型的优劣.

(1) **交叉验证可以在任何模型之间做客观的比较**. 这种方法必须用称为训练集的一部分数据来训练模型, 再用称为测试集的另一部分数据通过训练集得到的模型来检查误差. 这种方法可以用于一类模型各个成员之间的比较, 也可以用于不同类模型之间的比较, 不需要对数据的任何数学假定.

(2) **对于参数模型, 在对模型和数据的各种数学假定下的评估**. 这包括经典的教科书在各种假定下做出的各种检验及置信区间等推断. 这些评估有极大的局限性和不确定性, 但由于这是珍贵的"历史文物", 必须予以尊重, 但不必过多纠缠.

建议: 本章中诸如最小二乘法拟合以及有关检验之类的计算都可以用计算机完成, 完全没有必要去深究那些公式的导出细节. 老师自己都不愿意用手算的东西, 没有必要让学生去做. **但是, 有必要让学生了解最小二乘拟合的直观几何意义以及那些基于各种假定的检验所产生的结论的局限性和不可靠性. 此外, 交叉验证方法的原理和实施是必须学会的.**

2.1 模型形式

2.1.1 自变量为一个数量变量的情况

顾名思义, **线性模型**意味着假定因变量y和自变量x之间的关系可以用线性关系来近似. 先考虑x为一个数量变量的情况. 这时一般的模型形式为:

$$y = \beta_0 + \beta_1 x + \epsilon.$$

这里假定x是一个非随机的数目; ϵ是模型所无法描述的随机误差项, 假定其均值$E(\epsilon) = 0$. 因此y是一个随机变量, 其均值

$$\mu = E(y) = \beta_0 + \beta_1 x + E(\epsilon) = \beta_0 + \beta_1 x.$$

这显然是平面上的一条截距为β_0、斜率为β_1的直线. 如果数据有n个观测值: $(y_1, x_1), (y_2, x_2), ..., (y_n, x_n)$[1], 那么, 对于这个数据的线性模型为:

$$y_i = \beta_0 + \beta_1 x_i + \epsilon_i, \ i = 1, ..., n. \tag{2.1}$$

如果记$\boldsymbol{y} = (y_1, ..., y_n)^\top$, $\boldsymbol{x} = (x_1, ..., x_n)^\top$, $\boldsymbol{\epsilon} = (\epsilon_1, ..., \epsilon_n)^\top$, 则有向量形式

$$\boldsymbol{y} = \beta_0 \boldsymbol{1} + \boldsymbol{x} \beta_1 + \boldsymbol{\epsilon}.$$

2.1.2 自变量为多个数量变量的情况

如果有p个数量自变量$x_1, x_2, ..., x_p$, 则线性模型的一般形式可以写成

$$y = \beta_0 + \beta_1 x_1 + \beta_2 x_2 + \cdots + \beta_p x_p + \epsilon.$$

如果数据有n个观测值, 为$(y_1, x_{11}, ..., x_{1p}), (y_2, x_{21}, ..., x_{2p}), ..., (y_n, x_{n1}, ..., x_{np})$, 那么, 对于这个数据的线性模型为:

$$y_i = \beta_0 + \beta_1 x_{i1} + \beta_2 x_{i2} + \cdots + \beta_p x_{ip} + \epsilon_i, \ \ i = 1, ..., n. \tag{2.2}$$

如果用$\boldsymbol{X}$表示矩阵

$$\boldsymbol{X} = \begin{pmatrix} 1 & x_{11} & x_{12} & \cdots & x_{1p} \\ 1 & x_{21} & x_{22} & \cdots & x_{2p} \\ \vdots & \vdots & \vdots & & \vdots \\ 1 & x_{n1} & x_{n2} & \cdots & x_{np} \end{pmatrix},$$

记$\boldsymbol{\beta} = (\beta_0, \beta_1, ..., \beta_p)^\top$, $\boldsymbol{y}$的均值向量为$\boldsymbol{\mu} = (\mu_1, ..., \mu_n)^\top$, 则相应的线性模型可以写成

$$\boldsymbol{y} = \boldsymbol{\mu} + \boldsymbol{\epsilon} = \boldsymbol{X}\boldsymbol{\beta} + \boldsymbol{\epsilon}.$$

---

[1]注意, 这里所说的n个观测值不是n个单独的数, 而是包括因变量和自变量的n组数. 就这个模型来说, 每个观测值包含两个数. 如果有p个自变量及一个因变量, 则每个观测值有$p + 1$个数.

均值向量

$$\boldsymbol{\mu} = E(\boldsymbol{y}) = \boldsymbol{X}\boldsymbol{\beta}.$$

这也可以写成 $\mu_i = \boldsymbol{x}_i^\top \boldsymbol{\beta}$ $(i = 1, ..., n)$, 这里的 $\boldsymbol{x}_i = (1, x_{i1}, ..., x_{ip})^\top$.

2.1.3 "线性"是对系数而言的

注意, 线性模型的"线性"是对参数或系数而言的, 例如, 下面的模型也是线性模型:

$$y_i = \beta_0 + \beta_1 \frac{x_{i1}}{x_{i2}} + \beta_2 \ln(x_{i2}) + \epsilon_i, \quad i = 1, ..., n.$$

只要定义新自变量 $x_{i1}^* = x_{i1}/x_{i2}$, $x_{i2}^* = \ln(x_{i2})$, 模型就可以写成前面的线性模型形式:

$$y_i = \beta_0 + \beta_1 x_{i1}^* + \beta_2 x_{i2}^* + \epsilon_i, \quad i = 1, ..., n.$$

下面的模型也是线性模型(因变量是 y, 自变量是 x_1, x_2, ϵ 是误差):

$$y = \alpha x_1^{\beta_1} x_2^{\beta_2} \mathrm{e}^{\epsilon}.$$

两边取对数, 得到

$$\ln(y) = \ln(\alpha) + \beta_1 \ln(x_1) + \beta_2 \ln(x_2) + \epsilon.$$

只要定义新的因变量为 $y^* = \ln(y)$, 新的自变量为 $x_1^* = \ln(x_1)$, $x_2^* = \ln(x_2)$, 参数 $\beta_0 = \ln(\alpha)$, 就有模型

$$y^* = \beta_0 + \beta_1 x_1^* + \beta_2 x_2^* + \epsilon.$$

评论: 线性模型对数据及数据之间的关系给出了非常强的约束和假定. 我们在对实际数据假定任何模型时, 都必须考虑这些假定的合理性. 如果模型假定错了, 表面再漂亮的结果也是没有意义的.

2.2 用最小二乘法估计线性模型

有了假定的线性模型形式, 如何估计出模型的参数呢? 不同的准则或要求会得到不同的结论. 本节介绍的最小二乘法就是众多估计方法之一, 也是最古老和最经典的方法.

2.2.1 一个数量自变量的情况

对于有一个数量自变量的模型

$$y_i = \beta_0 + \beta_1 x_i + \epsilon_i, \quad i = 1, ..., n,$$

如果要用具有 n 个观测值 $(y_1, x_1), (y_2, x_2), ..., (y_n, x_n)$ 的数据来估计未知系数的值, 也就是要试图寻找一条直线 $y = \beta_0 + \beta_1 x$ (等价于寻找截距 β_0 和斜率 β_1), 使得因变量 $\boldsymbol{y} = (y_1, ..., y_n)$ 和该直线之间的称为误差(也称为残差)的竖直距离[1] $y_i - (\beta_0 +$

---

[1]这里使用竖直距离而不是几何上的距离是因为我们关心的是因变量方向的变化.

$\beta_1 x_i$) ($i = 1, ..., n$)的某种综合度量最小.

要衡量这些y_i到直线的综合距离不能简单地对上面的误差求和, 因为误差有正有负, 可以抵消. 一般选用一个称为**损失函数**的凸函数[1]$\rho()$, 并且估计使得下式最小的参数β_0和β_1:

$$S = \sum_{i=1}^{n} \rho(y_i - (\beta_0 + \beta_1 x_i)).$$

损失函数的选择有很多, 但最经典的$\rho()$为二次函数, 这时上式为:

$$S = \sum_{i=1}^{n} (y_i - (\beta_0 + \beta_1 x_i))^2.$$

使得此式最小的β_0和β_1称为系数的**最小二乘估计**[2], 估计量一般记为$\hat{\beta}_0$和$\hat{\beta}_1$. 这里的S称为**误差平方和**(sum of squares of errors, SSE). 这种估计方法叫**最小二乘法**(least square method).

实际上损失函数也可以取绝对值或者其他不对称的函数形式. 这里取二次函数是因为在计算机不发达的过去, 二次函数有简单及导数连续等数学上容易处理的特点而被长期采用. 选取什么样的损失函数应该根据所面对问题的本质来确定. 在实践中, 损失往往并不对称, 比如, 买卖中多给或少给货品对于买家和卖家的损失就不对称, 制造业偏离标准尺寸多或者少的损失也大不一样.

评论: 选取最小二乘法本身就假定了损失的对称形式, 而在多种对称损失函数下选择二次函数完全是主观的决定. 在实际的数据分析中, 必须考虑这种选择是否合理.

为了估计β_0和β_1, 需要对S关于β_0和β_1求偏导数, 并使其为0, 得到所谓的**正规方程组**(normal equations):

$$\frac{\partial S}{\partial \beta_0} = -2 \sum_{i=1}^{n} (y_i - \beta_0 - \beta_1 x_i) = 0,$$

$$\frac{\partial S}{\partial \beta_1} = -2 \sum_{i=1}^{n} (y_i - \beta_0 - \beta_1 x_i) x_i = 0.$$

解之得到

$$\hat{\beta}_1 = \frac{\sum_{i=1}^{n} (x_i - \bar{x})(y_i - \bar{y})}{\sum_{i=1}^{n} (x_i - \bar{x})^2}, \quad \hat{\beta}_0 = \bar{y} - \hat{\beta}_1 \bar{x}, \tag{2.3}$$

这里$\bar{x} = \sum_{i=1}^{n} x_i / n$和$\bar{y} = \sum_{i=1}^{n} y_i / n$分别是变量$x$和变量$y$的样本均值.

通常称$\hat{y}_i = \hat{\beta}_0 + \hat{\beta}_1 x_i$为$y$在回归直线上$x = x_i$处的**拟合值**(fitted value), 这时y到直线的竖直距离$e_i = y_i - \hat{y}_i$称为**残差**[3], 因而前面的误差平方和(SSE)在这时也称为**残差平方和**(residual sum of squares, RSS).

---

[1]这里所说的凸函数是指下凸(convex), 而不是上凸(concave).

[2]在中国古代, 平方称为"二乘", 故得此名.

[3]严格地说, 这里是最小二乘回归的残差. 任何拟合都会产生相应的残差, 术语"残差"(residual)不是最小二乘回归专有的.

在R软件中, 运行最小二乘回归的结果包括参数估计值、n个残差、n个拟合值以及其他许多输出, 完全用不着套用公式(2.3)来计算.

下面用一个简单例子来说明刚刚介绍的一些概念.

例 2.1　　**汽车**(cars.csv) 该数据是20世纪20年代的50辆汽车的车速(speed)和刹车距离(dist)的记录, 该数据包含在R的基本程序包datasets[1]中, 数据名为cars. 数据来自Ezekiel(1930), 参见McNeil(1977).

由于只有两个变量, 我们用下面代码产生图2.1:

```
par(mfrow=c(1,2))
plot(dist~speed, cars)
plot(dist^0.4~speed, cars,
    ylab=expression(dist^0.4))
```

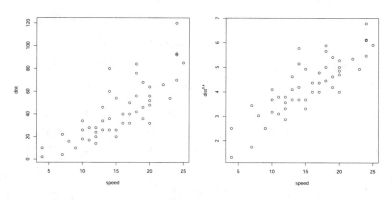

图 2.1　　例2.1 的dist对speed的散点图(左)及dist$^{0.4}$对speed的散点图(右)

图2.1的左图显示的是dist与speed的散点图(即纵坐标代表dist, 横坐标代表speed), 两个变量似乎不那么"线性"(看上去有些下凸模式), 为此我们对dist做一个幂为0.4的指数变换(参见2.2.2节), 这相应于图2.1的右图, 该图为dist的0.4次指数幂(dist$^{0.4}$)对speed的散点图. 这个图看上去比左图要"线性"些. 因此, 在这个例子中, 我们打算以dist(距离)的0.4次幂作为因变量, 以speed作为自变量做回归.

用y表示dist$^{0.4}$, 用x表示speed, 则希望建立的线性回归模型为:

$$y_i = \beta_0 + \beta_1 x_i + \epsilon_i, \quad i = 1, ..., 50.$$

利用R代码(a=lm(dist^0.4~speed, cars))很容易算出公式(2.3)中的最小二乘回归系数的估计:

```
Call:
lm(formula = dist^0.4 ~ speed, data = cars)
```

---

[1]R Core Team (2015). R: A language and environment for statistical computing. R Foundation for Statistical Computing, Vienna, Austria. URL http://www.r-project.org/.

```
Coefficients:
(Intercept)          speed
     1.4823          0.1823
```

即 $\hat{\beta}_0 = 1.48$, $\hat{\beta}_1 = 0.18$. 也就是说, 估计的最小二乘回归直线为:

$$y = 1.48 + 0.18x \quad \text{或者} \quad \text{dist}^{0.4} = 1.48 + 0.18\,\text{speed}.$$

上面用的回归函数lm()(lm是linear model的缩写)是应用最广泛的函数之一. 在函数lm()中, 符号"~"的左边是数据中因变量的名字(这里包括了0.4次幂), 右边是自变量, 第三项是数据名称(这里是cars). 如果数据名称没有写在第三项, 则要写全, 成为data=cars. 本书所介绍的回归和分类的大部分代码都类似于这种格式. 虽然我们在函数lm()中只写了包括因变量和自变量的公式及数据名称两项, 但实际上还有很多选项, 它们都有自己的默认值, 只是在这里我们没有试图去改变这些值而已.

由于我们在代码(a=lm(dist^0.4~speed, cars))中把输出放在对象a中, 因此在对象a中包括很多结果, 可以用代码names(a)来查看有哪些结果, 得到

```
[1] "coefficients"   "residuals"    "effects"      "rank"
[5] "fitted.values"  "assign"       "qr"           "df.residual"
[9] "xlevels"        "call"         "terms"        "model"
```

显然上面输出的第一个是系数, 可以用a$coefficients或者a$co来得到(不能用a$c, 因为还有一个call也是以字母c打头的). 再者, 可以利用代码a$fit得到50个拟合值 $\hat{y}_i$, 利用代码a$res得到50个残差 e_i, 等等. 而图2.2显示了例2.1的 y (dist$^{0.4}$)对 x (speed)的散点图以及回归直线 $y = \hat{\beta}_0 + \hat{\beta}_1$. 图2.2还显示了从各个样本点 (x_i, y_i) 到拟合直线上拟合值 $(x_i, \hat{y}_i)$ 的竖直线段, 这里每条线段的长度相应于残差的大小. 在回归直线上方的点产生正残差, 在回归直线下方的点产生负残差.

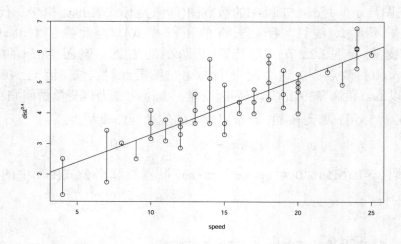

图 2.2　例2.1 dist$^{0.4}$对speed的散点图、回归直线及显示残差的线段

产生图2.2的代码为:

```
n=nrow(cars)
plot(dist^0.4~speed, cars, ylab=expression(dist^0.4),cex=1.5)
abline(a)
for (i in 1:n)
segments(cars[i,1],cars[i,2]^0.4,cars[i,1],a$fitted[i])
```

如果用代码summary(a)及anova(a)还可以输出更多的结果, 大多和后面一小节讨论的对系数的推断有关, 但summary(a)有一个输出为:

```
Multiple R-squared:  0.7132,     Adjusted R-squared:  0.7072
```

这是称为**可决系数**[1](coefficient of determination)的$R^2(= 0.7132)$及调整的可决系数的$\bar{R}^2(= 0.7072)$. 可决系数定义为:

$$R^2 = 1 - \frac{\sum_{i=1}^{n}(y_i - \hat{y})^2}{\sum_{i=1}^{n}(y_i - \bar{y})^2}.$$

调整的可决系数定义为:

$$\bar{R}^2 = 1 - (1 - R^2)\frac{n-1}{n-p-1},$$

这里p是自变量的个数. 可决系数接近于1意味着残差平方和很小, 因此可决系数是衡量拟合的一个度量. 而调整的可决系数是为了避免因自变量增加导致R^2过大而设. 容易验证, $\bar{R}^2 < R^2$; 当n比较大时, $\hat{R}^2$和R^2差不多. 另外, $\bar{R}^2$可能会是负数.

评论: 有些人把R^2是否接近于1看成评价模型好坏的标准, 这是极其片面的. 如果用铅笔信手把图上的样本点用任意曲线(或线段)连接起来, 得到的曲线也是回归曲线, 而且由于$y_i = \hat{y}_i$, 导致$R^2 = 1$, 但没有人会认为你用铅笔画的模型有多少用处. 此外, 在回归模型中如果没有常数项(截距), R^2及$\bar{R}^2$没有多大意义, 甚至完全没有意义.

2.2.2　指数变换

当因变量和自变量的点图看上去不那么均匀地"线性"时, 当因变量看上去不那么符合后面要叙述的"基本假定"(参见2.3.1节)时, 人们往往考虑对因变量做指数变换或对数变换(其统一形式为Box-Cox变换).

变换能不能解决问题呢? 我们已经对例2.1的变量dist做了幂为0.4的指数变换, 现在说明一下这个幂是如何得到的. 利用程序包MASS[2]中的boxcox()函数可以找到回归中的Box-Cox变换的参数λ. 原始的Box-Cox变换(Box & Cox, 1964)的公式为:

$$y^{(\lambda)} = \begin{cases} \dfrac{y^\lambda - 1}{\lambda}, & \lambda \neq 0; \\ \ln(y), & \lambda = 0. \end{cases}$$

这个公式是为了统一指数变换和对数变换而设计的. 在实际应用中, 如果确定了λ,

---

[1]也称为测定系数、确定系数等.

[2]Venables, W. N. & Ripley, B. D. (2002) *Modern Applied Statistics with S.* Fourth Edition. Springer, New York. ISBN 0-387-95457-0.

可以直接用指数或对数变换, 不必套用这个公式, 回归效果是一样的. 对例2.1利用boxcox()函数寻找使得对数似然函数最大的λ的R代码如下:

```
library(MASS)
b=boxcox(dist~speed, data=cars)
b$x[which(b$y==max(b$y))]
```

输出0.424, 并得到图形(见图2.3), 图形显示对数似然函数的最高点出现在λ = 0.424的位置.

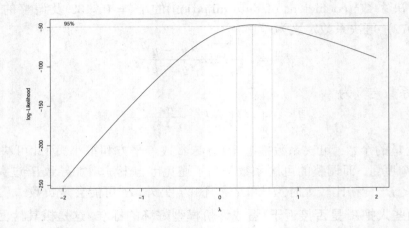

图 2.3　例2.1 对dist寻求Box-Cox变换的参数λ

根据这些结果, 我们在前面例2.1的线性模型中对于变量dist做了幂为0.4的指数变换.

对于经济数据和其他变量为正数的数据, 人们往往对变量做对数变换, 以把其值域从正实轴变换到整个实轴. 指数变换(或对数变换)可以改变样本分布的形状, 往往可以把单峰的偏态分布变换得更加对称. **但指数(或对数)变换并不是万能的, 绝对不能对其期望过高.**

2.2.3　多个数量自变量的情况

在有多个自变量的情况, 模型为:

$$y = \mu + \epsilon = X\beta + \epsilon.$$

这时最小二乘法需要最小化的为$(y - X\beta)^\top (y - X\beta)$, 即要

$$\min_{\beta}\{(y - X\beta)^\top (y - X\beta)\} = \min_{\beta}\{y^\top y - 2y^\top X\beta + \beta^\top X^\top X\beta\}$$

这导致正规方程[1]

$$\frac{\partial(\boldsymbol{y}^\top\boldsymbol{y} - 2\boldsymbol{y}^\top\boldsymbol{X}\boldsymbol{\beta} + \boldsymbol{\beta}^\top\boldsymbol{X}^\top\boldsymbol{X}\boldsymbol{\beta})}{\partial\boldsymbol{\beta}} = -2\boldsymbol{X}^\top\boldsymbol{y} + 2\boldsymbol{X}^\top\boldsymbol{X}\boldsymbol{\beta} = 0$$

得到

$$\hat{\boldsymbol{\beta}} = (\boldsymbol{X}^\top\boldsymbol{X})^{-1}\boldsymbol{X}^\top\boldsymbol{y}. \tag{2.4}$$

则有

$$\hat{\boldsymbol{y}} = \boldsymbol{X}\hat{\boldsymbol{\beta}} = \boldsymbol{X}(\boldsymbol{X}^\top\boldsymbol{X})^{-1}\boldsymbol{X}^\top\boldsymbol{y}. \tag{2.5}$$

前面关于一个数量自变量的式(2.3)是式(2.4)的特例. 由于矩阵 $\boldsymbol{H} = \boldsymbol{X}(\boldsymbol{X}^\top\boldsymbol{X})^{-1}\boldsymbol{X}^\top$ 作用于 $\boldsymbol{y}$ 产生 $\hat{\boldsymbol{y}}$ ($\boldsymbol{H}\boldsymbol{y} = \hat{\boldsymbol{y}}$), 也就是说 $\boldsymbol{H}$ 给 $\boldsymbol{y}$ 戴"帽子", 因此 $\boldsymbol{H}$ 也称为帽子矩阵.[2] 帽子矩阵把 $\boldsymbol{y}$ 投影到 $\boldsymbol{X}$(所张成的)空间上, 而 $\boldsymbol{I} - \boldsymbol{H}$ 把 $\boldsymbol{y}$ 投影到与 $\boldsymbol{X}$(所张成的)空间正交的空间上, 得到残差 $\boldsymbol{e}$:

$$\boldsymbol{e} = (\boldsymbol{I} - \boldsymbol{H})\boldsymbol{y} = \boldsymbol{y} - \boldsymbol{X}(\boldsymbol{X}^\top\boldsymbol{X})^{-1}\boldsymbol{X}^\top\boldsymbol{y} = \boldsymbol{y} - \hat{\boldsymbol{y}}. \tag{2.6}$$

显然残差 $\boldsymbol{e}$ 和 $\boldsymbol{X}$ 空间正交, 当然也和 $\boldsymbol{X}$ 空间中的 $\hat{\boldsymbol{y}}$ 正交. 残差平方和为 $\boldsymbol{e}^\top\boldsymbol{e}$.

图2.4为最小二乘法的投影示意图. 图2.4中的因变量向量 $\boldsymbol{y}$ 到 $\boldsymbol{X}$ 所张成的空间的投影为向量 $\hat{\boldsymbol{y}}$, 而这两个向量的差为 $\boldsymbol{e} = \boldsymbol{y} - \hat{\boldsymbol{y}}$.

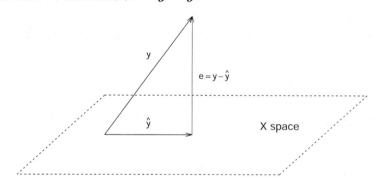

图 2.4　$\boldsymbol{y}$ 到 $\boldsymbol{X}$ 所张成的空间的投影示意图

关于估计参数的式(2.4)很容易记, 但不易手算, 用R软件中的 lm() 函数可以直接得到, 即使完全按照上面式(2.4)通过计算机代码得到这些估计值、拟合值或残差等也非常方便. 下面利用一个例子来说明.

例 2.2　岩心(rock.csv) 在储油层的12个岩心样品中, 每个样品取4个横截面采样, 得到48个样本的perm(透气性), area(孔隙总面积), peri(孔隙总周长)和shape(形

---

[1]注: 二次型 $\boldsymbol{\beta}^\top\boldsymbol{A}\boldsymbol{\beta}$ 关于向量 $\boldsymbol{\beta}$ 的导数定义为:

$$\frac{\partial\boldsymbol{\beta}^\top\boldsymbol{A}\boldsymbol{\beta}}{\partial\boldsymbol{\beta}} = 2\boldsymbol{\beta}^\top\boldsymbol{A} \text{ 或 } 2\boldsymbol{A}\boldsymbol{\beta}.$$

[2]帽子矩阵(hat matrix)也称为预测矩阵(prediction matrix).

状)等4个变量. 该数据包含在R的基本程序包datasets[1]中, 数据名为rock. 用代码plot(rock)产生的图2.5显示的是各个变量间的两两散点图. 从这个图中看不到因变量perm和其他变量之间明显的线性模式, 倒是在area和peri之间有些线性关系的特征. 无论如何, 我们先试试用线性模型来近似这个现象.

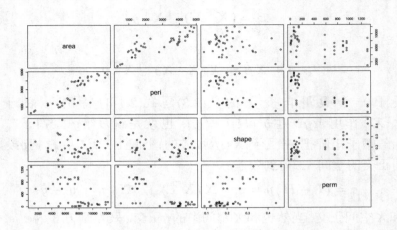

图 2.5 例2.2 各个变量间的两两散点图

于是, 打算以perm(透气性)作为因变量, 而其他3个变量作为自变量做一回归. 为此, 用y表示perm, 用x_1, x_2, x_3分别表示area, peri, shape, 则希望建立的线性回归模型为:

$$y_i = \beta_0 + \beta_1 x_{i1} + \beta_3 x_{i2} + \beta_3 x_{i3} + \epsilon_i, \ i = 1, ..., 48.$$

利用代码(a=lm(perm~.,rock))可以得到式(2.4)表示的系数估计:

```
Call:
lm(formula = perm ~ ., data = rock)


Coefficients:
(Intercept)          area          peri         shape
  485.61797       0.09133      -0.34402     899.06926
```

也就是说, 拟合的最小二乘回归直线为:

$$y = 485.62 + 0.09x_1 - 0.34x_2 + 899.07x_3.$$

还可以利用代码a$fit得到48个拟合值$\hat{y}_i$, 利用代码a$res得到48个残差e_i, 等等. 如果直接用式(2.4)来计算, 可以得到同样的结果, 代码如下(第一行代码为在$\boldsymbol{X}$矩阵中加上相应于截距的一列1):

[1]R Core Team (2015). R: A language and environment for statistical computing. R Foundation for Statistical Computing, Vienna, Austria. URL http://www.r-project.org/.

```
X=as.matrix(cbind(1,rock[,-4]))
Y=rock[,4]
solve(t(X)%*%X)%*%t(X)%*%Y
```

得到各个参数:

```
              [,1]
1      485.61797447
area     0.09133379
peri    -0.34402460
shape  899.06925984
```

用式(2.5)得到拟合值及用式(2.6)计算残差的代码如下:

```
H=X%*%solve(t(X)%*%X)%*%t(X)#帽子矩阵
H%*%Y   #拟合值
(diag(48)-H)%*%Y #(I-H)Y: 残差
```

执行代码summary(a)和anova(a)可输出更多的结果, 包括可决系数及下一节要介绍的对于系数的推断等内容.

2.2.4 自变量为定性变量的情况

数据中的定性变量(也称分类变量、属性变量等)的各个水平或者用字符(字符串)表示, 或者用哑元表示. 比如, 性别中的男、女可以用"Male"和"Female"表示, 也可以用0和1这样的哑元来表示. 在R中的函数lm()会自动把具有字符串水平的变量识别为定性变量, 但会把具有哑元水平的定性变量自动当成数量变量处理. 因此在使用函数lm()拟合之前, 必须在程序中用函数factor()把用哑元代表水平的变量转换成定性变量. 但是在内部具体计算时, 被当成定性变量的每个水平都会被软件自动转换成为一个由0和1组成的变量, 有几个水平就变成几个变量. 比如下面是一个假想的数据矩阵(可以用w=read.table("tt.txt",header=T)获得), 其中Age和Sex为自变量, Income是因变量:

```
  Age Sex Income
1   2   M   4102
2   1   M   3756
3   2   F   2762
4   3   M   3987
5   1   F   3741
6   1   F   3089
7   1   F   2045
8   1   F   2805
9   2   F   3926
```

```
10    2    M    3483
```

这里Age(年龄)是定性变量, 其水平是哑元, 1, 2, 3分别代表青年、中年、老年; Sex(性别)为字符代表的定性变量. 如果这个数据名为w, 则在处理时必须先用代码w[,1]=factor(w[,1])来把Age识别为定性变量. 在数学上, 也就是在计算机内部, 把该数据转换成(加上全部为1的截距项)下面的(X, Y)形式(这个格式的数据存在文件tt0.txt中):

Intercept	Age1	Age2	Age3	SexF	SexM	Income
1	0	1	0	0	1	4102
1	1	0	0	0	1	3756
1	0	1	0	1	0	2762
1	0	0	1	0	1	3987
1	1	0	0	1	0	3741
1	1	0	0	1	0	3089
1	1	0	0	1	0	2045
1	1	0	0	1	0	2805
1	0	1	0	1	0	3926
1	0	1	0	0	1	3483

这里的Age1为年龄等于哑元1的示性向量(可用1*(w$Age==1)得到), Age2为年龄等于哑元2的示性向量(可用1*(w$Age==2)得到), Age3为年龄等于哑元3的示性向量(可用1*(w$Age==3)得到), SexF为性别为"F"的示性向量(可用1*(w$Sex=="F")得到), SexM为性别为"M"的示性向量(可用1*(w$Sex=="M")得到).

但是, 其中X矩阵共线, Age1+Age2+Age3与SexM+SexF都等于Intercept. 按照统计学术语表达, 与Age和Sex有关的系数是不可估计的, 要想求出拟合方程必须加上约束条件, R的默认约束是把定性变量第一个因子的参数定义为0. 哪个是第一个因子呢? 按照习惯的"字典"排列顺序, Age的哑元水平"1"是第一个(即Age1), Sex的水平"F"是第一个(即SexF), 当然, 你也可以人工改变水平的顺序. 在X矩阵中就相当于去掉相应的列, 得到实际参加运算的(X, Y)为:

	Intercept	Age2	Age3	SexM	Y
[1,]	1	1	0	1	4102
[2,]	1	0	0	1	3756
[3,]	1	1	0	0	2762
[4,]	1	0	1	1	3987
[5,]	1	0	0	0	3741
[6,]	1	0	0	0	3089
[7,]	1	0	0	0	2045
[8,]	1	0	0	0	2805
[9,]	1	1	0	0	3926

[10,]　　　　　1　　1　　0　　1 3483

或者以矩阵形式表示:

$$
\boldsymbol{X} = \begin{pmatrix} 1\ 1\ 0\ 1 \\ 1\ 0\ 0\ 1 \\ 1\ 1\ 0\ 0 \\ 1\ 0\ 1\ 1 \\ 1\ 0\ 0\ 0 \\ 1\ 0\ 0\ 0 \\ 1\ 0\ 0\ 0 \\ 1\ 0\ 0\ 0 \\ 1\ 1\ 0\ 0 \\ 1\ 1\ 0\ 1 \end{pmatrix}, \quad \boldsymbol{Y} = \begin{pmatrix} 4102 \\ 3756 \\ 2762 \\ 3987 \\ 3741 \\ 3089 \\ 2045 \\ 2805 \\ 3926 \\ 3483 \end{pmatrix}
$$

这个变换后的数据可以用下面代码得到:

```
x=read.table("tt0.txt",header=T);x=as.matrix(x)
X=x[,-c(2,5,7)];Y=x[,7]
```

于是, 我们用代码solve(t(X)%*%X)%*%t(X)%*%Y来按照公式$\hat{\boldsymbol{\beta}} = (\boldsymbol{X}^\top \boldsymbol{X})^{-1} \boldsymbol{X}^\top \boldsymbol{Y}$计算参数的估计值, 得到

```
Intercept 2963.0556
Age2        294.8333
Age3        403.2222
SexM        620.7222
```

而直接用R函数lm()拟合的代码为:

```
w[,1]=factor(w[,1])
(a=lm(Income~.,w))
```

得到和直接用公式计算相同的结果:

```
Call:
lm(formula = Income ~ ., data = w)

Coefficients:
(Intercept)        Age2        Age3        SexM
    2963.1       294.8       403.2       620.7
```

这个输出有什么意义呢? 对于定性变量, 它们不是斜率, 而是各种截距. 用y表示Income, 用$\alpha_i\ (i = 1, 2, 3)$表示Age的3个水平, 用$\beta_j\ (j = 1, 2)$表示女性和男性. 于是这里估计的线性模型为:

$$
\hat{y} = \hat{\mu} + \hat{\alpha}_i + \hat{\beta}_j, \ i = 1, 2, 3, \ j = 1, 2.
$$

而根据计算机输出, 各个参数的估计值为:

$$\hat{\mu} = 2963.1, \hat{\alpha}_1 = 0(\text{ 默认}), \hat{\alpha}_2 = 294.8, \hat{\alpha}_3 = 403.2, \hat{\beta}_1 = 0(\text{ 默认}), \hat{\beta}_2 = 620.7.$$

显然, 最终拟合的线性模型仅仅是6个不同的数目($3 \times 2 = 6$). 当然, 除了把一个水平的效应设为0之外, 还可以采用别的约束条件. 这说明这些定性变量水平对因变量只有相对(于其他水平的)意义, 没有绝对意义. **注意: 无论选择哪个水平的效应为0或者采用诸如各水平效应之和为0等其他约束条件, 无论模型中有没有统一的截距项μ, 最后得到的6个截距项是不会改变的.**

2.3 关于系数的性质和推断

这一部分是在对数据的若干假定之下所作的假设检验. 首先, 做与模型(2.2)(包括模型(2.1))有关的数学或概率假定, 只有在这些数学假定下本节的各种结论才有意义.

2.3.1 基本假定

(1) 误差ϵ_i $(i = 1, ..., n)$为同分布互不相关的随机变量, 均值为$E(\epsilon_i) = 0$, 方差为$Var(\epsilon_i) = \sigma^2$. 这个假定导出不同的$y_i$不相关, 以及$\boldsymbol{\mu} = E(\boldsymbol{Y}) = \boldsymbol{X}\boldsymbol{\beta}$, $Var(\boldsymbol{Y}) = \sigma^2\boldsymbol{I}$等推论.

(2) 误差$\epsilon_i \sim N(0, \sigma^2)$, 由于它们不相关, 正态性导致它们独立, 即$\boldsymbol{\epsilon} \sim N(\boldsymbol{0}, \boldsymbol{I}\sigma^2)$. 因此有变量$y_i \sim N(\boldsymbol{x}_i^\top \boldsymbol{\beta}, \sigma^2)$

评论: 误差项独立同正态分布的假定非常强, 而且永远无法证实. 这些假定意味着: "所用的线性模型是完全正确的, 仅仅存在一些由ϵ_i代表的随机误差, 这些随机误差没有包括任何线性模型未描述的实际现象."

1. 在基本假定下, $\boldsymbol{\beta}$的最小二乘估计也是最大似然估计

在基本假定下, 前面回归系数的最小二乘估计也是最大似然估计. 由于对数似然方程为:

$$\ln L(\boldsymbol{\beta}, \sigma^2) = -\frac{n}{2}\ln(2\pi\sigma^2) - \frac{1}{2}\sum_{i=1}^{n}\frac{(y_i - \mu_i)^2}{\sigma^2}, \tag{2.7}$$

这里$\mu_i = \boldsymbol{x}_i^\top \boldsymbol{\beta}$. 于是$\boldsymbol{\beta}$在$\sigma^2$固定时的最大似然估计, 等于使得残差平方和(RSS)

$$RSS(\boldsymbol{\beta}) = \sum_{i=1}^{n}(y_i - \mu_i)^2 = (\boldsymbol{y} - \boldsymbol{X}\boldsymbol{\beta})^\top(\boldsymbol{y} - \boldsymbol{X}\boldsymbol{\beta})$$

最小的$\boldsymbol{\beta}$, 即最小二乘估计$\hat{\boldsymbol{\beta}}$.

2. $\hat{\boldsymbol{\beta}}$的性质

对式(2.4)取期望, 基于基本假设, 可得

$$E(\hat{\boldsymbol{\beta}}) = \boldsymbol{\beta}.$$

这意味着 $\hat{\boldsymbol{\beta}}$ 是 $\boldsymbol{\beta}$ 的无偏估计量. 类似地, 可得

$$Var(\hat{\boldsymbol{\beta}}) = \sigma^2(\boldsymbol{X}^\top \boldsymbol{X})^{-1}.$$

基于基本假设

$$\hat{\boldsymbol{\beta}} \sim N(\boldsymbol{\beta}, \sigma^2(\boldsymbol{X}^\top \boldsymbol{X})^{-1}).$$

如果没有第(2)条基本假设, 在大样本的情况下, 基于中心极限定理, 这个正态分布是近似的.

评论: 对于实际问题, 基本假定第(2)条是无法证实的; 而样本量为多大时中心极限定理才近似成立也没有人能够说清楚. 但这个 $\hat{\boldsymbol{\beta}}$ 具有正态分布是对回归系数做假设检验等推断的基础.

3. σ^2 的最大似然估计

把 $\boldsymbol{\beta}$ 的最小二乘估计 $\hat{\boldsymbol{\beta}}$ 代入似然函数式(2.7), 得到 σ^2 的轮廓似然(profile likelihood):

$$\ln L(\sigma^2) = -\frac{n}{2}\ln(2\pi\sigma^2) - \frac{1}{2}\frac{RSS(\hat{\boldsymbol{\beta}})}{\sigma^2}.$$

关于 σ^2 求导(不是关于 σ), 得到 σ^2 的一个估计

$$\hat{\sigma}^{*2} = \frac{RSS(\hat{\boldsymbol{\beta}})}{n}.$$

这是有偏的, 为使得其无偏, 把 n 换成 $n-(p+1)$ 得到其无偏估计量

$$\hat{\sigma}^2 = \frac{RSS}{n-(p+1)},$$

也就是说

$$E(\hat{\sigma}^2) = E\left(\frac{RSS}{n-(p+1)}\right) = \sigma^2,$$

这里的

$$RSS = RSS(\hat{\boldsymbol{\beta}}) = (\boldsymbol{y}-\boldsymbol{X}\hat{\boldsymbol{\beta}})^\top(\boldsymbol{y}-\boldsymbol{X}\hat{\boldsymbol{\beta}}) = \boldsymbol{y}^\top\boldsymbol{y} - \hat{\boldsymbol{\beta}}\boldsymbol{X}^\top\boldsymbol{Y}.$$

4. $\hat{\boldsymbol{\beta}}$ 的方差和标准误差的估计

方差 $Var(\hat{\boldsymbol{\beta}})$ 的一个估计为:

$$\widehat{Var}(\hat{\boldsymbol{\beta}}) = \hat{\sigma}^2(\boldsymbol{X}^\top\boldsymbol{X})^{-1}.$$

$\widehat{Var}(\hat{\boldsymbol{\beta}})$ 的第 i 个对角线元素的平方根为 $\hat{\beta}_i$ 的标准误差, 记为 $se(\hat{\beta}_i)$. 作为特例, 在只有一个自变量回归时(如模型(2.1)), 斜率 β_1 的拟合值的方差估计为:

$$\widehat{Var}(\hat{\beta}_1) = \frac{\hat{\sigma}^2}{\sum_{i=1}^n (x_i - \bar{x})^2}$$

标准误差为:

$$se(\hat{\beta}_1) = \frac{\hat{\sigma}}{\sqrt{\sum_{i=1}^n (x_i - \bar{x})^2}}.$$

　　根据 $\hat{\beta}$ 及其标准误差的估计, 可以很容易得到其置信区间的表达式. 当然, 对于具体数值例子, 还是使用R函数比较方便. 比如对例2.2, 使用代码

```
a=lm(perm~.,rock);confint(a,level=0.95)
```

就可以得到各个系数的95%置信区间:

	2.5 %	97.5 %
(Intercept)	166.36710209	804.8688468
area	0.04096171	0.1417059
peri	-0.44703814	-0.2410111
shape	-122.62330057	1920.7618203

2.3.2　关于 $H_0: \beta_i = 0 \leftrightarrow H_1: \beta_i \neq 0$ 的 t 检验

　　在基本假定之下, 检验

$$H_0: \beta_i = \beta_i^* \leftrightarrow H_1: \beta_i \neq \beta_i^*$$

的检验统计量

$$t = \frac{\hat{\beta}_i - \beta_i^*}{se(\hat{\beta}_i)}$$

在 H_0 下服从具有 $n-p-1$ 个自由度的 t 分布, 因此可以得到 p 值. 一般人主要关心的是 $\beta_i^* = 0$ 的情况, 即检验

$$H_0: \beta_i = 0 \leftrightarrow H_1: \beta_i \neq 0.$$

软件自动输出的也是这个检验的 p 值. 这时的检验统计量为:

$$t = \frac{\hat{\beta}_i}{se(\hat{\beta}_i)}.$$

　　利用R代码可以很容易地得到这个检验的 p 值, 比如对于例2.1, 用语句summary(lm(dist^0.4~speed,cars)), 得到

```
Call:
lm(formula = dist^0.4 ~ speed, data = cars)

Coefficients:
            Estimate Std. Error t value Pr(>|t|)
(Intercept)  1.48232    0.27135   5.463 1.64e-06
speed        0.18225    0.01668  10.925 1.29e-14
---
Residual standard error: 0.6175 on 48 degrees of freedom
Multiple R-squared:  0.7132,    Adjusted R-squared:  0.7072
F-statistic: 119.4 on 1 and 48 DF,  p-value: 1.294e-14
```

其中的Estimate一列给出了参数β_i的估计$\hat{\beta}_i$, 而Std. Error一列给出了$\hat{\beta}_i$的标准误差的估计$se(\hat{\beta}_i)$, 第三列t value给出了t统计量的实现值, 最后一列Pr(>|t|)为p值. 在输出中除了R^2和$\bar{R}^2$之外, 还有一个F检验, 其p值和上面对斜率(speed的系数)的t检验的p值相同, 这两个p值相同仅仅出现在只有一个自变量的情况(参见2.3.3节).

对于例2.2, 用语句summary(lm(perm~.,rock)), 得到

```
Call:
lm(formula = perm ~ ., data = rock)

Coefficients:
            Estimate Std. Error t value Pr(>|t|)
(Intercept) 485.61797  158.40826   3.066 0.003705
area          0.09133    0.02499   3.654 0.000684
peri         -0.34402    0.05111  -6.731 2.84e-08
shape       899.06926  506.95098   1.773 0.083070
---
Residual standard error: 246 on 44 degrees of freedom
Multiple R-squared:  0.7044,    Adjusted R-squared:  0.6843
F-statistic: 34.95 on 3 and 44 DF,  p-value: 1.033e-11
```

这里输出的内容的意义和前面例2.1的基本一样, 只是后面的F检验的p值与前面的t检验的p值不同, 这就涉及到下面2.3.3节的检验了.

评论: 关于个别系数的t检验只有在基本假定下各个变量不相关时才有意义, 对存在多重共线性的情况(见2.7节), 这种t检验的p值可能产生误导. 此外, 对于多于两个水平的定性变量中每个水平的t检验并不说明这个水平如何重要, 必须通过方差分析表来看该变量各个水平的差异(见2.3.4节).

2.3.3 关于多自变量系数复合假设F检验及方差分析表

这时的检验为:

$$H_0 : \beta_1 = \beta_2 = \cdots = \beta_p = 0 \leftrightarrow H_1 : \beta_i 不全为0. \tag{2.8}$$

注意, 这个检验**不等于**一连串p个下列检验

$$H_0^{(i)} : \beta_i = 0 \leftrightarrow H_1^{(i)} : \beta_i \neq 0.$$

假定对于单独一个检验$H_0^{(i)}$, 犯第一类错误的概率为$\alpha = P(拒绝H_0^{(i)}|H_0^{(i)}为真)$, 那么当所有$H_0^{(i)}$都为真时, 拒绝$p$个这样的检验中至少一个的概率为$1 - (1 - \alpha)^p$. 这就是上面复合检验(2.8)犯第一类错误的概率, 它随着p的增加而增加. 因此不能用个别系数的检验代替检验(2.8).

为了实行检验(2.8), 考虑下面平方和的分解:

$$\sum_{i=1}^{n}(y_i - \bar{y})^2 = \sum_{i=1}^{n}(y_i - \bar{y} + \hat{y}_i - \hat{y}_i)^2$$

$$= \sum_{i=1}^{n}(\hat{y}_i - \bar{y})^2 + \sum_{i=1}^{n}(y_i - \hat{y}_i)^2 + 2\sum_{i=1}^{n}(y_i - \hat{y}_i)(\hat{y}_i - \bar{y})$$

上式中(注意, $\boldsymbol{e}$ 和 $\hat{\boldsymbol{y}}$ 正交及 $\sum_{i=1}^{n}e_i = 0$[1])

$$\sum_{i=1}^{n}(y_i - \hat{y}_i)(\hat{y}_i - \bar{y}) = \sum_{i=1}^{n}e_i(\hat{y}_i - \bar{y}) = \sum_{i=1}^{n}e_i\hat{y}_i - \bar{y}\sum_{i=1}^{n}e_i = 0.$$

因此

$$\sum_{i=1}^{n}(y_i - \bar{y})^2 = \sum_{i=1}^{n}(\hat{y}_i - \bar{y})^2 + \sum_{i=1}^{n}(y_i - \hat{y}_i)^2. \tag{2.9}$$

我们把式(2.9)等号左边的项称为总变差平方和(SST), 把等号右边第一项称为源于回归的平方和(SSR), 右边第二项称为源于无法被模型解释的误差的平方和(SSE或RSS), 即

$$SST = SSR + SSE.$$

于是可决系数还可以表示成

$$R^2 = \frac{SSR}{SST} = 1 - \frac{SSE}{SST}.$$

我们知道

$$E(\hat{\sigma}^2) = E\left(\frac{RSS}{n - (p+1)}\right) = \sigma^2,$$

而且

$$E\left(\frac{SSR}{p}\right) = \begin{cases} \sigma^2, & \beta_1 = \cdots = \beta_p = 0; \\ \sigma^2 + \frac{1}{p-1}(\boldsymbol{X}\boldsymbol{\beta})^{\top}(\boldsymbol{X}(\boldsymbol{X}^{\top}\boldsymbol{X})^{-1}\boldsymbol{X}^{\top})\boldsymbol{X}\boldsymbol{\beta}, & \text{其他情况}. \end{cases}$$

由于在基本假定之下, 可以表明

$$\frac{\sum_{i=1}^{n}(y_i - \hat{y}_i)^2}{\sigma^2} = \frac{SSE}{\sigma^2} \sim \chi^2_{(n-p-1)},$$

而且, 在基本假定和复合假设(2.8)的 H_0 之下

$$\frac{\sum_{i=1}^{n}(\hat{y}_i - \bar{y})^2}{\sigma^2} = \frac{SSR}{\sigma^2} \sim \chi^2_{p},$$

加上SST和SSE的独立性, 在基本假定和复合假设(2.8)的 H_0 之下, 有

$$F = \frac{SSR/p}{SSE/(n-p-1)} \sim F_{p,n-p-1}. \tag{2.10}$$

因此, 可以用这个 F 统计量来对式(2.8)的 H_0 做检验. 当 F 统计量很大时, 则可以拒绝零假设.

---

[1]在包含截距的任何回归模型中的残差和皆为零.

这些平方和的关系能够用下面所谓的方差分析表(ANOVA)表2.1来汇总. 由于最后一行头两列是前面两行的总和, 在R的ANOVA输出中省略了. 当有多个变量时, R的ANOVA输出中把SSR进一步按照自变量分解, 因此显示出这些自变量的平方和对SSR的贡献, 其数学细节这里就不介绍了.

表 2.1 方差分析表

变差来源	自由度(df)	平方和	均方	F值	p值
回归	p	SSR	$MSR = SSR/p$	$F = MSR/MSE$	$P(F > f)$
残差	$n-p-1$	SSE	$MSE = SSE/(n-p-1)$		
总变差	$n-1$	SST			

对于例2.1的方差分析表, 可以用代码anova(lm(dist^0.4~.,cars))得到:

```
Analysis of Variance Table

Response: dist^0.4
          Df Sum Sq Mean Sq F value    Pr(>F)
speed      1 45.507  45.507  119.35 1.294e-14
Residuals 48 18.302   0.381
```

对于例2.2的方差分析表, 可以用代码anova(lm(perm~.,rock))得到:

```
Analysis of Variance Table

Response: perm
          Df  Sum Sq Mean Sq F value    Pr(>F)
area       1 1417333 1417333 23.4180 1.637e-05
peri       1 4738469 4738469 78.2917 2.527e-11
shape      1  190360  190360  3.1452   0.08307
Residuals 44 2663023   60523
```

2.3.4 定性变量的显著性必须从方差分析表看出

在2.2.4节说过, 定性变量各个水平的效应是不可估计的, 因此, 只要有多于两个水平的定性变量, 各个水平(在约束条件下的)估计的t检验的p值并不反映变量是否显著. 你永远不能说诸如"这个水平显著, 那个水平不显著"之类的话. 定性变量的显著性意味着各个水平之间对因变量影响的**差异**, 必须通过方差分析表来考察. 为此, 我们看下面的例子.

例 2.3 **植物生长**(PlantGrowth.csv) 这是一个比较三组植物产量的实验, 有30个观测值, 变量只有两个: 因变量为weight(植物的干重); 自变量为group(组), 有3个水平:

两个实验组(trt1, trt2), 一个控制组(对照组)(ctrl), 参见Dobson (1983). 该数据在R程序包datasets中自带. 这个数据在R中的名字为PlantGrowth, 可以直接使用.

为了做回归, 使用下面代码:

```
a=lm(weight~group,PlantGrowth)
anova(a)
```

得到方差分析表

```
Analysis of Variance Table

Response: weight
          Df  Sum Sq Mean Sq F value  Pr(>F)
group      2  3.7663  1.8832  4.8461 0.01591 *
Residuals 27 10.4921  0.3886
```

从这个表可以很明显地看出变量group的作用(F检验的p值为0.01591). 但是如果看关于参数的t检验(通过代码summary(a)), 则有

```
Coefficients:
            Estimate Std. Error t value Pr(>|t|)
(Intercept)  5.0320     0.1971  25.527   <2e-16 ***
grouptrt1   -0.3710     0.2788  -1.331   0.1944
grouptrt2    0.4940     0.2788   1.772   0.0877 .
```

从此输出很难得出什么结论.

评论: 关于多于两个水平的定性自变量的显著性, 不能从其各个水平的t检验中得到, 必须基于方差分析表来得出结论.

2.3.5 关于残差的检验及点图

就例2.1的回归, 我们可以对残差做正态性检验. 代码为:

```
a=lm(dist^0.4~speed, cars)
shapiro.test(a$res)
```

得到的输出为:

```
Shapiro-Wilk normality test

data:  a$res
W = 0.97748, p-value = 0.4514
```

看来没有足够证据拒绝零假设. 再看残差的点图和残差的正态Q-Q图. Q-Q图是分位数—分位数图(Quantile-Quantile plot)的缩写, 通常用于数据分布与理论分布或

两个数据分布之间的比较. 对于正态Q-Q图, 则是利用数据的分位数点和理论正态分布的分位数点产生一个散点图, 如果数据分布和正态分布很接近, 则这些点呈现出一条直线形状. 对例2.1的残差作正态Q-Q图和对拟合值的散点图的代码(接着上面输出)为:

```
par(mfrow=c(1,2))
qqnorm(a$res);qqline(a$res)
plot(a$res~a$fit, xlab="fitted value",ylab="residual")
abline(h=0,lty=2)#画y=0的线
```

这两个图在图2.6中.

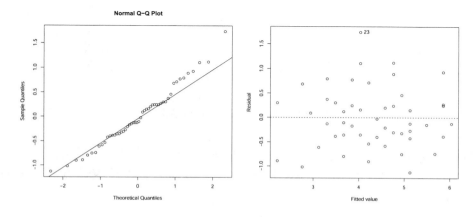

图 2.6 对例2.1拟合残差的正态Q-Q图(左)和残差对拟合值的散点图(右)

残差图图2.6(右)看不出来有什么模式, 但观测值23似乎残差大了一点. 关于残差分析可以写一本书(实际上已经出版了若干本), 但我们不把残差分析作为本书的重点.

2.4 通过一个"教科书数据"来理解简单最小二乘回归

我们通过一个简单数据例子来理解如何对模型进行比较, 对结果做出判断. 这是一个仅有2个自变量和23个观测值的数据, 通过分析这种样本量少且变量少的比较规范的数据, 不但容易理解线性回归的一些概念, 而且回归效果一般比较好. 虽然这个数据原来被当成非线性回归的例子, 但在对自变量做变换之后, 线性回归效果很好, 这也是我们称之为"教科书数据"的原因. 读者需要注意, 这种简单的数据在真实世界并不多见, 大多数观测值较多、变量较多的真实数据都不会得到这里的"漂亮"结果.

例 2.4 嘌呤霉素(Puromycin.csv) 该数据是关于处理过及未处理过的细胞在不同物质浓度下的酶反应速度的. 一共有23个观测值及3个变量, 这些变量包括rate(酶反应速度, 单位: count/min), conc(物质浓度, 单位: ppm)及state(细胞是否被嘌呤霉素处理过). 其中rate和conc为数量变量; 而state为定性变量, 有两个水平("treated"和"untreated"). 该数据包含在R的基本程序包datasets中(数据名

为Puromycin). 数据来自Treloar(1974)和Bates and Watts(1988). 图2.7为该数据的点图, 看上去很不线性.

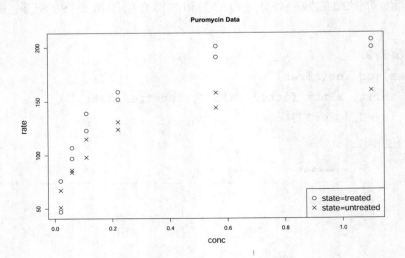

图 2.7 例2.4 rate对conc的点图

实际上, 很多人把这个数据当作非线性回归的一个标准数据, 所用的是该领域作为假说的酶反应动力学的Michaelis-Menten模型, 该模型认为反应速度通过下面函数依赖于浓度

$$f(x, \boldsymbol{\theta}) = \frac{\theta_1 x}{\theta_2 + x}.$$

但我们通过交叉验证(这里不显示)发现这个非线性模型不如作过某些变换后的线性模型好. 下面研究将表明, 实际上有若干种线性模型可以采用, 而且似乎都合理. 最终, 我们还是用交叉验证来选择相对较好的线性回归模型.

2.4.1 几种竞争的线性模型

这里用y代表变量rate, 用x代表conc.

(1) 最简单的是线性模型

$$y = \beta_0 + \beta_1 x + \epsilon. \tag{2.11}$$

通过R代码

```
a1=lm(rate ~ conc,Puromycin)
summary(a1);shapiro.test(a1$res)
```

得到输出:

```
Coefficients:
            Estimate Std. Error t value Pr(>|t|)
(Intercept)   93.92       8.00    11.74 1.09e-10 ***
conc         105.40      16.92     6.23 3.53e-06 ***
```

F检验的p值输出当然也是3.53e-06, 对残差的Shapiro正态性检验p值为0.522, $R^2 = 0.6489$.

(2) 前面的简单模型再加上定性变量state:

$$y = \beta_0 + \beta_1 x + \alpha_i + \epsilon, \ i = 1, 2 \text{ (state的两水平)}, \tag{2.12}$$

这里用$\alpha_i \ (i = 1, 2)$代表state两个水平(treated和untreated)的效应. 通过R代码

```
a2=lm(rate ~ .,Puromycin)
summary(a2);shapiro.test(a2$res)
```

得到输出:

```
Coefficients:
                Estimate Std. Error t value Pr(>|t|)
(Intercept)      106.338      9.413  11.296 3.92e-10 ***
conc             102.160     15.721   6.498 2.46e-06 ***
stateuntreated   -23.844     11.177  -2.133   0.0455 *
```

复合F检验的p值输出是3.667e-06, 对残差的Shapiro正态性检验p值为0.2876, $R^2 = 0.714$. 通过anova(a2)得到的方差分析表为:

```
Response: rate
          Df Sum Sq Mean Sq F value    Pr(>F)
conc       1  32226   32226 45.3687 1.491e-06 ***
state      1   3233    3233  4.5508   0.04548 *
Residuals 20  14206     710
```

可知通过F检验得到的state的p值为0.04548.

(3) 再加入交叉效应:

$$y = \beta_0 + (\beta_1 + \gamma_i)x + \alpha_i + \epsilon, \ i = 1, 2 \text{ (state的两水平)}, \tag{2.13}$$

这里用$\gamma_i \ (i = 1, 2)$代表state两个水平(treated和untreated)对x斜率的增量. 通过R代码

```
a3=lm(rate ~ conc * state,Puromycin)
summary(a3);shapiro.test(a3$res)
```

得到输出:

```
Coefficients:
                   Estimate Std. Error t value Pr(>|t|)
(Intercept)          103.49      10.53   9.832 6.91e-09 ***
conc                 110.42      20.46   5.397 3.30e-05 ***
stateuntreated       -17.45      15.06  -1.158    0.261
conc:stateuntreated  -21.08      32.69  -0.645    0.527
```

复合F检验的p值输出是1.742e-05, 对残差的Shapiro正态性检验p值为0.2521, $R^2 = 0.7201$. 通过anova(a3)得到的方差分析表为:

```
Response: rate
```

	Df	Sum Sq	Mean Sq	F value	Pr(>F)	
conc	1	32226	32226	44.0441	2.386e-06	***
state	1	3233	3233	4.4179	0.04913	*
conc:state	1	304	304	0.4161	0.52662	
Residuals	19	13902	732			

可知通过F检验得到的state的p值为0.04913, 而交叉效应的p值为0.52662.

(4) 考虑到图2.7显示的非线性性, 采用对conc的对数变换:

$$y = \beta_0 + \beta_1 \ln(x) + \epsilon. \tag{2.14}$$

通过R代码

```
a4=lm(rate ~ log(conc),Puromycin)
summary(a4);shapiro.test(a4$res)
```

得到输出:

```
Coefficients:
```

	Estimate	Std. Error	t value	Pr(>|t|)	
(Intercept)	190.085	6.332	30.02	< 2e-16	***
log(conc)	33.203	2.739	12.12	6.04e-11	***

F检验的p值输出是6.04e-11, 对残差的Shapiro正态性检验p值为0.7351, $R^2 = 0.875$.

(5) 再对上面模型加上定性变量state:

$$y = \beta_0 + \beta_1 \ln(x) + \alpha_i + \epsilon, \ i = 1, 2 \ (\text{state的两水平}), \tag{2.15}$$

通过R代码

```
a5=lm(rate ~ log(conc) + state,Puromycin)
summary(a5);shapiro.test(a5$res)
```

得到输出:

```
Coefficients:
```

	Estimate	Std. Error	t value	Pr(>|t|)	
(Intercept)	200.911	4.661	43.108	< 2e-16	***
log(conc)	32.564	1.816	17.936	8.55e-14	***
stateuntreated	-25.181	4.758	-5.292	3.53e-05	***

复合F检验的p值输出是1.471e-13, 对残差的Shapiro正态性检验p值为0.5951, $R^2 = 0.9479$. 通过anova(a5)得到的方差分析表为:

```
Response: rate
```

	Df	Sum Sq	Mean Sq	F value	Pr(>F)	
log(conc)	1	43455	43455	335.927	5.676e-14	***
state	1	3623	3623	28.006	3.525e-05	***
Residuals	20	2587	129			

可知通过F检验得到的state的p值为3.525e-05.

(6) 再加入交叉效应:

$$y = \beta_0 + (\beta_1 + \gamma_i)\ln(x) + \alpha_i + \epsilon, \ i = 1, 2 \ (\text{state的两水平}), \tag{2.16}$$

这里用$\gamma_i \ (i = 1, 2)$代表state两个水平(treated和untreated)对$\ln(x)$斜率的增量.
通过R代码

```
a6=lm(rate ~ log(conc) * state,Puromycin)
summary(a6);shapiro.test(a6$res)
```

得到输出:

```
Coefficients:
```

	Estimate	Std. Error	t value	Pr(>|t|)
(Intercept)	209.194	4.453	46.974	< 2e-16
log(conc)	37.110	1.968	18.858	9.25e-14
stateuntreated	-44.606	6.811	-6.549	2.85e-06
log(conc):stateuntreated	-10.128	2.937	-3.448	0.00269

复合F检验的p值输出是2.267e-14, 对残差的Shapiro正态性检验p值为0.38,
$R^2 = 0.968$. 通过anova(a6)得到的方差分析表为:

```
Response: rate
```

	Df	Sum Sq	Mean Sq	F value	Pr(>F)	
log(conc)	1	43455	43455	518.870	2.955e-15	***
state	1	3623	3623	43.258	2.695e-06	***
log(conc):state	1	996	996	11.892	0.002692	**
Residuals	19	1591	84			

可知通过F检验得到的state的p值为2.695e-06, 而交叉效应的p值为0.002692.

2.4.2　孤立地看模型可能会产生多个模型都"正确"的结论

先孤立地看每一个模型. 所有模型的综合系数的F检验的p值最大是0.00001742,
最小是2.267×10^{-14}. 从这个角度看, 模型都有意义. 对残差的Shapiro检验p值最小也
是0.2521, 似乎也无法拒绝正态性假设. 拿具体变量的显著性来说, 以ANOVA的F检
验的p值为例, 除了模型(2.13)的交叉项p值较大之外, 其余的都小于"传统的0.05". 总
之, 单独地看各个模型, 除了模型(2.13)不那么完美之外, 似乎都"正确". 这就产生了
一个例子有多个"正确"模型的悖论. 这种多个模型都"合适"的结论是经典回归分析固
有的问题.

2.4.3　比较多个模型试图得到相对较好的模型

表2.2把前面的计算机输出汇总起来, 在各种模型比较的过程中, 通过各种检验
的p值, 发现模型(2.16)全面较好. 所以应该选用模型(2.16)而抛弃其他模型(虽然不一
定有大毛病). 因此我们最终选定的模型为式(2.16), 其中参数为:

$$\hat{\beta}_0 = 209.19, \ \hat{\beta}_1 = 37.11, \ \hat{\alpha}_1 = 0 \ (\text{默认}),$$

$$\hat{\alpha}_2 = -44.61, \ \hat{\gamma}_1 = 0 \ (\text{默认}), \ \hat{\gamma}_2 = -10.13.$$

表 2.2 例2.4的6个模型的输出汇总

模型	综合 F检验p值	ANOVA表F检验的各个变量的p值					R^2	正态 检验p值
		conc	log(conc)	state	交叉项1	交叉项2		
(2.11)	3.53×10^{-6}	3.53×10^{-6}					0.649	0.522
(2.12)	3.67×10^{-6}	1.49×10^{-6}		0.045			0.714	0.288
(2.13)	1.74×10^{-5}	2.39×10^{-6}		0.049	0.527		0.720	0.252
(2.14)	6.04×10^{-11}		6.04×10^{-11}				0.875	0.735
(2.15)	1.47×10^{-13}		5.68×10^{-14}	3.53×10^{-5}			0.948	0.595
(2.16)	2.27×10^{-14}		2.96×10^{-15}	2.70×10^{-6}		0.003	0.968	0.38

注: 交叉项1为conc:state; 交叉项2为log(conc):state; 正态检验为Shapiro检验

这种凭借检验p值选择模型的主观性很强, 而且完全依赖于无法验证的基本假定. 如果一个模型这方面较好, 而另一个模型那方面较好, 则问题就不像这个例子那么简单了, 很可能导致无穷无尽的同样不那么确定的其他回归诊断方法.

评论: 一般来说, 如果在回归中利用AIC准则(通过逐步回归)来选择变量, 很可能会把一些t检验并不显著的变量选入. 其实, 这并不奇怪, 用t检验或者F检验来选择模型和用AIC选择模型是从不同的视角来看问题. AIC也是一种人为确定的准则, 基于残差平方和及模型简单程度之间的某种平衡, 而不是基本假定. 比较客观的方法是下面2.4.4节介绍的关于预测精度的交叉验证法. 任何一个模型, 如果预测精度不高, 就不是好模型.

2.4.4 对例2.4的6个模型做预测精度的交叉验证

我们把数据随机分成5份, 可进行5折交叉验证. 也就是说, 轮流每次用一份做测试集, 其余4份做训练集来训练模型(估计参数), 然后用测试集做预测, 得到标准化均方误差. 对每个模型都进行5折交叉验证, 然后看哪个平均标准化均方误差(NMSE)最小, 哪个就是相对最好的模型. 由于交叉验证选择数据划分有随机性, 我们对例2.4做1000次5折交叉验证, 得到如表2.3所示的结果, 并显示在图2.8中.

表2.3显示, 按照交叉验证的标准化均方误差判断, 模型(2.16)要远远优于其他模型. 这种交叉验证的结果不会引起多少歧义或悖论, 它不需要对于数据或模型的任何假定.

上述交叉验证5个数据子集的选择需要在定性变量state的两个水平中平衡, 为此, 我们使用下面函数来划分数据集:

```
Fold=function(Z=5,w,D,seed=7777){
n=nrow(w);d=1:n;dd=list()
e=levels(w[,D]);T=length(e)#因变量T类
```

```
set.seed(seed)
for(i in 1:T){
d0=d[w[,D]==e[i]];j=length(d0)
ZT=rep(1:Z,ceiling(j/Z))[1:j]
id=cbind(sample(ZT,length(ZT)),d0);dd[[i]]=id}
#上面每个dd[[i]]是随机1:Z及i类的下标集组成的矩阵
mm=list()
for(i in 1:Z){u=NULL;
for(j in 1:T)u=c(u,dd[[j]][dd[[j]][,1]==i,2])
mm[[i]]=u} #mm[[i]]为第i个下标集i=1,...,Z
return(mm)}#输出Z个下标集
```

其中, 变元Z是折数, w是数据名字, D为要照顾的定性变量是在数据中的列数, seed为随机种子.

表 **2.3** 例2.4的6个模型的1000次5折交叉验证的平均NMSE

模型	形式	NMSE
(2.11)	$y = \beta_0 + \beta_1 x + \epsilon$	0.6794
(2.12)	$y = \beta_0 + \beta_1 x + \alpha_i + \epsilon,\ i = 1, 2$	0.5603
(2.13)	$y = \beta_0 + (\beta_1 + \gamma_i)x + \alpha_i + \epsilon,\ i = 1, 2$	0.7853
(2.14)	$y = \beta_0 + \beta_1 \ln(x) + \epsilon$	0.2338
(2.15)	$y = \beta_0 + \beta_1 \ln(x) + \alpha_i + \epsilon,\ i = 1, 2$	0.0860
(2.16)	$y = \beta_0 + (\beta_1 + \gamma_i) \ln(x) + \alpha_i + \epsilon,\ i = 1, 2$	0.0653

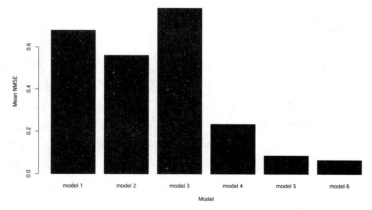

图 **2.8** 例2.4的6个模型的1000次5折交叉验证的平均NMSE

下面的语句创造6个模型的回归公式:

```
w=Puromycin; D=2; FML=list();J=1
```

```
FML[[J]]=as.formula(paste(names(w)[D],"~",names(w)[1]))
J=J+1; FML[[J]]=as.formula(paste(names(w)[D],"~."))
J=J+1;FML[[J]]=as.formula(paste(names(w)[D],"~",names(w)[1],
"*",names(w)[3]))
J=J+1;
FML[[J]]=as.formula(paste(names(w)[D],"~log(",names(w)[1],")"))
J=J+1;FML[[J]]=as.formula(paste(names(w)[D],
"~log(",names(w)[1],")+",names(w)[3]))
J=J+1; FML[[J]]=as.formula(paste(names(w)[D],
"~log(",names(w)[1],")*",names(w)[3]))
```

下面就是具体的1000次5折交叉验证代码, 每次的随机种子完全随机产生(不重复).

```
JJ=6;D=2;Z=5;WW=NULL;N=1000
set.seed(1010);Seed=sample(1:100000,N)
for(k in 1:N){
mm=Fold(Z=5,w,3,Seed[N])
E=matrix(-99,Z,JJ)
for(J in 1:JJ){for(i in 1:Z){
m=mm[[i]];M=mean((w[m,D]-mean(w[m,D]))^2)
a0=lm(FML[[J]],data=w[-m,])
pa=predict(a0,w[m,])
E[i,J]=mean((w[m,D]-pa)^2/M)}}
WW=rbind(WW,E)}
(ZZ=apply(WW,2,mean))#最后输出6个平均NMSE
```

2.5 一个"非教科书数据"例子

例 2.5 混凝土强度(Concrete.csv) 该数据包含混凝土7种成分、时间, 以及抗压强度等9个变量. 共有1030个观测值. 这些变量为Cement(水泥), Blast.Furnace.Slag(高炉矿渣), Fly.Ash(粉煤灰), Water(水), Superplasticizer(超塑化剂), Coarse.Aggregate(粗骨料), Fine.Aggregate(细骨料), Age(时间), Compressive.strength(抗压强度). 其中除了Age(时间)的单位是天, Compressive.strength(抗压强度)的单位为MPa(兆帕)之外, 全部是在m3号混合中的kg(千克)数. 数据来自Yeh(1998).[1] 可使用代码w=read.csv("Concrete.csv");plot(w)读入数据, 并产生各个变量的两两散点图(见图2.9).

这个数据的Compressive.strength(抗压强度)是因变量, 而其他变量为自变量. 这是一个典型的回归问题, 我们将试图用最小二乘线性回归方法来拟合这个数据. 从

---

[1]可从网页https://archive.ics.uci.edu/ml/datasets/Concrete+Compressive+Strength下载.

图2.9看不出有什么明显的规律.

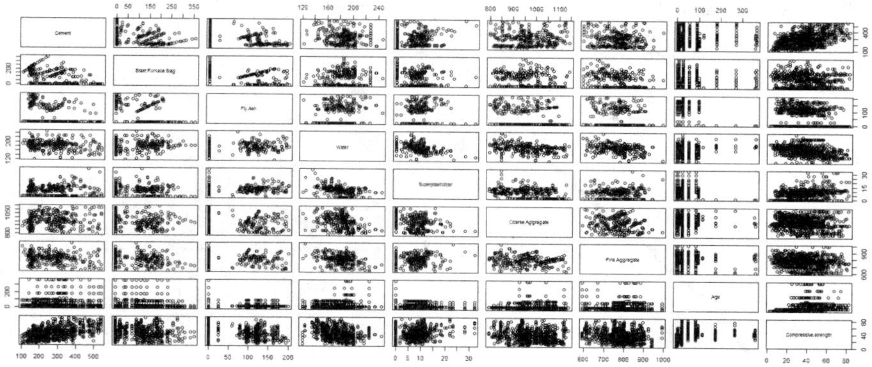

图 2.9 例2.5各个变量的两两散点图

2.5.1 线性回归的尝试

这个例子虽然变量不多, 而且都是数量变量, 但不见得是首选的回归教科书数据. 我们首先用全部自变量对因变量做回归, 不考虑交互效应, 之后对残差做Shapiro正态性检验, 代码为:

```
a=lm(Compressive.strength~.,w);shapiro.test(a$res)
```

得到的输出为:

```
 Shapiro-Wilk normality test
data:  a$res
W = 0.9953, p-value = 0.002993
```

对于残差的Shapiro正态性检验的p值为0.002993, 这能不能说明线性模型的正态性假定近似成立呢? 为此作残差的正态Q-Q图和残差对拟合值图, 代码如下:

```
par(mfrow=c(1,2))
qqnorm(a$res);qqline(a$res)
plot(a$res~a$fit);abline(h=0)
```

残差的正态Q-Q图如图2.10(左)所示, 而残差对拟合值图如图2.10(右)所示. 根据残差的Q-Q图可以看出其与正态有些偏差, 而残差图显示残差从左到右方差变大, 看上去好像有些异方差性. 为此, 我们尝试了对因变量作指数变换, 但拟合和正态性似乎没有改进多少. 对于异方差性, 通常在变量少的时候用加权最小二乘法可能容易些[1], 我们尝试了各种加权方法, 也未能改进异方差性. 倒是在某些不合情理的权重

---

[1]加权最小二乘用于方差$Var(Y_i)$并不等于常数的情况, 比如$Var(Y_i) = \sigma^2/w_i$, 这时, 系数是使得$\sum w_i(y_i - \hat{y}_i)^2$最小的量, 即估计的系数为:
$$\hat{\boldsymbol{\beta}}_w = (\boldsymbol{X}^\top \boldsymbol{W} \boldsymbol{X})^{-1} \boldsymbol{X}^\top \boldsymbol{W} \boldsymbol{Y},$$
而$\boldsymbol{W}$为对角线元素为w_i的对角矩阵. 但如果w_i未知, 则需要确定, 但这没有一定之规. 一般来说, 权重应该和方差成反比.

下(weights=a$fit^1.5), 使得Shapiro正态性检验的p值增加到0.1, Q-Q图也接近直线, 但拟合并未改善.

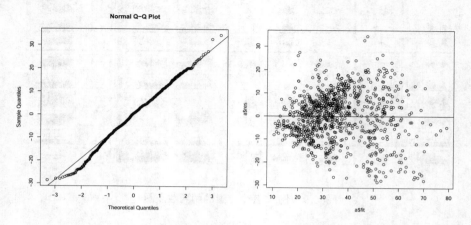

图 2.10　例2.5回归残差的正态Q-Q图(左)和残差对拟合值图(右)

使用summary(a)得到的输出为:

```
Call:
lm(formula = Compressive.strength ~ ., data = w)


Coefficients:
                   Estimate Std. Error t value Pr(>|t|)
(Intercept)      -23.331214  26.585504  -0.878 0.380372
Cement             0.119804   0.008489  14.113  < 2e-16 ***
Blast.Furnace.Slag 0.103866   0.010136  10.247  < 2e-16 ***
Fly.Ash            0.087934   0.012583   6.988 5.02e-12 ***
Water             -0.149918   0.040177  -3.731 0.000201 ***
Superplasticizer   0.292225   0.093424   3.128 0.001810 **
Coarse.Aggregate   0.018086   0.009392   1.926 0.054425 .
Fine.Aggregate     0.020190   0.010702   1.887 0.059491 .
Age                0.114222   0.005427  21.046  < 2e-16 ***
---
Residual standard error: 10.4 on 1021 degrees of freedom
Multiple R-squared:  0.6155,    Adjusted R-squared:  0.6125
F-statistic: 204.3 on 8 and 1021 DF,  p-value: < 2.2e-16
```

如果认为误差项独立同正态分布的假定近似成立, 那么从上面输出的t检验的p值来看这些变量, 有些很显著, 而有些不那么显著. 其中, 对抗压强度最重要的4个变量(p值均在小数点后10位之后)为Cement(水泥), Blast.Furnace.Slag(高炉矿渣), Fly.Ash(粉煤灰)和Age(时间). F检验的p值也很小.

当然, 人们可能会想到交互作用. 这时, 含所有交互作用的全模型为:

```
Compressive.strength ~ Cement*Blast.Furnace.Slag*Fly.Ash*
    Water*Superplasticizer*Coarse.Aggregate*Fine.Aggregate*Age
```

这意味着含所有交互效应的组合, 从单个变量到8个变量的组合, 一共有$2^8-1=255$项. 这样做得到的拟合结果和交叉验证结果(这里不显示)并不好. 然后, 我们又对这个全模型用逐步回归删除变量, 结果也不理想, 交叉验证结果还不如上面不含交互效应的简单模型好.

2.5.2　和其他方法的交叉验证比较

前面对例2.5混凝土数据做经典回归的尝试显示了不易评价回归结果的典型问题. 问题的关键在于误差项独立同正态分布的假定无法验证, 因此各种检验的合法性不能确定, 加上p值取多少才算显著的问题, 揭示了传统回归领域的无奈和尴尬.

评论: 问题不在于最小二乘回归本身, 在某些情况下, 最小二乘回归往往是很好的方法, 而在于为了评价回归结果而依赖的一系列对数据的数学假定和远非客观的决策.

对于例2.5的回归, 我们还使用了后面(第5章)将要介绍的机器学习方法, 包括mboost, bagging, 随机森林(RF), 支持向量机(SVM)等方法来和经典回归(lm)做比较. 图2.11显示了这些方法的10折交叉验证的标准化均方误差(NMSE)(左)及其均值(右), 而具体数值显示在表2.4中.

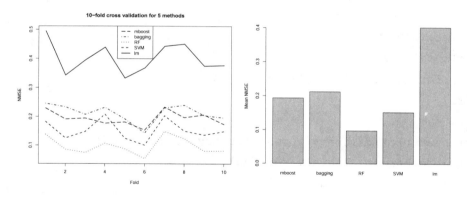

图 2.11　例2.5 5种方法回归10折交叉验证的NMSE(左)和平均NMSE(右)

图2.11(左)显示了4种机器学习方法的预测精度(NMSE)远远优于孤悬在上的线性回归(lm); 图2.11(右)也显示了经典线性回归和机器学习方法在平均NMSE上的巨大差距.

评论: 在对模型的完全主观而又无法验证的数学假定之下, 任何基于假设检验p值对模型的判断都应该予以怀疑. 实际上, 模型的好坏不能自我假定, 必须与其他方法做过比较才能确定. 好的模型预测精度必然也高, 交叉验证是一种客观判断预测精度的方法.

计算上面机器学习方法和线性回归的10折交叉验证的NMSE的代码为(后面将会

表 2.4　例2.5 5种方法回归10折交叉验证的NMSE和平均NMSE

折次	mboost	bagging	随机森林	SVM	传统线性回归
1	0.229	0.245	0.138	0.183	0.495
2	0.191	0.233	0.085	0.125	0.343
3	0.195	0.208	0.074	0.148	0.395
4	0.177	0.232	0.107	0.209	0.439
5	0.181	0.192	0.088	0.124	0.333
6	0.153	0.143	0.053	0.100	0.368
7	0.233	0.230	0.148	0.203	0.442
8	0.197	0.240	0.123	0.150	0.450
9	0.207	0.204	0.080	0.136	0.375
10	0.173	0.196	0.081	0.148	0.377
10次平均	0.194	0.212	0.098	0.153	0.402

逐步介绍这些机器学习方法):

```
w=read.csv("Concrete.csv")
#CV函数随机把数据的下标分成Z份以做交叉验证时用
CV=function(n,Z=10,seed=888){
z=rep(1:Z,ceiling(n/Z))[1:n]
set.seed(seed);z=sample(z,n)
mm=list();for (i in 1:Z) mm[[i]]=(1:n)[z==i]
return(mm)}


library(rpart.plot);library(ipred);library(mboost)
library(randomForest);library(kernlab)
library(e1071);library(neuralnet)
D=9;Z=10;mm=CV(nrow(w),Z)
gg=paste(names(w)[D],"~",".",sep="")#gg=(Ozone~.)
(gg=as.formula(gg))


zy=(1:ncol(w))[-D]
gg1=paste(names(w)[D],"~btree(",names(w)[zy[1]],")",sep="")
for(i in (1:ncol(w))[-D][-1])gg1=paste(gg1,
"+btree(",names(w)[i],")",sep="")
gg1=as.formula(gg1)
```

```
MSE=matrix(0,Z,5);J=1
set.seed(1010);for(i in 1:Z)
{m=mm[[i]];M=mean((w[m,D]-mean(w[m,D]))^2)
a=mboost(gg1,data =w[-m,])
MSE[i,J]=mean((w[m,D]-predict(a,w[m,]))^2)/M}
J=J+1;set.seed(1010);for(i in 1:Z)
{m=mm[[i]];M=mean((w[m,D]-mean(w[m,D]))^2)
a=bagging(gg,data =w[-m,])
MSE[i,J]=mean((w[m,D]-predict(a,w[m,]))^2)/M}
J=J+1;set.seed(1010);for(i in 1:Z)
{m=mm[[i]];M=mean((w[m,D]-mean(w[m,D]))^2)
a=randomForest(gg,data=w[-m,])
MSE[i,J]=mean((w[m,D]-predict(a,w[m,]))^2)/M }
J=J+1;for(i in 1:Z)
{m=mm[[i]];M=mean((w[m,D]-mean(w[m,D]))^2)
a=ksvm(gg,w[-m,],model="svm")
MSE[i,J]=mean((w[m,D]-predict(a,w[m,]))^2)/M }
J=J+1;for(i in 1:Z)
{m=mm[[i]];M=mean((w[m,D]-mean(w[m,D]))^2)
a=lm(gg,w[-m,])#线性回归
MSE[i,J]=mean((w[m,D]-predict(a,w[m,]))^2)/M}

MSE=data.frame(MSE)
names(MSE)=c("mboost","bagging","RF","SVM","lm")
(NMSE=apply(MSE,2,mean));MSE
```

2.6 经典最小二乘回归误导汇总

2.6.1 大量主观的假定

对于普通最小二乘线性回归:

- **往往假定了模型的线性形式**. 但是, 世界上有多少关系是线性的呢? 这种线性假定不仅存在于回归当中, 而且存在于几乎所有统计方向. 这是因为数学对于线性假定的情况最有办法, 即使对应于非线性假定的情况, 也常常要利用诸如Taylor展开一类的方法将其转换成线性问题来处理. 这说明了目前人们掌握的数学工具的局限性, 也说明了使用和开发机器学习一类方法的必要性.
- **往往假定了样本点是独立同分布的**. 世界上有多少变量在抽样时可以假定分布不变? 这种假定也大多是为了数学上的方便.

- 往往假定了样本点有正态分布或者样本量"足够大". 前面说过, 没有人能够证明一个实际数据来自于任何分布, 而假定"大样本"的目的是为了使用需要正态假定的各种数学结论, 但谁又能说你的样本量足够大呢?
- 采用"最小二乘法"本身意味着你选择的损失是对称的二次函数形式. 损失函数很多, 在计算机时代应该根据实际情况来确定损失函数.

2.6.2 对回归结果的缺乏根据的"解释"

- 误区: "当其他自变量不变时, 某自变量系数的大小是该变量增加一个单位时因变量所增加的部分(对因变量的贡献)." 这种说法仅仅在自变量独立且关于模型的其他一大堆假定正确时有效. 如果对于一般的非试验观测数据, 你也非要这么说, 那么请问: 你能证明变量的独立性和模型假定正确吗? 永远无法证明, 也没有人能够证明! 遗憾的是, 这种说法经常出现在"经济统计"的教科书中, 而各种经济指标恰恰大多是不独立的. 这和下面的不恰当叙述等价: "做线性回归拟合可以从系数大小知道各个变量对因变量的影响大小." 下面例2.6表明这种说法是荒谬的.
- 误区: "作t检验或F检验时, p值相应较小的变量就较显著." 你能证明数据是独立同正态分布的吗? 你能证明模型是线性的吗? 你能证明变量是独立的吗? 你能证明是"大样本"吗? 如果不能, 最好别这样说(参见下面例2.6).
- 误区: "R^2越接近于1, 说明模型越合适." 前面说过, 把所有观测值用任何曲线(或折线)连接起来作为回归线时, 必然有$R^2 = 1$, 但这可能仅仅是过拟合的毫无意义的"回归".

例 2.6 经济数据(jingji.csv) 这是有"资本"、"就业"、"电力" 和"GDP"四个变量的数据. 运行下面的代码下载数据并做各种回归:

```
z=read.csv("jingji.csv")
a=lm(GDP~就业,z);summary(a)
a=lm(GDP~资本+就业+电力,z);summary(a)
a=lm(GDP~就业+电力,z);summary(a)
a=lm(GDP~资本+就业,z);summary(a)
a=lm(GDP~资本+电力,z);summary(a)
```

这里有五个回归, 根据计算机输出, 得到五条拟合直线:

$$GDP = -85955.90 + 27.41 \times 就业$$
$$GDP = 2842.35 + 1.06 \times 资本 - 1.21 \times 就业 + 3.78 \times 电力$$
$$GDP = -11523.98 + 3.06 \times 就业 + 7.37 \times 电力$$
$$GDP = 11725.73 + 2.05 \times 资本 - 3.72 \times 就业$$
$$GDP = -1088.52 + 0.93 \times 资本 + 4.07 \times 电力$$

而关于各个变量在各个模型中的t检验的p值在表2.5中. 从表2.5可以看出, 这些模型的系数很难说明任何问题, 各个变量的系数在不同模型中变化很大, p值的差别也很大. 比如, 变量"就业"在第一个模型中非常显著, 而在后面三个模型中很不显著, 其系数甚至还两次出现负数. 这种现象在自变量之间不独立的情况下是普遍的, 这时, 最小二乘所估计的个别回归系数很难说有什么意义.

表 2.5　例2.6 各个变量在不同模型下t检验的p值

模型	变量t检验的p值		
	资本	就业	电力
GDP ~ 就业	—	6.14×10^{-5}	—
GDP ~ 资本 + 就业 + 电力	0.0145	0.5602	0.0152
GDP ~ 就业 + 电力	—	0.198	1.74×10^{-6}
GDP ~ 资本 + 就业	1.65×10^{-6}	0.201	—
GDP ~ 资本 + 电力	0.00427		0.00456

评论: 有人认为, "经典回归的好处在于有可以用数学语言表示的'意义明确'的公式", 并且以此来否定"看不见, 摸不着"的诸如决策树(决策树其实看得见)、随机森林(随机森林所能够输出的信息远远多于线性回归, 而且更加准确可靠)之类的机器学习模型. 错误但又吸引眼球的东西危害最大. 相信这些人并不反对用电脑、智能手机等不能用数学公式表达其功能的装置. 实际上, 许多机器学习方法完全可以更加准确地从各种角度给出模型、变量、数据等各方面之间的关系和性质.

2.6.3　增加无关的("错误的")自变量对预测会不会有影响?

某国家机关科研所的一位负责人说: 如果自变量采取了与因变量无关的周期变量, 利用拟合数据所得到的模型做出的预测结果也会出现周期性. 是这样的吗? 我们模拟一个因变量(y)和自变量(x)的线性模型数据, 然后再加上一个周期性自变量(sin(x)), 分别拟合y~x及y~x+sin(x), 代码如下:

```
set.seed(10);x=sort(rnorm(2000))
y=3+5*x+rnorm(2000)
a=lm(y~x);summary(a)
a1=lm(y~x+sin(x));summary(a1)
```

这两次回归的结果在表2.6和表2.7之中.

表 2.6　回归y ~ x1

	Estimate	Std. Error	t value	Pr(>|t|)
(Intercept)	2.9830	0.0230	129.82	0.0000
x	5.0006	0.0226	221.50	0.0000

表 2.7　回归y ~ x1 + x2

	Estimate	Std. Error	t value	Pr(>|t|)
(Intercept)	2.9825	0.0230	129.70	0.0000
x	4.9631	0.0581	85.43	0.0000
sin(x)	0.0620	0.0885	0.70	0.4839

　　显然, 增加这个变量(虽然也是x的函数)对方程没有什么影响, 两次拟合的x系数都在5左右, 差别无几, 非常显著, 而增加的周期变量sin(x)完全不显著(p值为0.4839), 其拟合系数为0.0620. 实际上, 增加与因变量无关的周期变量不会对回归结果产生多大影响, 更不会产生什么预测的周期性. 那个官员完全凭自己的想象代替科学, 实在有些可悲, 这也说明了职位不能代表知识.

2.7　处理线性回归多重共线性的经典方法

2.7.1　多重共线性

　　我们知道, 最小二乘回归对系数的估计公式为:
$$\hat{\beta} = (\boldsymbol{X}^{\top}\boldsymbol{X})^{-1}\boldsymbol{X}^{\top}\boldsymbol{Y}.$$
但是当矩阵$\boldsymbol{X}$代表自变量的各个列向量线性相关时, $(\boldsymbol{X}^{\top}\boldsymbol{X})^{-1}$不存在, 如同用零作除数一样. 当然, 对于实际数据, 很难有刚好线性相关的情况, 但经常会有几乎线性相关的情况. 那时$(\boldsymbol{X}^{\top}\boldsymbol{X})^{-1}$可以计算出来, 但结果很不可靠, 数据的微小变化会导致训练出来的模型有很大改变, 这就是所谓的多重共线性(multicollinearity)问题.

　　有一些关于多重共线性的度量, 其中之一是容忍度(tolerance)或(等价的)方差膨胀因子(variance inflation factor, VIF), 而另一个是条件数(condition number), 常用κ表示. 其中容忍度与VIF的定义为:
$$\text{tolerance} = 1 - R_j^2, \quad \text{VIF}_j = \frac{1}{1 - R_j^2},$$
式中, R_j^2是第j个变量在所有其他变量上回归时的可决系数. 容忍度太小(按照一些文献, 比如小于0.2或0.1)或VIF太大(比如大于5或10), 则被认为有多重共线性问题. 而条件数的定义为:
$$\kappa = \sqrt{\frac{\lambda_{\max}}{\lambda_{\min}}},$$
式中, λ为$\boldsymbol{X}^{\top}\boldsymbol{X}$的特征值($\boldsymbol{X}$代表自变量矩阵). 显然, 当自变量矩阵正交时, 条件数κ为1. 一些研究者认为, 当$\kappa > 15$时, 则有共线性问题, 而当$\kappa > 30$时, 则说明共线性问题严重. 当然, 这些判断准则可能不一致, 或者不太准确, 但不失为一些参考.

　　本节介绍几种常用的处理多重共线性问题的经典方法, 包括逐步回归、岭回归(ridge regression)、lasso回归、适应性lasso回归, 以及不那么"经典"的偏最小二乘回归(partial least squares regression, PLSR)方法. 这几种方法通过一个例子(例2.7)来介绍.

最后一小节, 我们将展示关于例2.7数据的各种经典方法的比较. 10折交叉验证的比较说明, 偏最小二乘回归优于这里所有其他的经典方法.

例 2.7　**糖尿病数据**(diabetes.csv)　这个数据来自Efron et al. (2004), 包含在R程序包lars[1]中. 该数据除了因变量y之外, 还有两个自变量矩阵x及x2, 前者是标准化的, 为442×10矩阵; 后者为442×64矩阵, 包括前者及一些交互作用. 该数据是关于糖尿病人的血液等化验指标的. 我们不用标准化的数据, 只用y和x2.

首先, 我们来看共线性问题, VIF可以通过R程序包car[2]中的函数vif()得到, 条件数κ则可从R固有的函数kappa()得到. 下面在计算VIF时使用数据x2. 有关的R代码如下:

```
w=read.csv("diabetes.csv")[,11:75]#w第一列为y, 其余列为x2
kappa(w[,-1])#x2的条件数
library(car)#包含vif的程序包
sort(vif(lm(y~.,w)),de=T)[1:5]
```

计算结果表明, 数据x2的条件数$\kappa = 11427.09$, 而x2最大的5个VIF依次为1295001.21, 1000312.11, 180836.83, 139965.06, 61177.87. 看来可能有共线性问题.

2.7.2　逐步回归

逐步回归(stepwise regression)方法的主要目的是在自变量很多时, 选取一个自变量子集, 使得最终的模型既简单又对训练集有较好的拟合. 其方法为逐步放入和移走变量直到没有合适的理由继续下去为止. 有"向前"、"向后"和"双向"的逐步回归选项. 向前逐步回归是从只有截距的模型开始, 逐个增加变量; 向后逐步回归是从具有全部自变量的模型开始, 逐个减少变量; 双向逐步回归是不断增减变量. 当然, 各软件的默认方法不同, 准则也不一样. 有的软件根据自变量的t检验p值来决定是否取舍, 有的软件则使用AIC来决定. 我们用的是R软件的step()函数, 其默认值为"双向"及利用AIC准则来选择模型. AIC为Akaike information criterion(赤池信息准则)的缩写. 目的是使得模型的

$$AIC = 2k - 2\ln(L)$$

最小, 这里k是参数个数, 而L是似然函数. 一般的最小二乘法在正态假设下等价于选择参数使得似然函数L最大(或$-\ln(L)$最小). 一般来说, 增加参数可使得AIC第二项减少, 但会使惩罚项$2k$增加. 显然, 这是在模型简单性和模型拟合性上做平衡.

---

[1]Trevor Hastie and Brad Efron (2011). lars: Least Angle Regression, Lasso and Forward Stagewise. R package version 0.9-8. http://CRAN.R-project.org/package=lars.

[2]John Fox and Sanford Weisberg (2011). An R Companion to Applied Regression, Second Edition. Thousand Oaks CA: Sage. URL: http://socserv.socsci.mcmaster.ca/jfox/Books/ Companion.

逐步回归的最终模型在任何意义上都不能保证是最优的, 虽然它最后产生了一个单独的最终模型, 但很可能存在几个等价的类似水平的模型.

有些人觉得逐步回归方法可以用来解决多重共线性的问题. 实际上, 逐步回归筛选变量的方法在去掉一些变量之后也失去了部分数据信息, 必定会使模型的预测精度受损.

使用逐步回归于整个数据并产生残差对拟合值点图(见图2.12)的R代码为:

```
w=read.csv("diabetes.csv")[,11:75]
a=step(lm(y~.,w))#逐步回归
summary(a);plot(a$fit,a$res);abline(h=0,lty=2)
```

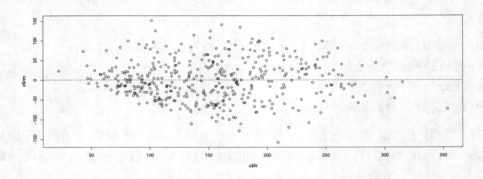

图 2.12　对例2.7逐步回归的残差对拟合值点图

最终得到的模型为:

```
lm(formula = y ~ x2.sex + x2.bmi + x2.map + x2.tc + x2.ldl +
x2.ltg + x2.age.2 + x2.tc.2 + x2.ldl.2 + x2.hdl.2 + x2.ltg.2+
x2.glu.2 + x2.age.sex + x2.age.tc + x2.age.hdl + x2.age.ltg +
x2.sex.map + x2.bmi.map + x2.map.glu + x2.tc.ldl + x2.tc.hdl+
x2.tc.ltg + x2.ldl.hdl + x2.ldl.ltg + x2.hdl.ltg, data = w)
```

一共选取了25个自变量(原先64个), 外加截距. 利用summary(a)得到

```
Coefficients:
            Estimate Std. Error t value Pr(>|t|)
(Intercept)  152.133      2.463  61.764  < 2e-16 ***
x2.sex      -266.352     59.362  -4.487 9.36e-06 ***
x2.bmi       496.083     65.644   7.557 2.65e-13 ***
x2.map       343.025     62.912   5.452 8.54e-08 ***
x2.tc       -857.695    196.243  -4.371 1.57e-05 ***
x2.ldl       683.594    184.937   3.696 0.000248 ***
x2.ltg       972.753     92.830  10.479  < 2e-16 ***
```

```
x2.age.2          83.513         59.054         1.414 0.158059
x2.tc.2         6187.189       2944.710         2.101 0.036232 *
x2.ldl.2        3933.591       2203.325         1.785 0.074942 .
x2.hdl.2        1053.380        546.737         1.927 0.054702 .
x2.ltg.2        1488.015        520.825         2.857 0.004491 **
x2.glu.2         195.500         64.751         3.019 0.002690 **
x2.age.sex       181.199         61.637         2.940 0.003468 **
x2.age.tc       -101.885         71.969        -1.416 0.157617
x2.age.hdl       110.538         68.278         1.619 0.106218
x2.age.ltg       182.879         81.168         2.253 0.024774 *
x2.sex.map        84.147         57.882         1.454 0.146768
x2.bmi.map       171.332         59.499         2.880 0.004188 **
x2.map.glu      -119.870         71.478        -1.677 0.094290 .
x2.tc.ldl      -9647.691       4848.285        -1.990 0.047254 *
x2.tc.hdl      -2947.893       1450.770        -2.032 0.042794 *
x2.tc.ltg      -4486.537       1849.265        -2.426 0.015686 *
x2.ldl.hdl      2330.734       1215.590         1.917 0.055876 .
x2.ldl.ltg      3458.923       1465.696         2.360 0.018740 *
x2.hdl.ltg      1568.969        659.198         2.380 0.017757 *
---
Residual standard error: 51.78 on 416 degrees of freedom
Multiple R-squared: 0.5744,    Adjusted R-squared:  0.5488
F-statistic: 22.46 on 25 and 416 DF,  p-value: < 2.2e-16
```

从输出可以看出, R^2有点小, 拟合得不那么好. 下面关于残差的正态性检验似乎还不那么显著:

```
> shapiro.test(a$res)
  Shapiro-Wilk normality test
data: a$res
W = 0.99577, p-value = 0.282
```

但残差对拟合值点图(见图2.12)显示出有某种异方差性.

2.7.3 岭回归

假定自变量数据矩阵 $\boldsymbol{X} = \{x_{ij}\}$ 为 $n \times p$ 的, 通常最小二乘回归(ordinary least squares, 或ols) 寻求那些使得残差平方和最小的系数β, 即

$$(\hat{\alpha}^{(ols)}, \hat{\beta}^{(ols)}) = \underset{(\alpha,\beta)}{\arg\min} \sum_{i=1}^{n} \left(y_i - \alpha - \sum_{j=1}^{p} x_{ij}\beta_j \right)^2 .$$

岭回归则需要一个惩罚项来约束系数的大小, 其惩罚项就是在上面的公式中增加一项$\lambda \sum_{j=1}^{p} \beta_j^2$, 即岭回归的系数既要使得残差平方和小, 又不能使得系数太膨胀:

$$(\hat{\alpha}^{(ridge)}, \hat{\beta}^{(ridge)}) = \arg\min_{(\alpha,\beta)} \sum_{i=1}^{n} \left[\left(y_i - \alpha - \sum_{j=1}^{p} x_{ij}\beta_j \right)^2 + \lambda \sum_{j=1}^{p} \beta_j^2 \right],$$

这等价于在约束条件$\sum_{j=1}^{p} \beta_j^2 \leqslant s$下, 满足

$$(\hat{\alpha}^{(ridge)}, \hat{\beta}^{(ridge)}) = \arg\min_{(\alpha,\beta)} \sum_{i=1}^{n} \left(y_i - \alpha - \sum_{j=1}^{p} x_{ij}\beta_j \right)^2.$$

显然这里有确定λ或者s的问题, 一般都用交叉验证或Mallows C_p等准则通过计算来确定. 这可以用程序包MASS中的函数lm.ridge()来实现. 这里采用更方便的可以自动选择岭回归参数的程序包ridge[1] 中的函数linearRidge(). 代码如下:

```
w=read.csv("diabetes.csv")[,11:75]
library(ridge)
a=linearRidge(y ~ ., data = w)
summary(a);plot(a)
```

计算结果包括估计的岭回归参数以及各个自变量的系数. 由于输出很长, 这里就不显示了, 但输出说明选择了$\lambda = 5.363159$. 自动选择参数用的是Cule et al. (2012)建议的主成分方法, 这里最多试了27个主成分, 选了1个, 这在用代码plot(a)所画出的各个系数大小对所选的主成分个数的点图(见图2.13)中可以看出(最左边的竖直虚线横坐标为1).

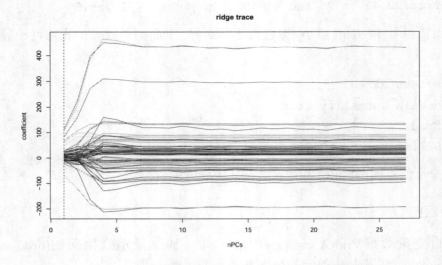

图 2.13　对例2.7岭回归的系数对主成分个数点图

---

[1]Erika Cule (2012). ridge: Ridge Regression with automatic selection of the penalty parameter. R package version 2.1-1. http://CRAN.R-project.org/package=ridge.

2.7.4 lasso回归

在原理上和岭回归的想法有些类似, 但惩罚项不是系数的平方而是其绝对值, 即在约束条件 $\sum_{j=1}^{p}|\beta_j| \leqslant s$ 下, 系数需要满足下面的条件:

$$(\hat{\alpha}^{(lasso)}, \hat{\beta}^{(lasso)}) = \arg \min_{(\alpha,\beta)} \sum_{i=1}^{n} \left(y_i - \alpha - \sum_{j=1}^{p} x_{ij}\beta_j \right)^2.$$

出于绝对值的特点, lasso回归不像岭回归那样把系数缩小, 而是筛选掉一些系数. 这里的计算主要使用R程序包lars中的函数lars(), 该程序包除了lasso方法之外, 还有最小角度回归具有应对共线性问题的功能, 请读者自己学习. 这个程序包对于系数的选择有 k 折交叉验证(k-fold CV)及 C_p 两种方法. k 折交叉验证在前面已经介绍过. Mallows C_p 统计量是用来评价回归的一个准则. 如果从 k 个自变量中选取 p 个 $(k>p)$ 参与回归, 那么 C_p 统计量的定义为:

$$C_p = \frac{SSE_p}{S^2} - n + 2p; \quad SSE_p = \sum_{i=1}^{n}(Y_i - Y_{pi})^2.$$

据此, 选取 C_p 最小的模型. 对于糖尿病数据, 计算代码如下:

```
library(lars)#由于lars函数只用于矩阵型数据,下面把数据变为矩阵形式
w=read.csv("diabetes.csv")[,11:75]
y=as.matrix(w[,1]);x2=as.matrix(w[,-1]);laa=lars(x2,y)
plot(laa) #绘出系数随步数的变化图
summary(laa)#给出Cp值和步数等结果
cva=cv.lars(x2,y,K=10) #进行10折交叉验证并画图
best=cva$index[which.min(cva$cv)]#选适合的比率(结果有随机性)
coef=coef.lars(laa,mode="fraction",s=best)#使得CV最小时的系数
min(laa$Cp)#哪个Cp最小,结果是第15步=18.19822(为第16个, 因从0步算起)
coef1=coef.lars(laa,mode="step",s=15)#使laa$Cp最小的step的系数
```

表2.8给出了不同情况下 C_p 统计量的值(一共有100多次尝试, 这里只给了12至17步的结果), 使其值最小的为第15步($C_p = 18.20$).

表 2.8 例2.7 糖尿病数据在lasso回归中 C_p 值的变化

step	Df	Rss	Cp
12	13	1249726.14	25.06
13	14	1234993.28	21.86
14	15	1225552.04	20.53
15	16	1213288.85	18.20
16	17	1212253.39	19.83
17	18	1210148.58	21.09

图2.14(上)给出了在不同的参数下系数增减的情况, 最左边的是只有截距, 最右边的是保持所有变量. 图2.14(下)给出了CV的变化图, 从中可以看出在什么比率时达到极小值(这里是在比率为0.03030303时达到最小). 注意, 由于交叉验证的随机性等原因, 用CV和C_p所选择的结果可能会有所不同, 但数值非常接近. 本例用CV选择了13个变量(用coef[coef!=0]查看), 而用C_p选择了14个变量(用coef1[coef1!=0]查看). 这两组变量的系数(包括等于零的)显示在图2.15中.

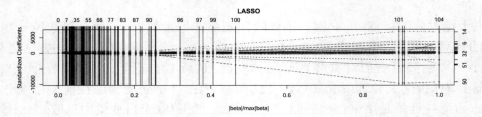

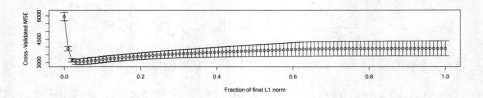

图 2.14　例2.7 糖尿病数据在lasso回归中系数随参数的变化(上)以及CV的变化(下)

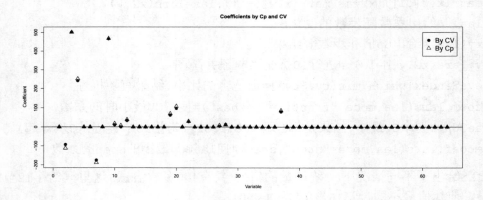

图 2.15　对例2.7 作lasso回归根据CV和C_p选的系数

2.7.5　适应性lasso回归

适应性lasso(adaptive lasso, alasso)回归是lasso回归的改进型. 与lasso回归和岭回归类似, 其系数β要满足下面条件:

$$(\hat{\alpha}^{(alasso)}, \hat{\beta}^{(alasso)}) = \underset{(\alpha, \beta)}{\arg\min} \sum_{i=1}^{n} \left(y_i - \alpha - \sum_{j=1}^{p} x_{ij}\beta_j \right)^2.$$

但惩罚项是系数绝对值的加权平均, 即约束条件为$\sum_{j=1}^{p} w_i|\beta_j| \leqslant s$, 式中$w_i = 1/(\hat{\beta}_i)^{\gamma}$,

而$\gamma > 0$ 为一个调整参数. 这实际上是Friedman (2008)的方法的特例, 适用于很宽范围的损失函数及惩罚条件. 因此, 前面说过的岭回归和lasso回归仅仅是其方法的特例. 这里使用的是程序包msgps[1], 其中不仅包括适应性lasso(alasso), 还包括弹性网络(elastic net)及广义弹性网络(generalized elastic net)等方法. 该程序包寻求最优参数是基于广义路径搜索方法(generalized path seeking algorithm), 而确定最优模型所根据的准则包括Mallows C_p、偏差纠正的AIC (AICc)、广义交叉验证(generalized cross validation, GCV)及BIC. 这里仅介绍alasso, 希望读者能够继续学习Friedman (2008)的其他方法.

对于糖尿病数据, 计算代码为:

```
library(msgps)#adaptive lasso
w=read.csv("diabetes.csv")[,11:75]
y=w[,1];x2=as.matrix(w[,-1])
al=msgps(x2,y,penalty="alasso",gamma=1,lambda=0)
summary(al)
plot(al)
```

输出的有各个参数, 由于参数很多, 这里仅以图2.16表示在不同情况下参数的变化.

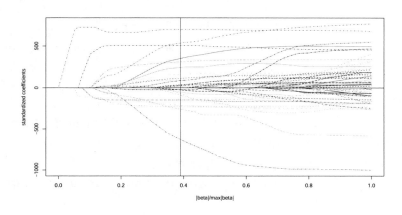

图 2.16 例2.7 糖尿病数据在适应性lasso回归中系数随参数的变化

输出结果显示调整参数选的是$\gamma = 45.41$[2], 这时各个准则的值及自由度为:

```
ms.tuning:
        Cp  AICC   GCV   BIC
[1,] 7.987 7.987 8.433 5.111
```

---

[1]Kei Hirose (2011). msgps: Degrees of freedom of elastic net, adaptive lasso and generalized elastic net. R package version 1.1. http://CRAN.R-project.org/package=msgps.

[2]代码中的选项lambda大于0时, 相应于$\hat{\beta}_i$为岭回归参数估计.

```
ms.df:
      Cp  AICC   GCV   BIC
[1,] 18.68 18.68 19.47 13.27
```

2.7.6 偏最小二乘回归

如果说lasso回归与岭回归在思想上有类似之处, 那么偏最小二乘回归完全是另类. 但偏最小二乘回归有些类似于主成分回归, 主成分回归是在自变量和因变量(如果也有多个变量) 中各自找到一些互相独立的主成分, 然后按照计算主成分时得到的特征值的大小(特征值较大的主成分对原来变量的代表性也较强)来选取部分主成分, 主成分是独立的, 用这些主成分代替原来的变量进行回归, 共线性问题就解决了.

偏最小二乘回归则先在因变量(如果也由多个变量组成)和自变量中各自寻找一个因子(成分), 条件是这两个因子在其他可能的因子中最相关, 然后在选中的这一对因子的正交空间中再选一对最相关的因子, 如此下去, 直到这些对因子有充分代表性为止(可以用交叉验证).

对例2.7 糖尿病数据使用程序包pls.[1] 该程序包也可做主成分回归. 因为一些研究(Wold et al., 1984; Wold et al., 2001; Garthwaite, 1994)发现偏最小二乘回归在预测上优于普通最小二乘回归及主成分回归, 在观测值数目相对较少(甚至少于变量数目)时, 偏最小二乘回归仍然可以使用, 所以这里仅做偏最小二乘回归的计算, 主成分回归的计算完全类似, 只需把下面的函数plsr()换成pcr()即可.

关于例2.7 糖尿病数据的偏最小二乘回归的计算代码及偏最小二乘回归中CV的RMSEP变化的作图程序如下:

```
library(pls)
ap=plsr(y ~ x2, 64, validation = "CV")#求出所有可能的64个因子
ap$loadings #看代表性, 前28个因子可以代表76.4%的方差
ap$coef #看各个因子作为原变量的线性组合的系数
RMSEP(ap);MSEP(ap);R2(ap)#不同准则(MSEP,R2)在不同因子数量时的值
par(mfrow=c(1,3))#画图
plot(RMSEP(ap));abline(v=5,lty=2)
plot(MSEP(ap));abline(v=5,lty=2)
plot((R2(ap)));abline(v=5,lty=2)
```

图2.17为偏最小二乘回归过程中CV的RMSEP, MSEP及R^2的变化图. 用RMSEP和MSEP最小及R^2最大的原则挑选因子数量, 可以看出, 5个因子时RMSEP和MSEP最小, R^2最大. 它们都选择了5个因子.

---

[1]Bjøn-Helge Mevik, Ron Wehrens and Kristian Hovde Liland (2011). Partial Least Squares and Principal Component regression, GPL-2, URL: http://mevik.net/work/software/pls.html.

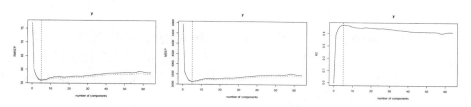

图 2.17　例2.7 糖尿病数据在偏最小二乘回归中CV的RMSEP, MSEP及R^2的变化

2.7.7　对例2.7, 偏最小二乘回归优于所有常用经典方法

这是一个令人意外的比较. 我们对例2.7的糖尿病数据对各种方法做预测的10折交叉验证. 这些方法包括线性回归(lm)、逐步线性回归(step)、岭回归(ridge)、lasso回归(lasso)、适应性lasso回归(alasso)、偏最小二乘回归(pls). 根据标准化均方误差, 偏最小二乘回归在每一折均优于所有经典方法, 如图2.18所示, 相应的数据在表2.9中.

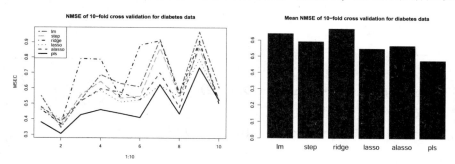

图 2.18　例2.7各种方法10折交叉验证的NMSE

表 2.9　例2.7各种方法10折交叉验证的NMSE

折次	lm	step	ridge	lasso	alasso	pls
1	0.5498	0.4778	0.4605	0.4701	0.4787	0.3799
2	0.3459	0.3604	0.3689	0.3985	0.3842	0.3068
3	0.5241	0.5558	0.7918	0.5194	0.5161	0.4268
4	0.6880	0.6433	0.7871	0.5860	0.5954	0.4605
5	0.6307	0.5362	0.5428	0.5103	0.5749	0.4366
6	0.6090	0.5479	0.8826	0.5248	0.5255	0.4106
7	0.9183	0.8629	0.9113	0.6203	0.7005	0.6240
8	0.5723	0.5496	0.5605	0.5458	0.4775	0.4349
9	0.9707	0.8629	0.9120	0.7916	0.8965	0.7344
10	0.6049	0.5258	0.4990	0.5233	0.5241	0.5241
10次平均	0.6414	0.5923	0.6717	0.5490	0.5673	0.4739

这个计算说明不那么传统的(非参数)偏最小二乘回归的预测精度优于这里的所有

其他参数方法.

从关于多重共线性的论述可以看出, 对于非独立的自变量, 使用不同的方法会得到完全不同的系数. 因此根据系数来判断自变量对因变量的效应完全没有意义. 一个模型无论形式如何, 对模型作判断的一个客观标准就是交叉验证的预测精度. 预测精度高的就是好模型, 与模型形式无关.

我们在这里使用的10折交叉验证代码为(这里使用了2.5.2节用过的函数CV()):

```
library(lars);library(ridge);library(msgps);library(pls)
w=read.csv("diabetes.csv")[,11:75];n=nrow(w)


D=1#D为因变量位置
y=as.matrix(w[,D]);x2=as.matrix(w[,-D]);Z=10;mm=CV(n,Z)


MSEC=matrix(999,Z,6);J=1
for(i in 1:Z)
{
m=mm[[i]];M=mean((w[m,D]-mean(w[m,D]))^2)
a=lm(y ~ ., data = w[-m,])
MSEC[i,J]=mean((w[m,D]-predict(a,w[m,]))^2)/M
}
J=J+1;for(i in 1:Z)
{
m=mm[[i]];M=mean((w[m,D]-mean(w[m,D]))^2)
a=step(lm(y ~ ., data = w[-m,]))
MSEC[i,J]=mean((y[m]-predict(a,w[m,]))^2)/M
}
J=J+1;for(i in 1:Z)
{
m=mm[[i]];M=mean((w[m,D]-mean(w[m,D]))^2)
a=linearRidge(y ~ ., data = w[-m,])#ridge
MSEC[i,J]=mean((w[m,D]-predict(a,w[m,]))^2)/M
}
J=J+1;set.seed(1010);for(i in 1:Z)
{
m=mm[[i]];M=mean((y[m]-mean(y[m]))^2)
laa=lars(x2[-m,],y[-m],type="lasso")#lasso
pl=predict(laa,x2[m,],s=0.03,mode="fraction")$fit
MSEC[i,J]=mean((y[m]-pl)^2)/M
```

```
}
J=J+1;set.seed(1010);for(i in 1:Z)
{
m=mm[[i]];M=mean((y[m]-mean(y[m]))^2)
alm=msgps(x2[-m,],y[-m],penalty="alasso",gamma=1,lambda=0)
apl=predict(alm,x2[m,]);MSEC[i,J]=mean((y[m]-apl)^2)/M
}
J=J+1;set.seed(1010);for(i in 1:Z)
{
m=mm[[i]];M=mean((y[m]-mean(y[m]))^2)
apls=plsr(y[-m] ~ x2[-m,], 5, validation = "CV")
ppls=predict(alm,x2[m,]);MSEC[i,J]=mean((y[m]-ppls)^2)/M
}

MSEC=data.frame(MSEC)
names(MSEC)=c("lm","step","ridge","lasso","alasso","pls")
(NMSE=apply(MSEC,2,mean))
MSEC
```

2.8　损失函数及分位数回归简介

2.8.1　损失函数

前面多次提及, 最小二乘回归使用对称的二次损失函数. 一般来说, 带有可加误差项的回归模型可以写成下面的形式:

$$y_i = \mu(\boldsymbol{x}_i, \boldsymbol{\beta}) + \epsilon_i,$$

式中, μ是一个一般的函数, 如果$\mu(\boldsymbol{x}_i, \boldsymbol{\beta}) = \boldsymbol{x}_i^\top \boldsymbol{\beta}$, 就是线性模型. 在拟合时, 总是希望找到使得残差$y_i - \mu(\boldsymbol{x}_i, \boldsymbol{\beta})$的某个凸函数的和尽可能小的参数(向量)$\hat{\boldsymbol{\beta}}$, 即

$$\hat{\boldsymbol{\beta}} = \arg \min_{\boldsymbol{\beta}} \sum_{i=1}^n \rho\left(y_i - \mu(\boldsymbol{x}_i, \boldsymbol{\beta})\right).$$

对于线性回归模型$y_i = \boldsymbol{x}_i^\top \boldsymbol{\beta} + \epsilon_i$, 这就意味着寻找$\hat{\boldsymbol{\beta}}$使得

$$\hat{\boldsymbol{\beta}} = \arg \min_{\boldsymbol{\beta}} \sum_{i=1}^n \rho\left(y_i - \boldsymbol{x}_i^\top \boldsymbol{\beta}\right).$$

如果选择损失函数为二次函数, 则$\rho(u) = u^2$. 这时, 对于线性模型来说, 就是要求使得残差平方和最小的$\hat{\boldsymbol{\beta}}$:

$$\hat{\boldsymbol{\beta}} = \arg \min_{\boldsymbol{\beta}} \sum_{i=1}^n (y_i - \boldsymbol{x}_i^\top \boldsymbol{\beta})^2.$$

这也就是最小二乘回归.

如果损失函数为$\rho(u) = |u|$, 则称为最小一乘回归, 它使得残差绝对值的和最小. 最小一乘回归是分位数回归(quantile regression)的特例. 一般的τ分位数回归的损失函数为:

$$\rho_\tau(u) = u(\tau - I(u < 0)).$$

当$\tau = 0.5$时, 就是最小一乘回归.

最小二乘回归和最小一乘回归的损失函数是对称的, 而一般的τ分位数回归的损失函数不是对称的, 而是由两条从原点出发的分别位于第一和第二象限的射线组成, 它们的斜率之比为$\tau : (\tau - 1)$. 图2.19给出了最小二乘回归的损失函数u^2(左)及分位数回归的两个($\tau = 0.2$和$\tau = 0.6$)损失函数(右).

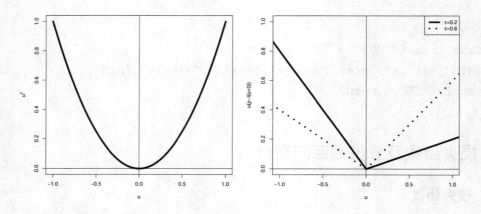

图 2.19　两类损失函数: $\rho(u) = u^2$(左)及$\rho_\tau(u) = u(\tau - I(u < 0))$(右)

在实际应用中, 选择不对称的分位数损失函数往往可以反映因变量的分位数分布. 不同分位数的分布可能由于各种原因而有相当差异. 以只有一个自变量的简单回归问题为例, 该自变量很可能无力解释因变量的分布的变化, 原因可能是缺乏许多其他变量来完整描述因变量. 这时, 就希望采取分位数回归来描述因变量不同分位数的分布, 以显示因为自变量不足而没有揭示出来的信息.

2.8.2　恩格尔数据例子的分位数回归

例 2.8　**恩格尔数据**(engel.csv) 该数据在程序包**quantreg**[1]中, 为一个关于比利时工薪阶层的收入和食品花费的例子, 数据名称为**engel**, 来自Koenker and Bassett(1982). 这里有两个变量: foodexp(食品花费)和income(收入), 一共有235个观测值.

---

[1]Roger Koenker (2011). quantreg: Quantile Regression. R package version 4.76. http:// CRAN.R-project.org/package=quantreg.

1. 对例2.8的分位数回归

对于例2.8, 以foodexp为因变量, 以income为自变量来做τ分位数回归. 使用不同的τ来做分位数回归会产生不同的截距和斜率. 这里使用程序包quantreg中的分位数回归函数rq(). 使用下面关于例2.8数据的代码:

```
library(quantreg);data(engel)
plot(summary(rq(foodexp~income,tau = 1:49/50,data=engel)))
```

可以生成对于不同的分位数所计算的截距和斜率(见图2.20). 持续变化的截距和斜率显示用简单的只有一个截距和一个斜率的线性回归完全不能反映数据变量之间的真实关系. 从图中可以看出, 随着τ的增加, 截距总体上有下降趋势, 而斜率则基本上是上升的.

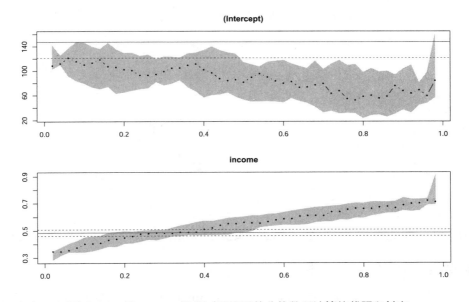

图 2.20　例2.8 engel数据对于不同的分位数所计算的截距和斜率

下面的代码计算τ分别为$0.15, 0.25, 0.50, 0.75, 0.95, 0.99$的分位数回归, 同时点出原始数据图(见图2.21(左))、做(以10为底的)对数变换之后的数据图(见图2.21(右))及两组6条分位数回归拟合直线. 这些代码均来自程序包quantreg.

```
library(quantreg);data(engel)
par(mfrow=c(1,2))
plot(foodexp ~ income, data = engel,
    main = "engel data")#产生散点图
taus <- c(.15, .25, .50, .75, .95, .99)#选择6个tau参数
rqs <- as.list(taus)#构造和taus一样多元素的list来存储回归结果
for(i in seq(along = taus)) {#对每个tau做分位数回归并画图
 rqs[[i]]=rq(foodexp~income, tau=taus[i],data=engel)
```

```
lines(engel$income, fitted(rqs[[i]]), col = i+1)}
legend("bottomright", paste("tau = ", taus), inset = .04,
    col = 2:(length(taus)+1), lty=1)
#重复上面(把foodexp换成log10(foodexp)):
plot(log10(foodexp) ~ log10(income), data = engel,
    main = "engel data  (log10 - transformed)")
for(i in seq(along = taus)) {
rqs[[i]]=rq(log10(foodexp)~log10(income),
tau=taus[i],data=engel)
lines(log10(engel$income), fitted(rqs[[i]]), col = i+1)}
legend("bottomright", paste("tau = ", taus), inset = .04,
    col = 2:(length(taus)+1), lty=1)
```

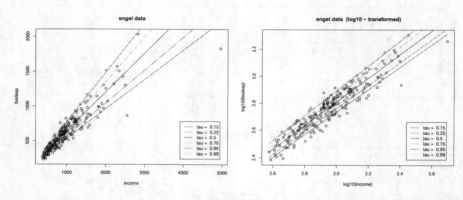

图 2.21　例2.8 原始的engel数据点图(左)及对数变换之后的点图(右)和各自6条分位数回归拟合直线

2.　分位数函数和对例2.8的应用

第τ个条件分位数函数(conditional quantile function)定义为$Q_{y|x}(\tau) = X\beta_\tau$, 这里

$$\beta_\tau = \arg\min_{\beta} E[\rho_\tau(y_i - x_i^\top \beta)].$$

由于精确的期望值无法计算, 只能对分位数函数做出估计. 我们把$\hat{Q}_{y|x}(\tau) = X\hat{\beta}_\tau$作为第$\tau$个条件分位数函数的估计, 这里

$$\hat{\beta}_\tau = \arg\min_{\beta} \sum_{i=1}^{n} \rho_\tau(y_i - x_i^\top \beta).$$

下面我们分别用收入的0.05分位点(贫)的income值及收入的0.95分位点(富)的income值来预测不同分位数(对各种τ)回归的拟合值. 换句话说, 是用收入452.4比利时法郎(收入的0.05分位点)的相对贫困家庭, 以及收入1939.5比利时法郎(收入的0.95分位点)的相对富裕家庭来估计条件分位数函数, 这就产生了图2.22的左图, 从中可以看出估计的条件分位数函数$Q_{y|x}(\tau)$对τ的点图对于两种人群(x只有两个值)的差距. 而图2.22的右图则为相应于这两个分位点收入者的对不同τ的拟合值(食品

花费)的密度曲线(即$Q_{\boldsymbol{y}|\boldsymbol{x}}(\tau)$对于两个$x$值的密度曲线). 从图2.22右图可以看出低收入家庭食品支出集中在狭窄的低水平区域, 而高收入家庭则分布在较广的较高水平区域.

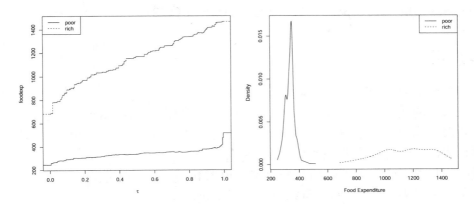

图 2.22　例2.8 对两种人群估计的条件分位数(左)和用于食品的支出的密度函数(右)

图2.22中的变量计算及画图代码如下:

```
library(quantreg);data(engel);attach(engel)
#tau=-1:取(0,1)中的密集的tau(这里271个回归, 结果在z中):
z <- rq(foodexp~income,tau=-1,engel)
#下面取贫和富两个income值(x值):
x.poor=quantile(income,.05);x.rich=quantile(income,.95)
#下面算出贫和富的income对所有tau斜率和截距的拟合值(各271个):
qs.poor <- c(c(1,x.poor)%*%z$sol[4:5,])#用公式x^\topb计算拟合值
qs.rich <- c(c(1,x.rich)%*%z$sol[4:5,])
#上面z$sol[4:5,]为z中相应于不同分位数的斜率和截距
ps <- z$sol[1,]#tau值
ps.wts <- (c(0,diff(ps)) + c(diff(ps),0)) / 2
ap <- akj(qs.poor, z=qs.poor, p = ps.wts)#akj: 自适应核密度估计
ar <- akj(qs.rich, z=qs.rich, p = ps.wts)
#ap$dens与ar$dens为两个密度估计
#下面是画图程序
par(mfrow = c(1,2))
plot(c(ps,ps),c(qs.poor,qs.rich), type="n",xlab = expression(tau),
    ylab = "foodexp")
plot(stepfun(ps,c(qs.poor[1],qs.poor)),do.points=F,add=T)
plot(stepfun(ps,c(qs.rich[1],qs.rich)),do.points=F,add=T,lty=2)
legend("topleft", c("poor","rich"), lty = c(1,2))
plot(c(qs.poor,qs.rich),c(ap$dens,ar$dens),type="n",
```

```
    xlab= "Food Expenditure", ylab= "Density")
lines(qs.poor, ap$dens)
lines(qs.rich, ar$dens,lty=2)
legend("topright", c("poor","rich"), lty = c(1,2))
```

2.9　习　题

1. 为什么在凸函数中选择损失函数?

2. 利用2.2.4节的例子(数据tt.txt和tt0.txt)说明, 无论把定性变量的哪个水平设定为0, 最终的六个截距都不会改变.

3. 说明有截距的回归模型的残差和为零: $\sum_{i=1}^{n} e_i = 0$.

4. 说明在回归中因变量观测值的和等于拟合值的和: $\sum_{i=1}^{n} y_i = \sum_{i=1}^{n} \hat{y}_i$.

5. 说明在最小二乘回归中, 回归直线总是经过点$(\bar{x}, \bar{y})$.

6. 说明在最小二乘回归中任何自变量和残差的内积为零: $\sum_{i=1}^{n} x_i e_i = 0$.

7. 说明在最小二乘回归中拟合值和残差的内积为零: $\sum_{i=1}^{n} \hat{y}_i e_i = 0$.

8. 对于2.4节的例2.4, 6种模型的每一种都有其合理性. 如果没有尝试其他模型, 而单独使用其中一种, 你是不是就认为可以说明问题了?

9. 2.4节例2.4中的定性变量state, 在模型(2.16)的拟合中除了产生不同截距的效果之外, 还有其他什么效果?

10. 对例2.5尝试做各种指数或对数变换, 然后讨论回归结果.

11. 对例2.5尝试做加权最小二乘回归(利用函数lm()中的选项weights来尝试各种权重), 看看结果如何.

12. 利用代码

```
w=read.csv("concrete.csv")
a=lm(Compressive.strength~Cement*Blast.Furnace.Slag*Fly.Ash*
    Water*Superplasticizer*Coarse.Aggregate*Fine.Aggregate,w)
b=step(a)
summary(b)
```

试对例2.5使用含所有可能交叉项的模型, 再用逐步回归来选择变量. 你如何评论结果?

13. 在数理统计及回归分析的教科书中, 读者会见到大量的"假定". 能不能找出证明任何一个假定正确的方法? 如果这些假定不满足, 会有什么样的后果?

14. 从2.7节关于多重共线性的论述可以看出, 使用不同的方法会得到完全不同的系数. 因此根据系数来判断自变量对因变量的效应完全没有意义. 一个模型, 无论形式如何, 只要预测精度高就是好模型. 请讨论.

15. 分别举出损失函数对称和不对称的实际应用例子.

16. 对例2.8数据做普通最小二乘回归, 并讨论你的结果和感受.

第三章　广义线性模型

本章主要介绍广义线性模型的各种概念, 并通过实际例子着重介绍属于广义线性模型的logistic回归和Poisson对数线性模型.

3.1　模　型

顾名思义, 广义线性模型(generalized linear model, GLM)是线性模型不折不扣的推广. 它在诞生时(Nelder and Wedderburn, 1972)就带有不容置疑的线性模型的基因. 它在数学上既严谨又方便灵活, 但因依赖于对数据的各种假定而难免脱离数据的实际规律. 为了弥补假定的不足, 人们发展了许多后续补救办法, 但都基于增加或改变各种假定, 并没有从根本上改变其整体上由模型驱动的本质. 下面先介绍广义线性模型的基本概念, 然后通过例子介绍logistic回归(probit回归)及Poisson对数线性模型. 对于广义线性模型基本内容的介绍, 请参看McCullagh and Nelder (1989).

记自变量的线性表示式为$\eta = \beta_1 x_1 + \cdots + \beta_p x_p = \boldsymbol{x}^\top \boldsymbol{\beta}$, 这里$x_j$假定为固定的(并非随机的)数, x_1可以是代表常数项的1.

首先回顾线性模型

$$Y = \boldsymbol{x}^\top \boldsymbol{\beta} + \epsilon, \tag{3.1}$$

这里ϵ假定有正态分布($N(0, \sigma^2)$). 因此有

$$Y \sim N(\boldsymbol{x}^\top \boldsymbol{\beta}, \sigma^2).$$

于是可以通过最大似然法得到参数$\boldsymbol{\beta}$及σ的估计, 而且这个估计在Y的正态假定下等价于最小二乘估计. 对Y取期望, 得到

$$\mu = E(Y) = \boldsymbol{x}^\top \boldsymbol{\beta} = \eta, \quad \text{或者} \quad \mu = \eta. \tag{3.2}$$

注意方程(3.2)的左边是一个参数, 而不是变量, 而方程右边是一个数学表达式, 没有诸如ϵ那样的随机变量, 不要把它和模型表达式(3.1)混淆.

模型(3.2)对服从正态分布的Y适用, 但如果Y有其他限制, 比如Y为频数或者二元响应变量, 如果方差依赖于均值, 则模型(3.2)就可能不合适了. 为了适应更加广泛的不同分布的变量, 需要推广模型(3.2).(注意, 不是推广表达式(3.1)!) 广义线性模型把μ和η用一个函数$g()$连接起来, 即

$$g(\mu) = \boldsymbol{x}^\top \boldsymbol{\beta} = \eta, \quad \text{或者} \quad g(\mu) = \eta. \tag{3.3}$$

这就是广义线性模型, 这里, 作用在均值μ上的变换函数$g(\cdot)$称为连接函数(link function), 而其逆函数$m(\cdot)$称为均值函数. 广义线性模型要求Y服从包括正态分布的指数分布族中的已知分布, 因此, 类似于正态情况, 完全可以通过最大似然法得到参数$\boldsymbol{\beta}$及相关分布参数的估计. 当然, 对于一般的广义线性模型, 最大似然法估计必须通过计算机的迭代算法得到, 不像正态情况有封闭的数学表达式.

现在, 除了均值$E(Y) = \mu$及$g(\mu) = \eta$之外, 这里还把方差看成均值μ的函数:

$$Var(Y) = \phi V(\mu),$$

这里ϕ称为散布参数(dispersion parameter). 对于不同的观测值Y_i, 散布参数ϕ可能变化, 因此常常记为ϕ_i, $a_i(\phi)$, ϕ/p_i, 等等.

总之, 广义线性模型有三个组成部分: (1) 随机部分, 即变量所属的指数分布族(见3.2节)成员, 诸如正态分布、二项分布、Poisson分布等. (2) 线性部分, 即$\eta = \boldsymbol{x}^{\top}\boldsymbol{\beta}$. (3) 连接函数$g(\mu) = \eta$.

3.2　指数分布族及典则连接函数

如果因变量$Y = (Y_1, ..., Y_n)^{\top}$来自指数分布族, 那么其观测值$(y_1, ..., y_n)$的密度函数的形式为:

$$f(y_i; \theta_i, \phi) = \exp\left\{\frac{b(\theta_i)T(y_i) - \kappa(\theta_i)}{a_i(\phi)} + c(y_i, \phi)\right\}, \tag{3.4}$$

式中, θ_i和ϕ是参数; 函数$T(y_i), b(\theta_i), \kappa(\theta_i), a_i(\phi)$都是已知的. 其中$a_i(\phi)$往往取形式

$$a_i(\phi) = \phi/p_i,$$

这里p_i称为先验权重, 往往取1. 在式(3.4)中, 如果$b(\theta_i) = \theta_i$, 则称为典则形式(所有分布都可通过变换成为典则形式), 再者, 如果$T(y_i) = y_i$, 则θ称为典则参数. 这时式(3.4)成为

$$f(y_i; \theta_i, \phi) = \exp\left\{\frac{\theta_i y_i - \kappa(\theta_i)}{a_i(\phi)} + c(y_i, \phi)\right\}. \tag{3.5}$$

这时, 均值等于分布中$\kappa(\theta)$的一阶导数, 而方差又和其二阶导数有关, 这些关系列在下面:

$$E(Y_i) = \mu_i = \kappa'(\theta_i) = g^{-1}(\eta_i) = \mu(\theta_i);$$
$$Var(Y_i) = a_i(\phi)\frac{\mathrm{d}\mu(\theta_i)}{\mathrm{d}\theta_i} = a_i(\phi)\kappa''(\theta_i); \tag{3.6}$$
$$\theta_i = \mu^{-1}(g^{-1}(\eta_i)) = \theta_i(\eta_i).$$

上面关于导数的关系利用了事实

$$E\left[\frac{\partial\ell}{\partial\boldsymbol{\theta}}\right] = E\left[\frac{\boldsymbol{y} - \kappa'(\boldsymbol{\theta})}{a(\phi)}\right] = \boldsymbol{0}; \;\; E\left[\frac{\partial^2\ell}{\partial\boldsymbol{\theta}^2}\right] = -\frac{\kappa''(\boldsymbol{\theta})}{a(\phi)} = -E\left[\frac{\partial\ell}{\partial\boldsymbol{\theta}}\right]^2,$$

这里, ℓ代表对数似然函数

$$\ell(\boldsymbol{\theta}, \phi) = \ln f(\boldsymbol{y}; \boldsymbol{\theta}, \phi) = \frac{\boldsymbol{\theta}^{\top}\boldsymbol{y} - \kappa(\boldsymbol{\theta})}{a(\phi)} + c(\boldsymbol{y}, \phi).$$

从关系(3.6)可以看出, 方差函数$V(\mu_i) = \kappa''(\theta_i)$.

作为特例, 下面是几个指数分布族成员的密度及其与式(3.5)参数之间的关系:

- **正态分布**: $Y \sim N(\mu, \sigma^2)$. 其密度函数为:

$$\frac{1}{\sqrt{2\pi}\sigma} \exp\{-\frac{(y-\mu)^2}{2\sigma^2}\} = \exp\left\{\frac{\mu y - \mu^2/2}{\sigma^2} + \left[-\frac{1}{2}\ln(2\pi\sigma^2) - \frac{y^2}{2\sigma^2}\right]\right\}.$$

可导出$\theta_i = \mu_i$, $\kappa(\theta_i) = \theta_i^2/2$, $\phi = \sigma^2, a(\phi) = \phi$, $c(y_i, \phi) = -(1/2)\ln(2\pi\phi) - y_i^2/(2\phi)$.

- **二项分布**: $Y \sim Bin(n, p)$. 其密度函数为:

$$\binom{n}{y}p^y(1-p)^{n-y} = \exp\left\{y\ln\frac{p}{1-p} + n\ln(1-p) + \ln\binom{n}{y}\right\}.$$

可导出$\theta_i = \ln[p_i/(1-p_i)]$, $\kappa(\theta_i) = n\ln(1+e^{\theta_i})$, $\phi = 1$, $a(\phi) = 1$, $c(y_i, \phi) = \ln\binom{n}{y}$.

- **Bernoulli**(二项分布特例): $Y \sim Bin(1, p)$. 其密度函数为:

$$p^y(1-p)^{1-y} = \exp\left\{y\ln\frac{p}{1-p} + \ln(1-p)\right\}.$$

可导出$\theta_i = \ln[p_i/(1-p_i)]$, $\kappa(\theta_i) = \ln(1+e^{\theta_i})$, $\phi = 1$, $a(\phi) = 1$, $c(y_i, \phi) = 0$.

- **Poisson分布**: $Y \sim P(\lambda)$. 其密度函数为:

$$e^{-\lambda}\frac{\lambda^y}{y!} = \exp\{y\ln(\lambda) - \lambda - \ln(y!)\}.$$

可导出$\theta_i = \ln(\lambda_i)$, $\kappa(\theta_i) = e^{\theta_i}$, $\phi = 1$, $a(\phi) = 1$, $c(y_i, \phi) = -\ln(y_i!)$.

- **Gamma分布**: $Y \sim \Gamma(\alpha, \beta)$. 其密度函数为:

$$\frac{y^{\alpha-1}}{\Gamma(\alpha)\beta^\alpha}e^{-\beta^{-1}y} = \exp\{\alpha\ln(y) - \alpha\ln(\beta) - \ln(\Gamma(\alpha)) - \ln(y) - \beta^{-1}y\}.$$

当α已知时, 可导出$\theta_i = -\beta_i^{-1}$, $\kappa(\theta_i) = \alpha\ln(\beta_i)$, $\phi = 1$, $a(\phi) = 1$, $c(y_i, \phi) = (\alpha-1)\ln(y_i) - \ln(\Gamma(\alpha))$.

- **负二项分布**: $Y \sim NB(k, p)$. 其密度函数为(对于$y = k, k+1, \ldots$):

$$\binom{y-1}{k-1}p^k(1-p)^{y-k} = \exp\left\{y\ln(1-p) + k\ln\frac{p}{1-p} + \ln\binom{y-1}{k-1}\right\}.$$

可导出$\theta_i = \ln(1-p_i)$, $\kappa(\theta_i) = -k\ln\left[(1-e^{\theta_i})/e^{\theta_i}\right]$, $\phi = 1$, $a(\phi) = 1$, $c(y_i, \phi) = \ln\binom{y-1}{k-1}$.

还有一些非典则连接函数, 比如对于二项分布的probit连接函数$g(\mu) = \Phi^{-1}(\mu)$和互补的双对数(complementary log-log)连接函数$g(\mu) = \ln(-\ln(1-\mu))$.

由于$\kappa''(\theta) = V(\mu)$, 容易导出各个分布的方差函数$V(\mu)$. 比如正态分布, $V(\mu) = 1$; 二项分布, $V(\mu) = \mu(1-\mu)$ (这里$\mu = p$); Poisson分布, $V(\mu) = \mu$ (这里$\mu = \lambda$), 等等.

对于指数族式(3.5), 连接函数$\theta = \eta$称为典则连接函数(canonical link function), 典则连接函数使得数学推导简单很多. 虽然在数学上有方便之处, 但没有任何证据说明典则连接函数在拟合实际数据时比其他连接函数要好. 对于典则连接函数, 关系式(3.6)为:

$$\theta_i = \eta_i;$$
$$E(Y_i) = \mu(\theta_i) = \kappa'(\theta_i) = \kappa'(\eta_i);$$

$$Var(Y_i) = a_i(\phi)\kappa''(\theta_i) = a_i(\phi)V(\mu_i) = a_i(\phi)\kappa''(\eta_i) = a_i(\phi)\mu'(\theta_i); \qquad (3.7)$$

$$g(\mu(\theta_i)) = g(\kappa'(\theta_i)) = g(\kappa'(\eta_i)) = \eta_i.$$

由于R中的广义线性模型函数`glm()`对指数族中某分布的默认连接函数是其典则连接函数, 表3.1列出了R函数`glm()`所用的某些指数族分布的典则连接函数.

表 3.1　R函数中的某些指数族分布的典则连接函数

分布	连接函数在R中的名字	连接函数$g(\mu)$	均值函数$m(\eta)$
正态(高斯)	identity	$\boldsymbol{x}^\top\boldsymbol{\beta} = \mu$	$\mu = \boldsymbol{x}^\top\boldsymbol{\beta}$
指数	inverse	$\boldsymbol{x}^\top\boldsymbol{\beta} = -\mu^{-1}$	$\mu = (-\boldsymbol{x}^\top\boldsymbol{\beta})^{-1}$
Gamma	inverse	$\boldsymbol{x}^\top\boldsymbol{\beta} = -\mu^{-1}$	$\mu = (-\boldsymbol{x}^\top\boldsymbol{\beta})^{-1}$
逆高斯	1/mu^2	$\boldsymbol{x}^\top\boldsymbol{\beta} = -\mu^{-2}$	$\mu = (-\boldsymbol{x}^\top\boldsymbol{\beta})^{-1/2}$
Poisson	log	$\boldsymbol{x}^\top\boldsymbol{\beta} = \ln(\mu)$	$\mu = \exp(\boldsymbol{x}^\top\boldsymbol{\beta})$
二项	logit	$\boldsymbol{x}^\top\boldsymbol{\beta} = \ln\left(\dfrac{\mu}{1-\mu}\right)$	$\mu = \dfrac{\exp(\boldsymbol{x}^\top\boldsymbol{\beta})}{1 + \exp(\boldsymbol{x}^\top\boldsymbol{\beta})}$

3.3　似然函数和准似然函数

3.3.1　似然函数和记分函数

1.　似然函数

首先回顾数理统计的似然函数. 假定变量的n个独立观测值所组成的向量$\boldsymbol{y} = (y_1, y_2, ..., y_n)^\top$的密度函数为:

$$f(\boldsymbol{y}; \boldsymbol{\theta}) = \prod_{i=1}^{n} f_i(y_i; \boldsymbol{\theta}).$$

那么, 在给定$\boldsymbol{y}$之后, 把它看成参数$\boldsymbol{\theta}$的函数时, 称为似然函数, 记为:

$$L(\boldsymbol{\theta}; \boldsymbol{y}) = \prod_{i=1}^{n} f_i(y_i; \boldsymbol{\theta}),$$

而取对数之后的

$$\ln L(\boldsymbol{\theta}; \boldsymbol{y}) = \sum_{i=1}^{n} \ln f_i(y_i; \boldsymbol{\theta})$$

则称为对数似然函数(log-likelihood function).

举例来说, 对于以计数为因变量的情况, 如果选择Poisson分布族($P(\lambda)$), 这时连接函数是对数, 则有

$$\ln(\lambda_i) = \eta = \boldsymbol{x}_i^\top\boldsymbol{\beta} \text{ 或者 } \lambda_i = \exp\left(\sum_{i=1}^{n} \boldsymbol{x}_i^\top\boldsymbol{\beta}\right).$$

对数似然函数为:

$$\sum_{i=1}^{n} \ln f_i(y_i; \boldsymbol{\theta}) = \sum_{i=1}^{n} \frac{y_i \theta_i - \kappa(\theta_i)}{a_i(\phi)} + c(y_i, \phi)$$

$$= \sum_{i=1}^{n} y_i \ln \lambda_i - \lambda_i - \ln(y_i!).$$

这里利用了前面提到的指数族中Poisson分布的一些关系式: $\theta_i = \ln(\lambda_i)$, $\kappa(\theta_i) = e^{\theta_i} = \lambda_i$, $\phi = 1$, $a_i(\phi) = 1$, $c(y_i, \phi) = -\ln(y_i!)$.

2. 记分函数

为了求参数$\boldsymbol{\theta}$的最大似然估计, 我们需要对$\ln L(\boldsymbol{\theta}; \boldsymbol{y})$求关于参数$\boldsymbol{\theta}$的偏导数. 该偏导数为$\boldsymbol{\theta}$的函数, 称为记分函数(score function)或Fisher记分函数:

$$\boldsymbol{u}(\boldsymbol{\theta}) = \frac{\partial \ln L(\boldsymbol{\theta}; \boldsymbol{y})}{\partial \boldsymbol{\theta}}. \tag{3.8}$$

记分函数是一个随机向量, 对真正的参数$\boldsymbol{\theta}$, 有

$$E[\boldsymbol{u}(\boldsymbol{\theta})] = \boldsymbol{0}. \tag{3.9}$$

而且其方差—协方差矩阵为信息阵:

$$Var[\boldsymbol{u}(\boldsymbol{\theta})] = \boldsymbol{I}(\boldsymbol{\theta}). \tag{3.10}$$

此外, 在比较简单的条件下, 可以通过对$\ln L(\boldsymbol{\theta}; \boldsymbol{y})$求关于参数$\boldsymbol{\theta}$的二阶导数得到:

$$\boldsymbol{I}(\boldsymbol{\theta}) = -E\left[\frac{\partial^2 \ln L(\boldsymbol{\theta}; \boldsymbol{y})}{\partial \boldsymbol{\theta} \partial \boldsymbol{\theta}^{\top}}\right] = Var[\boldsymbol{u}(\boldsymbol{\theta})]. \tag{3.11}$$

3.3.2 广义线性模型的记分函数

考虑典则连接函数, 并回忆关系式(3.7). 仍然记对数似然函数为$\ell_i(\theta_i, \phi) = \ln f(y_i; \theta_i, \phi)$. 令$\mu'(\theta_i) = V(\mu_i)$, 或$\partial \mu_i / \partial \theta_i = V(\mu_i)$, 即有$Var(Y_i) = a_i(\phi)\mu'(\theta_i) = a_i(\phi)V(\mu_i)$. 注意下面的关系:

$$\frac{\partial \mu_i}{\partial \theta_i} = V(\mu_i) \Rightarrow \frac{\partial \theta_i}{\partial \mu_i} = \frac{1}{V(\mu_i)};$$

$$\frac{\mathrm{d}\eta_i}{\mathrm{d}\mu_i} = g'(\mu_i) \Rightarrow \frac{\mathrm{d}\mu_i}{\mathrm{d}\eta_i} = \frac{1}{g'(\mu_i)}.$$

我们得到

$$\frac{\partial \ell_i}{\partial \beta_j} = \frac{\mathrm{d}\ell_i}{\mathrm{d}\eta_i}\frac{\partial \eta_i}{\partial \beta_j} = \frac{\mathrm{d}\ell_i}{\mathrm{d}\eta_i}\frac{\partial \eta_i}{\partial \theta_i}\frac{\partial \theta_i}{\partial \beta_j} = \frac{\mathrm{d}\ell_i}{\mathrm{d}\theta_i}\frac{\mathrm{d}\theta_i}{\mathrm{d}\mu_i}\frac{\mathrm{d}\mu_i}{\mathrm{d}\eta_i}\frac{\partial \eta_i}{\partial \beta_j}$$

$$= \frac{\mathrm{d}\ell_i}{\mathrm{d}\theta_i}\left(\frac{\mathrm{d}\mu_i}{\mathrm{d}\theta_i}\right)^{-1}\left(\frac{\mathrm{d}\eta_i}{\mathrm{d}\mu_i}\right)^{-1}\frac{\partial \eta_i}{\partial \beta_j}$$

$$= \frac{Y_i - \kappa'(\theta_i)}{a_i(\phi)}(\kappa''(\theta_i))^{-1}(g'(\mu_i))^{-1}x_{ij}$$

$$= \frac{(Y_i - \mu_i)x_{ij}}{a_i(\phi)V(\mu_i)g'(\mu_i)} \tag{3.12}$$

由于

$$\frac{x_{ij}}{g'(\mu_i)} = \frac{\partial \mu_i}{\partial \eta_j}\frac{\partial \eta_i}{\partial \beta_j} = \frac{\partial \mu_i}{\partial \beta_j},$$

记分函数式(3.12)可写成没有连接函数的一般形式,

$$\sum_{i=1}^n \frac{\partial \ell_i}{\partial \beta_j} = \sum_{i=1}^n \left[\frac{Y_i - \mu_i}{a_i(\phi)V(\mu_i)}\frac{\partial \mu_i}{\partial \beta_j} \right], \quad j = 1,...,p \tag{3.13}$$

或者矩阵形式

$$\boldsymbol{G}(\boldsymbol{\beta};\boldsymbol{y}) = \boldsymbol{D}^\top \boldsymbol{V}^{-1}(\boldsymbol{Y} - \boldsymbol{\mu})\boldsymbol{a}^{-1}(\phi), \tag{3.14}$$

这里$\boldsymbol{D}$是以$\partial \mu_i/\partial \beta_j$ ($i = 1,...,n;\ j = 1,...,p$)为元素的$n \times p$矩阵; $\boldsymbol{V}$是以$V(\mu_1),V(\mu_2),...,V(\mu_n)$为对角线元素的对角阵; $\boldsymbol{a}(\phi)$是以$a_1(\phi),a_2(\phi),...,a_n(\phi)$为对角线元素的对角阵.

由此, $\boldsymbol{\beta}$的最大似然估计为下面的似然方程组的解(p为$\boldsymbol{\beta}$的维数):

$$\sum_{i=1}^n \frac{(Y_i - \mu_i)x_{ij}}{a_i(\phi)V(\mu_i)g'(\mu_i)} = \sum_{i=1}^n \frac{(Y_i - g^{-1}(\boldsymbol{x}_i^\top \boldsymbol{\beta}))x_{ij}}{a_i(\phi)V(g^{-1}(\boldsymbol{x}_i^\top \boldsymbol{\beta}))g'(\mu_i)} = 0, \quad 1 \leqslant j \leqslant p.$$

3.3.3 准记分函数、准对数似然函数及准似然估计

从前面关于记分函数的论述可以看出, 有了记分函数之后, 求最大似然估计就完全依赖于记分函数了. 那么, 是不是可以在数据不完全满足某种特定分布要求的情况下, 构造出满足条件式(3.9)、式(3.10)、式(3.11)性质的函数来做参数估计呢? 准似然函数就是如此产生的.

考虑到独立同分布的观测值$Y_1, Y_2, ..., Y_n$有同样的均值μ和方差$\sigma^2 V(\mu)$, 考虑函数

$$U(\mu, \boldsymbol{Y}) = \sum_{i=1}^n \frac{Y_i - \mu}{\sigma^2 V(\mu)}. \tag{3.15}$$

容易验证, U满足下面性质:

$$E[U(\mu, \boldsymbol{Y})] = 0; \tag{3.16}$$

$$Var[U(\mu, \boldsymbol{Y})] = \frac{n}{\sigma^2 V(\mu)}; \tag{3.17}$$

$$-E\left[\frac{\partial U}{\partial \mu} \right] = Var[U(\mu, \boldsymbol{Y})]. \tag{3.18}$$

可以看出性质式(3.16)、式(3.17)、式(3.18)和前面式(3.9)、式(3.10)、式(3.11)显示的记分函数的性质对应. 函数$U(\mu, \boldsymbol{Y})$因此有类似于记分函数的性质, 由此可以得到相应的“对数似然函数”

$$Q(\mu, \boldsymbol{Y}) = \sum_{i=1}^n \int_y^\mu U(t, \boldsymbol{Y})\mathrm{d}t = \sum_{i=1}^n \int_y^\mu \frac{Y_i - t}{\sigma^2 V(t)}\mathrm{d}t. \tag{3.19}$$

函数$U(\mu, \boldsymbol{Y})$称为准记分函数(quasi-score function), 而函数$Q(\mu, \boldsymbol{Y})$称为准对数似然函数(log quasi-likelihood).

方程 $U(\mu, \boldsymbol{Y}) = 0$ 称为准似然估计方程. 对于独立同分布情况, 满足该方程的 μ 就是样本均值.

考虑更一般的独立观测值 $Y_1, Y_2, ..., Y_n$, Y_i 的均值满足 $g(\mu_i) = \boldsymbol{x}_i^\top \boldsymbol{\beta}$ 及 $Var(Y_i) = a_i(\phi)V(\mu_i)$ 的情况. 记 $\boldsymbol{\mu} = (\mu_1, \mu_2, ..., \mu_n)^\top$, $\boldsymbol{V} = \mathrm{diag}(V(\mu_1), V(\mu_2), ..., V(\mu_n))$, 于是准记分函数为:

$$U_j = \sum_{i=1}^{n} \left[\frac{Y_i - \mu_i}{a_i(\phi)V(\mu_i)} \cdot \frac{\partial \mu_i}{\partial \beta_j} \right]. \tag{3.20}$$

这和广义线性模型的记分函数式(3.13)完全相同, 或者表示为与式(3.14)完全相同的矩阵形式:

$$\boldsymbol{U}(\boldsymbol{\beta}; \boldsymbol{Y}) = \boldsymbol{D}^\top \boldsymbol{V}^{-1}(\boldsymbol{Y} - \boldsymbol{\mu})\boldsymbol{a}^{-1}(\phi). \tag{3.21}$$

这里的符号意义和式(3.14)中的一样.

从准记分函数式(3.20)可以得到准对数似然函数

$$Q(\boldsymbol{\beta}; \boldsymbol{Y}) = \sum_{i=1}^{n} \int_{y_i}^{\mu_i} \frac{Y_i - t}{a_i(\phi)V(t)} \frac{\partial t}{\partial \beta_j} \mathrm{d}t. \tag{3.22}$$

显然, 广义线性模型的最大似然估计和准似然估计都需要确定由连接函数定义的协变量的线性表示 $\eta_i = \boldsymbol{x}_i^\top \boldsymbol{\beta}$ 与均值 μ_i 之间的关系, 即

$$\mu_i = g^{-1}(\eta_i) = g^{-1}\left(\boldsymbol{x}_i^\top \boldsymbol{\beta} \right),$$

而这使得我们可以计算式(3.21)或式(3.14)中的 $\boldsymbol{D}$.

最大似然估计和准似然估计的主要区别在于: 最大似然估计是根据那些 Y_i 的确定分布来导出记分函数, 而准似然估计是由构造的式(3.15)或式(3.20)那样的记分函数以及选择方差函数 $V(\mu)$ 开始进行的. 准记分函数导出的参数 $\boldsymbol{\beta}$ 的估计不是最大似然估计, 但如果准记分函数刚好和某分布的记分函数相同, 那准似然估计和最大似然估计应该相同.

3.4　广义线性模型的一些推断问题

3.4.1　最大似然估计和Wald检验

广义线性模型的参数估计原理很简单, 就是最大似然法, 即解出使其记分函数等于零的方程. 对于准似然估计也类似, 只要解出使准记分函数等于零的方程即可. 但实践中需要使用迭代加权最小二乘法. 迭代过程的每一步为, 依据临时估计的 $\hat{\boldsymbol{\beta}}$, 得到 $\hat{\eta}_i = \boldsymbol{x}_i^\top \hat{\boldsymbol{\beta}}$, 进而得到 $\hat{\mu}_i = g^{-1}(\hat{\eta}_i)$. 具体计算时, 利用临时的 $\hat{\eta}_i, \hat{\mu}_i$, 计算工作因变量

$$z_i = \hat{\eta}_i + (y_i - \hat{\mu}_i)\frac{\mathrm{d}\hat{\eta}_i}{\mathrm{d}\mu_i} = \hat{\eta}_i + (y_i - \hat{\mu}_i)\left.\frac{\mathrm{d}\ell(\mu)}{\mathrm{d}\mu}\right|_{\mu=\hat{\mu}_i}.$$

然后计算迭代权重

$$w_i = p_i / \left[\kappa''(\theta_i)\left(\frac{\mathrm{d}\eta_i}{\mathrm{d}\mu_i}\right)^2 \right],$$

这里假定了 $a_i(\phi) = \phi/p_i$. 记以 w_i 为对角线元素的对角矩阵为 $\boldsymbol{W}$. 于是, 改进的 $\hat{\boldsymbol{\beta}}$ 为:

$$\hat{\boldsymbol{\beta}} = (\boldsymbol{X}^\top \boldsymbol{W} \boldsymbol{X})^{-1} \boldsymbol{X}^\top \boldsymbol{W} \boldsymbol{z},$$

这里 $\boldsymbol{z} = (z_1, ..., z_n)$. 不断重复这个迭代, 直至收敛到满意的精度. McCullagh and Nelder (1989) 证明这个算法等价于 Fisher 记分并导致最大似然估计.

最大似然估计和 (在某些简单条件下) 准似然估计都有下面的渐近正态性:

$$\hat{\boldsymbol{\beta}} \sim N(\boldsymbol{\beta}, \boldsymbol{I}^{-1}),$$

这里 $\boldsymbol{I}$ 为记分函数的协方差矩阵, 即信息阵.

这样就有基于正态的对系数的假设检验 (Wald 检验) 了. 对于 $H_0: \boldsymbol{\beta} = \boldsymbol{\beta}_0$ 的双边检验, 其检验统计量为:

$$\frac{\hat{\boldsymbol{\beta}} - \boldsymbol{\beta}_0}{\boldsymbol{I}^{-1/2}(\boldsymbol{\beta})},$$

它有渐近的 χ^2_ν 分布, 自由度 $\nu = 2$.

3.4.2 偏差和基于偏差的似然比检验

考虑广义线性模型的指数分布族式 (3.5), 残余偏差 (residual deviance) 或者似然比统计量 (likelihood ratio statistic) 定义为:

$$2\left[\ell(\boldsymbol{y}; \tilde{\boldsymbol{\theta}}) - \ell(\boldsymbol{y}; \hat{\boldsymbol{\theta}})\right]. \tag{3.23}$$

式 (3.23) 中的 $\tilde{\boldsymbol{\theta}}$ 是满足 $\partial \ell / \partial \boldsymbol{\beta} = \boldsymbol{0}$ 的最大似然估计, 即 $\kappa'(\tilde{\theta}_i) = Y_i$. 这个模型称为饱和模型 (saturated model), 它假定每个点都有一个参数来描述; 式 (3.23) 中的 $\hat{\boldsymbol{\theta}}$ 是人们所感兴趣的模型的参数估计, 对于我们的广义线性模型, 包括截距, 它一共有 $p+1$ 个参数来描述. 式 (3.23) 的偏差的自由度为 $n - (p + 1)$.

还有一种偏差称为零偏差 (null deviance), 定义为:

$$2\left[\ell(\boldsymbol{y}; \tilde{\boldsymbol{\theta}}) - \ell(\boldsymbol{y}; \hat{\boldsymbol{\theta}}^{\{0\}})\right]. \tag{3.24}$$

零偏差与饱和偏差正相反, 这里的表达式 (3.24) 的第二个对数似然函数是最简单的模型, 称为零模型, 仅由一个参数 $\boldsymbol{\theta}^{\{0\}}$ 描述, 其自由度为 $n - 1$. 最典型的例子是在线性表达式 $\boldsymbol{x}^\top \boldsymbol{\beta}$ 中只有截距项, 如线性回归中用均值代表所有的 Y 变量那样.

残余偏差及零偏差都是以饱和模型为参照 (标准模型) 的度量, 一般用两个嵌套模型做比较. 上面式 (3.23) 中感兴趣的模型是饱和模型的子模型, 而式 (3.24) 中的零模型也包含在饱和模型中. 通常可以用似然比检验 (likelihood ratio test) 来比较感兴趣的模型 Ω_1 和标准模型 Ω, 这两个模型是嵌套的.

令 $\hat{\mu}_i$ 和 $\hat{\theta}_i$ 分别为模型 Ω_1 下的拟合值和相应的典则参数的估计. 令 $\tilde{\mu}_i = y_i$ 和 $\tilde{\theta}_i$ 分别为模型 Ω 下的相应估计. 假定 $a_i(\phi) = \phi/p_i$, 而 p_i 已知. 于是, 对数似然比为:

$$2\sum_{i=1}^n \frac{y_i(\tilde{\theta}_i - \hat{\theta}_i) - \kappa(\tilde{\theta}_i) + \kappa(\hat{\theta}_i)}{a_i(\phi)} = 2\sum_{i=1}^n \frac{p_i[y_i(\tilde{\theta}_i - \hat{\theta}_i) - \kappa(\tilde{\theta}_i) + \kappa(\hat{\theta}_i)]}{\phi}$$

$$= \frac{D(\boldsymbol{y}, \hat{\boldsymbol{\mu}})}{\phi}, \tag{3.25}$$

这里由于有除数ϕ, 所以称为标准化偏差(scaled deviance), 而分子部分(或$\phi = 1$的情况)

$$D(\boldsymbol{y}, \hat{\boldsymbol{\mu}}) = 2 \sum_{i=1}^{n} p_i[y_i(\tilde{\theta}_i - \hat{\theta}_i) - \kappa(\tilde{\theta}_i) + \kappa(\hat{\theta}_i)]$$

称为偏差. 前面的残余偏差和零偏差都是标准化偏差. 当模型Ω_1为前面所说的饱和模型时, 式(3.25)就是上面的残余偏差或零偏差.

作为特例, 在正态分布时, 可以得到$D(\boldsymbol{y}, \hat{\boldsymbol{\mu}}) = \sum_{i=1}^{n}(y_i - \hat{\mu}_i)^2$, 即残差平方和.

对于Poisson分布

$$D(\boldsymbol{y}, \hat{\lambda}) = 2 \sum_{i=1}^{n} \left\{ y_i \ln\left(\frac{y_i}{\hat{\lambda}_i}\right) - (y_i - \hat{\lambda}_i) \right\},$$

这里第二项和为0, 可以去掉.

在正态情况下, $D(\boldsymbol{y}, \hat{\boldsymbol{\mu}})$是残差平方和, 引申到其他分布就不能叫做残差, 而称为偏差残差平方和(sum of squared deviance residuals). 比如在Poisson情况下, 记偏差残差(deviance residuals)为:

$$r_{D_i} = \text{sign}(y - \hat{\lambda}) \left\{ 2\left(y_i \ln\left(\frac{y_i}{\hat{\lambda}_i}\right) - (y_i - \hat{\lambda}_i) \right) \right\}^{1/2},$$

则$D(\boldsymbol{y}, \hat{\lambda}) = \sum_{i=1}^{n} r_{D_i}^2$.

对于两个竞争模型Ω_1和Ω_2, 分别有p_1和p_2个参数. 假定$\Omega_1 \subset \Omega_2$, 而且$p_2 > p_1$. 记这两个模型的残余偏差分别为$D(\Omega_1)/\phi$和$D(\Omega_2)/\phi$. 这时的对数似然比为:

$$\frac{D(\Omega_1) - D(\Omega_2)}{\phi},$$

这里ϕ或者给出, 或者在大模型Ω_2中估计出来. 在通常的正则条件下, 这个似然比有渐近χ_ν^2分布, 自由度$\nu = p_2 - p_1$. 在ϕ未知时, 可以用后面(参见3.4.3节)介绍的估计值$\hat{\phi}$代替, 其渐近分布不变.

只要二者的方差函数相同, 基于某指数族分布的似然函数的偏差可以用来定义准偏差(quasi-deviance). 这时, 对于上面定义的两个嵌套模型Ω_1和Ω_2, 统计量(这时ϕ必须用估计量)

$$\frac{D(\Omega_1) - D(\Omega_2)}{\hat{\phi}(p_2 - p_1)}$$

服从自由度为$(p_2 - p_1, n - p_2)$的渐近F分布.

3.4.3 散布参数的估计

由于$Var(Y_i) = a_i(\phi)V(\mu_i)$,

$$a_i(\phi) = \frac{(E(Y_i) - \mu_i)^2}{V(\mu_i)}.$$

如果 $a_i(\phi) = \phi/p_i$, 那么, 很自然地关于 ϕ 的估计为:

$$\hat{\phi} = \frac{1}{n-p} \sum_{i=1}^{n} p_i \frac{(Y_t - \hat{\mu}_i)^2}{V(\hat{\mu}_i)} = \frac{1}{n-p} \sum_{i=1}^{n} p_i \frac{(Y_t - \hat{\mu}_i)^2}{\mu'(\hat{\theta}_i)}$$

3.5   logistic回归和二元分类问题

例 3.1   献血数据(Trans.csv)   这个数据[1]来自新竹市输血服务中心的记录, 变量有Recency(上次献血距离研究时的月份), Frequency(总献血次数), Time(第一次献血是多少个月之前), Donate(是否将在2007年3月再献血, 1为会, 0为不会).

我们将用logistic回归来拟合这个数据, 以二分类变量Donate为因变量, 此外, 我们的数据比原始数据少一个变量(Monetary: 总献血量, 单位: 毫升), 这是因为每次献血的数量是固定的(250毫升), 所以它和变量Frequency严格共线, 没有必要在数据中保留两个共线变量.

3.5.1   logistic回归(probit回归)

例3.1的变量Donate是二分类变量, 它有1和0两个哑元值, 分别代表会和不会在某个时间再献血. 这有些类似于二项分布中Bernoulli实验的情况, 但概率 p 会随着其他变量的变化而不同. 这种思维导致了logistic回归或者probit回归方法的产生. 对于这两种方法, 连接函数分别为logit函数

$$g(p) = \ln\left(\frac{p}{1-p}\right)$$

和累积正态分布函数的逆

$$g(p) = \Phi^{-1}(p).$$

这两个函数都把取值在 $[0,1]$ 区间的 p 变换到线性表示 $\eta = \boldsymbol{x}^\top \boldsymbol{\beta}$ 可能取的全体实数范围. 下面我们考虑logistic回归, 如果 $Y_i \sim Bin(n, p_i)$, 则相应的广义线性模型为:

$$\ln\left(\frac{p_i}{1-p_i}\right) = \boldsymbol{x}_i^\top \boldsymbol{\beta}, \ i = 1, ..., n. \tag{3.26}$$

用logistic模型拟合例3.1数据的代码如下:

```
w=read.csv("Trans.csv")
a=glm(Donate~.,w,family=binomial)
summary(a)
```

注意, 由于logit函数是二项分布的典则连接函数, 因此不用在glm()函数的选项中注明. 由于这里因变量为0-1哑元变量, 可以不用因子化. 如果为非0-1哑元变量(比如1-2), 则

---

[1]Yeh, I-Cheng, Yang, King-Jang, and Ting, Tao-Ming, "Knowledge discovery on RFM model using Bernoulli sequence," Expert Systems with Applications, 2008. http://archive.ics.uci.edu/ml/datasets/Blood+ Transfusion+Service+Center.

必须改成0-1型. 如果变量水平为文字(如Male/Female), 则不用因子化, 也不用改成哑元变量, 系统接受文字水平.

上面代码的输出为:

```
Call:
glm(formula = Donate ~ ., family = binomial, data = w)

Deviance Residuals:
    Min       1Q    Median       3Q      Max
-2.4875  -0.7933  -0.4997  -0.1701   2.6450

Coefficients:
             Estimate Std. Error z value Pr(>|z|)
(Intercept) -0.449540   0.180349  -2.493 0.012681 *
Recency     -0.098584   0.017317  -5.693 1.25e-08 ***
Frequency    0.135390   0.025672   5.274 1.34e-07 ***
Time        -0.023092   0.005964  -3.872 0.000108 ***

(Dispersion parameter for binomial family taken to be 1)

    Null deviance: 820.89  on 747  degrees of freedom
Residual deviance: 707.87  on 744  degrees of freedom
AIC: 715.87

Number of Fisher Scoring iterations: 5
```

为简单起见, 用x_k ($k = 1, 2, 3$)分别代表变量Recency, Frequency和Time; 用β_k ($k = 1, 2, 3$)分别代表这些变量的系数; β_0代表截距项.

$$\ln\left(\frac{p}{1-p}\right) = \beta_0 + \sum_{k=1}^{3} \beta_k x_k.$$

根据输出, 得到各个参数的估计为:

$$\hat{\beta}_0 = -0.449540, \hat{\beta}_1 = -0.098584, \hat{\beta}_2 = 0.135390, \hat{\beta}_3 = -0.023092.$$

输出显示零偏差为820.89, 有747个自由度; 而残余偏差为707.87, 有744个自由度; AIC为715.87. 此外, 输出还显示散布参数的估计为1, 看来没有出现过散布现象.

我们还可以找到各个参数的各种水平的置信区间, 比如对于前两个变量的系数, 代码和输出如下:

```
> confint(a, parm=c(2:3))#如不写parm则意味着全部变量
```

```
Waiting for profiling to be done...
                 2.5 %        97.5 %
Recency    -0.13361876 -0.0655855
Frequency   0.08724469  0.1880517
```

上面输出的置信区间基于轮廓似然函数(profiled log-likelihood function), 适用于广义线性模型.

类似于方差分析, 我们可以用代码anova(a,test="Chisq")输出基于χ^2检验的偏差分析表:

```
Analysis of Deviance Table
Model: binomial, link: logit
Response: Donate
Terms added sequentially (first to last)


          Df Deviance Resid. Df Resid. Dev  Pr(>Chi)
NULL                       747     820.89
Recency    1   77.340      746     743.55 < 2.2e-16 ***
Frequency  1   18.775      745     724.78 1.471e-05 ***
Time       1   16.913      744     707.87 3.913e-05 ***
```

还可以比较模型, 拟合零模型, 并用χ^2检验来比较:

```
> b=glm(Donate~1,w,family=binomial)
> anova(b,a,test="Chisq")
Analysis of Deviance Table


Model 1: Donate ~ 1
Model 2: Donate ~ Recency + Frequency + Time
  Resid. Df Resid. Dev Df Deviance  Pr(>Chi)
1       747     820.89
2       744     707.87  3   113.03 < 2.2e-16 ***
```

这说明我们的模型显著优于零模型.

如果用probit模型, 则代码为:

```
pa=glm(Donate~.,w,family=binomial(link=probit))
```

这里必须标明连接函数(link=probit), 因为probit不是默认的典则连接函数. 这里不展示probit回归输出的结果, 因为与logistic回归没有什么本质上的差别.

还可以用准二项分布logistic模型来拟合(只是为了演示, 这里其实没有必要, 因为没有出现诸如过散布等问题):

```
c=glm(Donate~.,w,family=quasibinomial)
summary(c)
```

得到

```
Call:
glm(formula = Donate ~ ., family = quasibinomial, data = w)

Deviance Residuals:
    Min      1Q   Median      3Q      Max
-2.4875  -0.7933  -0.4997  -0.1701   2.6450

Coefficients:
             Estimate Std. Error t value Pr(>|t|)
(Intercept) -0.449540   0.184076  -2.442 0.014832 *
Recency     -0.098584   0.017675  -5.578 3.41e-08 ***
Frequency    0.135390   0.026203   5.167 3.06e-07 ***
Time        -0.023092   0.006088  -3.793 0.000161 ***
---
(Dispersion parameter for quasibinomial family
    taken to be 1.041767)

    Null deviance: 820.89  on 747  degrees of freedom
Residual deviance: 707.87  on 744  degrees of freedom
AIC: NA

Number of Fisher Scoring iterations: 5
```

　　对于准二项分布logistic模型, 也可以选用下面代码之一来查看偏差分析表:

```
anova(c,test="Chisq")
anova(c,test="F")
```

还可以用下面代码之一来与(前面用b表示的)零模型做比较:

```
anova(b,c,test="Chisq")
anova(b,c,test="F")
```

　　使用程序包aod[1]中的函数wald.test() 可以做Wald检验, 比如要联合检验Recency和Time两个变量的系数是否为零, 可用下面语句:

```
library(aod)
```

---

[1]Lesnoff, M., Lancelot, R. (2012) aod: Analysis of Overdispersed Data. R package version 1.3, URL http://cran.r-project.org/package=aod.

```
wald.test(b = coef(a), Sigma = vcov(a), Terms = c(2,4))
```

这里的Terms = c(2,4)相应于协方差矩阵vcov(a)第2和第4列的2个变量(即Recency和Time). 得到下面输出:

```
Wald test:
----------

Chi-squared test:
X2 = 62.8, df = 2, P(> X2) = 2.3e-14
```

3.5.2 用logistic回归做分类

当因变量为二分类变量, 即有两个水平时, 人们往往用logistic回归来做分类. 根据模型(3.26), 我们在得到参数β的估计$\hat{\beta}$之后可以根据数据x对p做预测:

$$\ln\left(\frac{\hat{p}_i}{1-\hat{p}_i}\right) = \boldsymbol{x}_i^\top\hat{\boldsymbol{\beta}}, \ i = 1, 2, ..., n. \tag{3.27}$$

式(3.27)还可以表示成

$$\hat{p}_i = \frac{\exp(\boldsymbol{x}_i^\top\hat{\boldsymbol{\beta}})}{1 + \exp(\boldsymbol{x}_i^\top\hat{\boldsymbol{\beta}})}, \ i = 1, 2, ..., n. \tag{3.28}$$

很显然, 对于每个观测值(比如观测值i)我们预测的是p_i, 而不是第i个观测值的水平(比如是"0"还是"1", 是"yes"还是"no", 等等). 这时就需要有一个阈值p_t, 使得当$\hat{p}_i > p_t$时判定第i个观测值属于某一水平; 否则, 判定为另一个水平.

1. 阈值$p_t = 0.5$的情况

最简单的阈值为$p_t = 0.5$. 这时, 对于例3.1, 把原数据既当成训练集又当成测试集来看预测结果的代码为:

```
w=read.csv("Trans.csv");n=nrow(w)
D=4; w[,D]=factor(w[,D]);pt=0.5
a=glm(Donate~.,w,family=binomial)
z=predict(a,w,type="response")
u=rep(levels(w[,D])[2],n);u[!(z>pt)]=levels(w[,D])[1]
table(w[,D],u)
(e=sum(w[,D]!=u)/n)
```

上面代码中把因变量(即第4个变量: w[,D], 这里D=4)因子化是为了预测时编程方便. 其中的代码

```
u=rep(levels(w[,D])[2],n);u[!(z>pt)]=levels(w[,D])[1]
```

是注意到预测的概率(用z表示)是针对按照因变量水平排列的第二个水平的. 如果没有人工干预, R软件会按照字母顺序来排列水平, 比如水平"yes"和"no"中, 自动把"yes"排在第二位. 因此输出的u就是各个变量的预测水平.

上面最后两行代码的输出为:

```
> table(w[,D],u)
   u
      0   1
  0 555  15
  1 156  22
> (e=sum(w[,D]!=u)/n)
[1] 0.229
```

这说明有156个本来是水平"1"的被判为"0", 而有15个本来是水平"0"的被判为"1", 只有对角线上是正确分类的. 误判率(即与原先因变量水平不符的比例)为0.229.

2. 选择阈值 p_t 使得误判率最小

显然, 用 $p_t = 0.5$ 作为阈值不太合适, 下面选择使得训练集误判率最小的阈值. 为此, 我们可使用下面程序:

```
BI=function(D,w,ff,fm="binomial"){
a=glm(ff,w,family=fm)
z=predict(a,w,type="response")
ee=NULL;for(p in seq(.01,.99,.01))
{u=rep(levels(w[,D])[2],nrow(w));u[!(z>p)]=levels(w[,D])[1]
e=sum(u!=w[,D])/nrow(w);ee=rbind(ee,c(p,e))}
I=which(ee[,2]==min(ee[,2]))
return(ee[min(I),])}
```

该程序自动从0.01到0.99以间隔0.01的步长搜索使得误判率最小的 p_t, 而输出为 p_t 和对训练集的误判率. 具体如下运行该代码:

```
ff=Donate~. #公式
BI(4,w,ff)  #调用程序(4是因变量位置, w是数据)
```

得到

```
> BI(4,w,f)
[1] 0.440 0.207
```

这意味着在阈值为0.44时, 对训练集的误判率为0.207, 结果比阈值0.5要好些.

3. 二水平分类交叉验证

用训练集自己判断自己并不合适, 必须用交叉验证来判断模型的好坏. 对于logistic回归, 给了测试集(用m表示测试集下标)之后, 利用下面程序即可计算以集合m的余集作为训练集的交叉验证的测试集的误判率:

```
BIM=function(D,w,ff,m,fm="binomial"){
```

```
P=BI(D,w,ff)[1]  #先找出p的合适值
a=glm(ff,w[-m,],family=fm)
z=predict(a,w[m,],type="response")
u=rep(levels(w[m,D])[2],nrow(w[m,]))
u[!(z>P)]=levels(w[m,D])[1]
e=sum(u!=w[m,D])/nrow(w[m,])
return(e)}
```

显然, 这里利用了上面自动选择阈值的函数BI().

对于例3.1数据, 我们首先要用在2.4.4节使用过的函数Fold()把下标随机分成若干份($Z = 10$份), 然后才可做Z折交叉验证. 为了比较, 我们用了三种方法, 头两种是上面所说的阈值$p_t = 0.5$和使得训练集误判率最小的阈值p_t, 另一种是作为对照的线性判别分析方法(使用程序包MASS[1]中的函数lda()). 线性判别分析将在后面关于经典分类方法的7.1节介绍.

对三种方法的10折交叉验证代码如下:

```
D=4;Z=10;n=nrow(w);
ff=paste(names(w)[D],"~.",sep="");ff=as.formula(ff)
mm=Fold(Z,w,D,8888)

KK=3;E=matrix(99,Z,KK)
J=1
for(i in 1:Z)
{m=mm[[i]]
a=glm(ff,w[-m,],family="binomial")
z=(predict(a,w[m,],type="response")>0.5)
u=rep(levels(w[m,D])[2],nrow(w[m,]));u[!z]=levels(w[m,D])[1]
E[i,J]=sum(w[m,D]!=u)/length(m)}
J=J+1;for(i in 1:Z)
{m=mm[[i]];E[i,J]=BIM(D,w,ff,m)}
J=J+1;for(i in 1:Z)
{m=mm[[i]]
a=lda(ff,w[-m,])
E[i,J]=sum(w[m,D]!=predict(a,w[m,])$class)/length(m)}
apply(E,2,mean)#平均10折交叉验证的误差
```

得到三个模型的交叉验证平均误差分别为阈值0.5的logistic回归的0.230、训练集误差率最小的阈值的0.213及线性判别分析的0.231. 这三种方法的10折交叉验证的误

---

[1]Venables, W. N. & Ripley, B. D. (2002) *Modern Applied Statistics with S*. Fourth Edition. Springer, New York. ISBN 0-387-95457-0.

判率及平均误判率显示在图3.1中.

有人认为用logistic回归做二分类一般要比线性判别分析好, 但实践表明, 如果阈值固定在0.5, 则不一定. 上面交叉验证结果表明线性判别分析和阈值为0.5的logistic回归预测结果没有多大差别. 同时, 上面交叉验证结果说明采用使训练集误判率最小的阈值会得到较好的判别结果.

评论: 用logistic回归做拟合或分类的最大的问题是: 当自变量有较多的定性变量或者定性变量的水平较多时, logistic回归完全无法进行. 这时就应该采取机器学习方法.

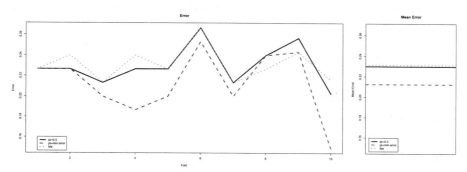

图 3.1　三种方法对例3.1变量Donate分类的10折交叉验证误判率(左)和平均误判率(右)

3.6　Poisson 对数线性模型及频数数据的预测

因变量为频数的情况历史上一直都是由回归处理的, 做一个对数变换就把在非负整数上的值域转换成散布在实轴的值域, 于是就成了回归分析的对象, 但后来数学家想出了许多符合频数的方法, 最著名的就是Poisson对数线性模型. 它是利用Poisson分布是针对非负整数的特性发展而来的, 刚好也是广义线性模型的一员. 由于Poisson对数线性模型的假定较强, 往往不能满足, 因此又发展出来许多补救办法. 这里将作简单介绍.

下面通过一个以计数为因变量的实验数据来介绍Poisson对数线性模型的基本概念及应用.

例 3.2　仙客来数据(cyclamen.csv)　这个数据[1]来自于诱导仙客来开花的实验. 总共有4个品种的仙客来植株得到6种温度方案和4种施肥水平的组合处理. 其中温度方案是5个白日温度(14, 16, 18, 20, 26)和4个夜间温度(14, 16, 18, 20)的组合, 不是所有的温度组合都存在. 花的数目是我们关注的目标变量, 其数目变化为4~26.

变量名称: Variety(品种: 哑元1~4); Regimem(温度方案: 哑元1~6); Day(白天温度: 摄氏度); Night(夜间温度: 摄氏度); Fertilizer(施肥水平: 哑元1~4); Flowers(花的数目).

---

[1]The data were supplied by Rodrigo Labouriau of the Biometrics Research Unit, Danish Institute for Agricultural Sciences. http://www.statsci.org/data/general/cyclamen.html.

我们使用程序包nnet[1]中的nnet()神经网络方法弥补变量Flowers的两个缺失值(第1411及第1712个观测值), 并以弥补后的数据展开研究.

这个数据的实验设计是比较严格的, 各种变量搭配都非常平均. 通过下面的代码可以读入数据, 并得到自变量搭配的情况:

```
w=read.csv("cyclamen.csv");n=nrow(w);m=ncol(w)
for(i in c(1,2,5))w[,i]=factor(w[,i])
table(w[,c(1,2,5)])
```

由于Variety, Regimem和Fertilizer都是哑元分类变量, 必须因子化. 上面代码得到自变量搭配情况:

```
, , Fertilizer = 1
       Regimem
Variety  1  2  3  4  5  6
      1 20 20 20 20 20 20
      2 20 20 20 20 20 20
      3 20 20 20 20 20 20
      4 20 20 20 20 20 20

 , , Fertilizer = 2
       Regimem
Variety  1  2  3  4  5  6
      1 20 20 20 20 20 20
      2 20 20 20 20 20 20
      3 20 20 20 20 20 20
      4 20 20 20 20 20 20

, , Fertilizer = 3
       Regimem
Variety  1  2  3  4  5  6
      1 20 20 20 20 20 20
      2 20 20 20 20 20 20
      3 20 20 20 20 20 20
      4 20 20 20 20 20 20

, , Fertilizer = 4
       Regimem
```

---

[1]Venables, W. N. & Ripley, B. D. (2002) *Modern Applied Statistics with S*. Fourth Edition. Springer, New York. ISBN 0-387-95457-0.

```
Variety   1  2  3  4  5  6
       1 20 20 20 20 20 20
       2 20 20 20 20 20 20
       3 20 20 20 20 20 20
       4 20 20 20 20 20 20
```

由此可知, 对于变量Variety, Regimem, Fertilizer的$4 \times 6 \times 4 = 96$种水平的每种搭配都有20个观测值, 因此总共有$96 \times 20 = 1920$个观测值. 图3.2显示的是Flowers对这三个变量各个水平的盒形图.

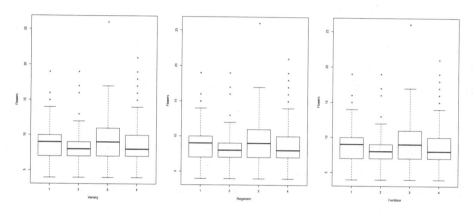

图 3.2 例3.2 的Flowers对变量Variety, Regimem, Fertilizer各个水平的盒形图

由于变量Regimem体现了Day和Night的组合, 因此我们在以后的分析中, 仅使用Regimem, 这在程序中用w=w[,-c(3:4)]来删除变量Day和Night.

3.6.1 Poisson对数线性模型

人们把计数(或频数)因变量考虑成服从Poisson分布是很自然的, 但由于自变量的变化, Poisson分布的均值λ也会随着变化. 作为广义线性模型的特例, Poisson分布对应的连接函数为对数函数, 它把本来仅仅取正实数的均值λ变换到整个实轴以被变化多端的线性部分$\eta = \boldsymbol{x}^\top \boldsymbol{\beta}$表示. Poisson对数线性模型为:

$$\ln \lambda_i = \boldsymbol{x}_i^\top \boldsymbol{\beta}, \ i = 1, ..., n. \tag{3.29}$$

对于例3.2数据, 读入数据和使用广义线性模型函数glm()并选项family=poisson(这时自动使用缺省的典则连接函数)的代码如下:

```
w=read.csv("cyclamen.csv");n=nrow(w)
for(i in c(1,2,5))w[,i]=factor(w[,i])
w=w[,-(3:4)]
a=glm(Flowers~.,w,family=poisson)
summary(a)
```

这导致下面输出:

```
Call:
glm(formula = Flowers ~ ., family = poisson, data = w)


Deviance Residuals:
    Min      1Q   Median      3Q      Max
-2.0961  -0.5720  -0.0759   0.4526   4.1306


Coefficients:
             Estimate Std. Error z value Pr(>|z|)
(Intercept)  2.3231587  0.0259066  89.674  < 2e-16 ***
Variety2    -0.0989213  0.0221201  -4.472 7.75e-06 ***
Variety3    -0.0009307  0.0215716  -0.043  0.96559
Variety4    -0.0437332  0.0218062  -2.006  0.04491 *
Regimem2    -0.0440281  0.0256388  -1.717  0.08593 .
Regimem3    -0.1634080  0.0264564  -6.177 6.55e-10 ***
Regimem4    -0.1902604  0.0266504  -7.139 9.39e-13 ***
Regimem5    -0.0809807  0.0258842  -3.129  0.00176 **
Regimem6    -0.2445869  0.0270546  -9.041  < 2e-16 ***
Fertilizer2 -0.0076318  0.0218402  -0.349  0.72676
Fertilizer3 -0.0267260  0.0219456  -1.218  0.22329
Fertilizer4 -0.0206440  0.0219118  -0.942  0.34612
---
(Dispersion parameter for poisson family taken to be 1)


    Null deviance: 1256.3  on 1919  degrees of freedom
Residual deviance: 1106.3  on 1908  degrees of freedom
AIC: 8768.8


Number of Fisher Scoring iterations: 4
```

还可以输出基于χ^2检验的偏差分析表, 用代码anova(a,test="Chisq")得到输出:

```
Analysis of Deviance Table
Model: poisson, link: log
Response: Flowers
Terms added sequentially (first to last)


        Df Deviance Resid. Df Resid. Dev  Pr(>Chi)
NULL                   1919     1256.3
```

Variety	3	26.711	1916	1229.6	6.769e-06	***
Regimem	5	121.447	1911	1108.2	< 2.2e-16	***
Fertilizer	3	1.838	1908	1106.3	0.6068	

由上面的两个输出结果可知, 变量Fertilizer并不显著. 我们可以尝试使用逐步回归, 代码和结果为:

```
> b=step(a);summary(b)
Call:
glm(formula = Flowers ~ Variety + Regimem, family = poisson,
    data = w)


Deviance Residuals:
    Min       1Q    Median        3Q       Max
-2.0585  -0.5819   -0.0737    0.4328    4.1829
Coefficients:
              Estimate Std. Error z value Pr(>|z|)
(Intercept)  2.3094636  0.0222212 103.931  < 2e-16 ***
Variety2    -0.0989213  0.0221201  -4.472 7.75e-06 ***
Variety3    -0.0009307  0.0215716  -0.043  0.96559
Variety4    -0.0437332  0.0218062  -2.006  0.04491 *
Regimem2    -0.0440281  0.0256388  -1.717  0.08593 .
Regimem3    -0.1634080  0.0264564  -6.177 6.55e-10 ***
Regimem4    -0.1902604  0.0266504  -7.139 9.39e-13 ***
Regimem5    -0.0809807  0.0258842  -3.129  0.00176 **
Regimem6    -0.2445869  0.0270546  -9.041  < 2e-16 ***
---

(Dispersion parameter for poisson family taken to be 1)
    Null deviance: 1256.3  on 1919  degrees of freedom
Residual deviance: 1108.2  on 1911  degrees of freedom
AIC: 8764.7
```

逐步回归把变量Fertilizer删除了. 根据逐步回归结果我们可以得到拟合的模型. 为描述方便起见, 用β_0代表截距项; 用α_{1i} $(i = 1, 2, 3, 4)$代表定性变量Variety 4个水平的效应, 用α_{2j} $(j = 1, 2, ..., 6)$代表Regimem 6个水平的效应. 拟合的模型为:

$$\ln(\lambda) = \beta_0 + \alpha_{1i} + \alpha_{2j}, \ i = 1, 2, 3, 4; \ j = 1, 2, ..., 6. \tag{3.30}$$

根据输出, 得到各个参数的估计为:

$$\hat{\beta}_0 = 2.3094636, \ \hat{\alpha}_{11} = 0 \ (默认), \ \hat{\alpha}_{12} = -0.0989213, \ \hat{\alpha}_{13} = -0.0009307,$$

$$\hat{\alpha}_{14} = -0.0437332, \ \hat{\alpha}_{21} = 0 \ (默认), \ \hat{\alpha}_{22} = -0.0440281, \ \hat{\alpha}_{23} = -0.1634080,$$

$$\hat\alpha_{24} = -0.1902604, \ \hat\alpha_{25} = -0.0809807, \ \hat\alpha_{26} = -0.2445869.$$

输出显示零偏差为1256.3, 有1919个自由度; 而残余偏差为1108.2, 有1911个自由度; AIC为8764.7. 此外, 输出还显示散布参数的估计为1, 看来没有过散布的现象.

对于逐步回归结果, 可以用代码anova(b,a,test="Chisq")比较逐步回归前后的两个模型的偏差分析表:

```
Analysis of Deviance Table

Model 1: Flowers ~ Variety + Regimem
Model 2: Flowers ~ Variety + Regimem + Fertilizer
  Resid. Df Resid. Dev Df Deviance Pr(>Chi)
1      1911     1108.2
2      1908     1106.3  3   1.8375   0.6068
```

输出结果表明, 删除一个变量没有什么影响.

还可以用准Poisson模型来拟合(这里其实没有必要, 因为没有诸如过散布等问题, 也就不显示结果了):

```
d=glm(b, w, family=quasipoisson(link = "log"))
anova(d,test="Chisq")
```

对于准Poisson模型, 也可以选用下面代码之一来查看偏差分析表:

```
anova(d,test="Chisq");anova(d,test="F")
```

也可以像在前面介绍logistic回归时那样, 使用程序包aod中的函数wald.test()对系数是否为零做Wald检验, 但这里没有真正的系数要检验, 只有相对意义上的α_{1i}和α_{2j}, 做它们是否等于零的检验没有什么意义.

3.6.2 使用Poisson对数线性模型的一些问题

由于广义线性模型的假定很强, 所以当实际数据与假定的分布不符时会产生一些问题, Poisson对数线性模型也不例外. 人们目前主要关注的是散布问题和零膨胀问题. 下面就介绍人们为应对这两个问题而采取的一些措施. 由于例3.2中没有出现这两个问题, 因此也没有具体的运算输出.

1. 使用Poisson对数线性模型时的散布问题

在Poisson对数线性模型中, 假定方差和均值相等, 但当方差大于或小于均值时就会出现过散布(overdispersion)或欠散布(underdispersion)问题.

使用Poisson对数线性模型时出现的散布问题的最简单解决办法是使用前面提到的准Poisson对数线性模型, 并且还可以说明方差和均值的关系, 比如, 考虑下面的准Poisson模型拟合代码(仅仅是示意, 不运行):

```
glm(Flowers~.,data=w,family=quasi(variance="mu^2",link="log"))
```

这里的选项variance="mu^2"就把方差看成随均值平方变化的函数, 这个选项可以输入"constant", "mu(1-mu)", "mu", "mu^2", "mu^3", 等等.

应对散布问题的另一种方法是双广义线性模型(double generalized linear model), 其方法体现在R的程序包dglm[1]之中. 其基本思想如下.

假定均值和方差有如下关系:
$$\mu_i = E(y_i), \ Var(y_i) = s_i V(\mu_i).$$

式中, s_i代表散布程度, 称为散布参数, $s_i = 1$时没有散布; 而$V(\mu_i)$为μ_i的一个函数(对没有散布的Poisson分布, $V(\mu) = \mu$). 建模时对均值和方差分别建立广义线性模型, 连接函数分别是
$$g(\mu_i) = \boldsymbol{x}_i^\top \boldsymbol{\beta} \ \ \text{与} \ \ h(s_i) = \boldsymbol{z}_i^\top \boldsymbol{\alpha},$$

式中, 自变量$\boldsymbol{x}_i$及$\boldsymbol{z}_i$都选自原始的自变量. 对于Poisson分布(或者是下面要用的使用更加广泛的Tweedie分布)的普通广义线性模型仅有第一个连接, 而这里对s_i建模时考虑的是Gamma模型, 即第二个连接. 关于双广义线性模型的细节, 请参看Smyth(1989).

下面介绍可代表很多广义线性模型分布的Tweedie分布. Tweedie分布是指数分布族的一个特例. 前面3.2节介绍指数族时均值μ是包含在θ之中的. 显性表示μ的密度函数式(3.5)可以写成下面的形式:
$$f(y; \mu, \phi) = a(y, \phi) \exp \frac{\theta(\mu)y - \kappa(\theta(\mu))}{\phi}.$$

Tweedie分布则为上面指数族中有下面形式的$\theta(\mu)$和$\kappa(\theta(\mu))$的特殊形式:
$$\theta(\mu) = \begin{cases} \frac{\mu^{1-p}-1}{1-p}, & p \neq 1 \\ \ln \mu, & p = 1 \end{cases} \ \ \text{以及} \ \ \kappa(\theta(\mu)) = \begin{cases} \frac{\mu^{2-p}-1}{2-p}, & p \neq 2 \\ \ln \mu, & p = 2 \end{cases}.$$

其均值为μ, 方差为$\phi\mu^p$. 式中, $\phi > 0$, 为散布参数; p称为指标参数(index parameter). 指标参数唯一地确定Tweedie分布的具体成员, 比如$p = 0$代表正态分布; $p = 1, \phi = 1$代表Poisson分布; $p = 2$代表Gamma分布; $p = 3$代表逆高斯分布. R程序包statmod[2]中有tweedie()函数.

当然, 还有其他应对散布的方法, 比如, Breslow (1984)建议用一种迭代方法拟合过散布的Poisson对数线性模型. 其模型和上面的双广义线性模型有所区别, 其中
$$E(y_i) = \mu_i \ \text{而且} \ Var(y_i) = \mu_i + \mu_i^2\phi = \mu_i(1 + \mu_i\phi),$$

式中, ϕ为散布参数, 如果$\phi > 0$, 就意味着有散布现象. 这里不对这个模型予以计算, 请读者自己尝试运行程序包dispmod[3]中的例子.

---

[1]Peter K. Dunn and Gordon K. Smyth (2009). dglm: Double generalized linear models. R package version 1.6.1.

[2]Gordon Smyth with contributions from Yifang Hu, Peter Dunn and Belinda Phipson (2013). statmod: Statistical Modeling. R package version 1.4.17. http://CRAN.R-project.org/package=statmod.

[3]Luca Scrucca (2009). dispmod: Dispersion models. R package version 1.0.1.

此外, 应对散布问题, 在程序包MASS中还有用负二项分布拟合这类数据的广义线性模型函数glm.nb().

2. **零膨胀时的Poisson回归**

有时, 计数中有大量的零, 这种不平衡的计数数据称为零膨胀计数数据(zero-inflated count data). 这种数据会对Poisson对数线性模型的拟合造成很大的影响. 有时会把零膨胀问题看成过散布问题. 这里介绍一种处理零膨胀问题的方法.

零膨胀计数数据模型(Mullahy, 1986; Lambert, 1992)由两个部分组成: 一部分为集中在零点的点质量(如logistic或probit回归模型); 另一部分为某计数分布(比如Poisson或负二项回归模型). 如果用$f(y)$表示分布密度, $\pi(0), 1 - \pi(0)$表示在零点的点密度(二项分布), $f_c(y)$表示在其他点的计数分布, 则零膨胀密度为:

$$f(y) = \pi(0)I_{\{0\}}(y) + [1 - \pi(0)]f_c(y),$$

这里$I_{\{0\}}(y)$是在零点的示性函数. 关于零点的点质量可以选与以$\pi \equiv \pi(0)$(或者$1 - \pi(0)$)为概率的二项分布相关的logistic回归(也可以选其他的, 比如probit回归):

$$\ln \frac{\pi}{1 - \pi} = \boldsymbol{x}^\top \boldsymbol{\beta} \quad \text{或者} \quad \pi = \frac{\exp(\boldsymbol{x}^\top \boldsymbol{\beta})}{1 + \exp(\boldsymbol{x}^\top \boldsymbol{\beta})}.$$

而在非零的地方则可选用Poisson对数线性模型(或其他模型, 如负二项模型等):

$$\ln(\lambda) = \boldsymbol{x}^\top \boldsymbol{\gamma} \quad \text{或者} \quad \lambda = \exp(\boldsymbol{x}^\top \boldsymbol{\gamma}).$$

而整个模型的均值μ应该是

$$\mu = \pi \cdot 0 + (1 - \pi)\lambda.$$

用这个模型估计出来的参数也应该由两部分组成: logistic回归部分的$\hat{\boldsymbol{\beta}}$及Poisson模型的$\hat{\boldsymbol{\gamma}}$.

为此, 可以利用程序包pscl[1]中的zeroinfl()函数. 其中对于两部分的模型代码分别标注.

3.6.3　Poisson对数线性模型的预测及交叉验证

使用Poisson对数线性模型对新数据(这里用newdata表示)均值做预测的代码很简单(predict(a,newdata,type="response")), 但其预测的是λ_i $(i = 1, 2, ..., n)$不是整数. 因此, 关于预测精度完全可以用前面1.2.3节介绍的标准化均方误差来判断拟合的好坏.

为了做比较, 对于例3.2数据, 我们首先要用在2.4.4节使用过的函数Fold()来把下标随机分成若干份($Z = 10$份), 然后才可做Z折交叉验证. 这里使用函数Fold()是为了把变量Variety, Regimem和Fertilizer的96种搭配中的每一种的20个观测值都均衡地随机分成10份.

---

[1]Simon Jackman (2011). pscl: Classes and Methods for R Developed in the Political Science Computational Laboratory, Stanford University. Department of Political Science, Stanford University. Stanford, California. R package version 1.04.1. URL http://pscl.stanford.edu/.

为此, 首先还是用原始数据构造一个与那3个变量96种搭配一样有96种水平的分类变量(L[,1]):

```
w=read.csv("cyclamen.csv")
for(i in c(1,2,5))w[,i]=factor(w[,i])
L=rep(777,n);J=0
for(i in unique(w[,1])) for(j in unique(w[,2]))for(k in unique(w[,5]))
{J=J+1;L[w[,1]==i&w[,2]==j&w[,5]==k]=J}
L=data.frame(a=factor(L),1)
```

这样构造是为了适应Fold()函数的格式. 这里还是使用最初使用的3个自变量(Variety, Regimem和Fertilizer)数据做10折交叉验证. 建立10个平衡随机集合的代码为(D为因变量位置, Z为折数):

```
w=read.csv("cyclamen.csv")
for(i in c(1,2,5))w[,i]=factor(w[,i]);w=w[,-(3:4)];D=4;Z=10
mm=Fold(Z,L,1,8888)#L[,1]是有96个水平的分类变量
```

我们下面的10折交叉验证是对Poisson对数线性模型及线性模型做比较. 代码为:

```
MSE=matrix(99,Z,2);J=1
for(i in 1:Z){m=mm[[i]];M=mean((w[m,D]-mean(w[m,D]))^2)
a=glm(Flowers ~ ., family="poisson", data=w[-m,])
y1=predict(a,w[m,],type="response")
MSE[i,J]=mean((w[m,D]-y1)^2)/M}
J=J+1;for(i in 1:Z){m=mm[[i]];M=mean((w[m,D]-mean(w[m,D]))^2)
a=lm(Flowers ~ .,w[-m,])
MSE[i,J]=mean((w[m,D]-predict(a,w[m,]))^2)/M}
```

图3.3显示了10折交叉验证的结果. 而表3.2给出了产生图3.3的具体数字. 显然, Poisson对数线性模型和传统线性模型的交叉验证结果几乎相同, 图中两组点几乎重合.

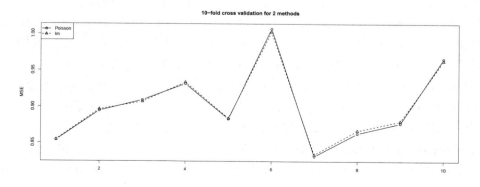

图 3.3   例3.2 Poisson对数线性模型和传统线性回归10折交叉验证的NMSE图

表 **3.2** 例3.2 2种方法预测10折交叉验证的NMSE和平均NMSE

折次	Poisson对数线性模型	传统线性回归
1	0.854	0.855
2	0.895	0.896
3	0.909	0.907
4	0.932	0.934
5	0.883	0.884
6	1.007	1.003
7	0.831	0.834
8	0.863	0.867
9	0.877	0.880
10	0.966	0.963
10次平均	0.902	0.902

评论: 广义线性模型在数学上是非常精密的, 但这种精密必然与(不易假定的)实际数据产生矛盾. 以Poisson对数线性模型为例, 它是为了描述非负整数变量而设计的, 但最终解出来的是Poisson参数(并非整数)的估计. 在例3.2数据的预测精度的交叉验证中, Poisson对数线性模型和普通线性模型没有什么区别. 实际上, 对这个数据, NMSE均等于0.902的Poisson对数线性模型和普通线性模型与"拍脑袋"用均值来判断的零模型精度差不多(用均值判断的NMSE为1). 显然, 广义线性模型的精致数学公式只有在符合数据所代表的实际世界时才有意义, 但是, 在交叉验证之前, 谁也不能确定这一点. 一个模型的好坏不能靠数学假定判断, 只有数据本身才有发言权.

3.7 习 题

1. 用代码w=read.csv("column.2C.csv")输入脊柱数据. 这个数据[1]的自变量(V1,V2,..., V6)为6个生物力学特征, 都是数量. 研究目的是把患者分为两类: 正常(100人, 代码为NO: normal), 不正常(210人, 代码为AB: abnormal). 在原始数据中变量V6的第116个观测值是明显的异常值, 会影响拟合运算, 因此, 我们对其进行了修正(把原来的418.54换成了46.7093), 这里的数据集是修正后的.
   (1) 请用本章所介绍的两种logistic回归来对该数据进行拟合, 并做各种检验.
   (2) 请用本章所介绍的两种logistic回归来做分类, 得到对训练集的误判率.
   (3) 用交叉验证来比较logistic回归和其他分类方法的预测精度.

2. 用代码w=read.csv("hemophilia.csv")输入血友病数据. 这个数据[2]是由美国国家癌症研究所资助的多中心血友病队列研究(multicenter hemophilia cohort study,

---

[1]可从网站http://archive.ics.uci.edu/ml/datasets/Vertebral+Column下载.
[2]来自加州大学伯克利分校的STAT LABS网站: http://www.stat.berkeley.edu/users/statlabs/ labs.html.

MHCS)获得的. 该项研究从1978年1月1日到1995年12月31日在16个治疗中心(12个在美国, 4个在西欧)跟踪了1600多个血友病人, 该数据一共有2144个观测值及6个变量(注意对数据中用哑元表示的定性变量的因子化).

(1) 把最后一个变量deaths(死亡数目)作为因变量, 用Poisson对数线性模型来拟合.

(2) 试图解决各种可能出现的问题(比如过散布、零膨胀等), 对结果进行讨论.

(3) 用交叉验证来和其他方法比较预测精度.

第四章　纵向数据及分层模型*

纵向数据的每个对象有不止一个观测值, 因此不同于每个对象只观测一次的横截面数据, 有些类似于时间序列数据. 纵向数据的观测可能按照时间顺序排列, 但各个对象不同的观测值不一定按照相同的时间点记录, 各个对象的观测次数和观测间隔都不一定一样, 观测次数也不一定很多. 因此, 这与经典多元时间序列模型所要求的大量相等时间间隔及观测数目数据大不相同.

这种数据既不同于横截面数据, 也不能使用为时间序列所设计的方法来处理, 于是产生了一套分析这一类数据的方法和数学模型. 在这类数据中, 一些是描述随时间而变化的度量, 因此也叫纵向数据(longitudinal data). 由于数据背景不同, 着手的出发点不同, 或者数学模型不同, 处理这类数据的方法有很多不同的名称, 包括随机效应模型(random-effects models)、方差分量模型(variance component models)、多层模型或多水平模型(multilevel models)、两步模型(two-stage models)、随机效应混合模型(random-effects mixed models)、混合模型(mixed models)、经验贝叶斯模型(empirical Bayes models)、随机回归模型(random regression models)、分层线性模型(hierarchical linear models). 此外, 计量经济学中的面板数据(panel data)是纵向数据的特例.

这些模型的一个基本特点就是把不同个体的差异作为随机效应加入回归模型之中以反映个体差异对重复测量结果的影响. 这些随机效应描述了每个对象的度量随时间的变化, 并解释了纵向数据的相关结构. 由于不要求每个对象都有相同的观测数目, 对观测的时间间隔要求也不那么严格, 因此这类模型有一定的优势. 但是, **要注意的是, 这一类模型的数学假定也是非常强的, 这必然约束其适用范围和预测能力**.

4.1　通过一个数值例子解释模型

4.1.1　牛奶蛋白质含量例子及两层模型

例 4.1　牛奶蛋白质含量(cows.csv) 这个数据[1]是纵向数据的一个著名例子, 曾经被Diggle, et al. (2013)等研究过, 这个数据关于79头澳大利亚的奶牛牛奶蛋白质含量和三种饲料的关系, 对每头奶牛计划观测19次, 每周一次, 但有的观测了19周, 有的不到19周, 最少的只观测了12周. 具体变量为: id (牛的编号, 从1到79), week (第几周), protein (蛋白质含量), diet (饲料种类, 有三种: barley (大麦), lunpins (白羽扇豆), mixed(混合饲料)). 注意, 每头牛只分配一种饲料, 其中, barley分给25头牛, 而lunpins和mixed各自分给27头牛.

例4.1数据中对不同diet, 每头牛在各周中的protein数值的变化的点图如图4.1所示. 每一条线代表一头牛在不同周牛奶的protein含量.

---

[1]该数据可从网址http://faculty.washington.edu/heagerty/Books/AnalysisLongitudinal/milk.data下载.

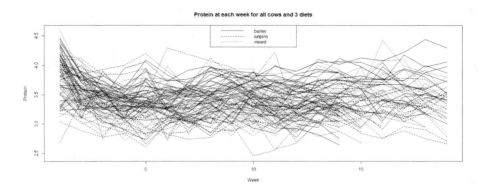

图 4.1 例4.1数据中对不同diet, 每头牛在各周中的protein数值的变化

例4.1数据中对不同diet, 各周的平均protein数值变化的点图如图4.2所示.

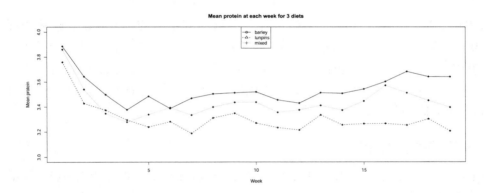

图 4.2 例4.1数据中对不同diet, 各周的平均protein数值的变化

从图4.1可以看出, 每头牛的数据都互相关联, 用这个数据拟合一个简单的线性模型似乎不妥, 但如何把各头牛的protein本身的各次并非独立的观测加入模型呢? 这就是人们引入随机效应的地方了.

如果按照图4.2的启发, 用普通的线性模型拟合我们的数据, 则模型的系统部分为有三个截距的平行线:

$$y_{ij} = \pi_0 + \pi_1 x_{ij} + \alpha_k + \epsilon_{ij}, \ i = 1, ..., n, \ j = 1, ..., n_i, \ k = 1, 2, 3. \tag{4.1}$$

在模型(4.1)中, y_{ij}代表第i头牛第j次观测的protein值; 而x_{ij}代表第i头牛第j次观测的周数; 而n_i是对第i头牛观测的次数; α_k为使用第k种diet的效应(对截距的影响); 还假定误差项$\epsilon_{ij} \sim N(0, \sigma_\epsilon^2)$.

但我们的模型不仅仅是为了描述所有对象protein的均值, 而是企图适应所有的对象. 图4.1表明, 对于每个对象, 曲线的截距和斜率都会变化. 因此, 我们应该基于模型(4.1)尝试建立第二层模型:

$$\pi_0 = \beta_0 + \zeta_{0i}; \ \pi_1 = \beta_1 + \zeta_{1i}; \ \alpha_k = \lambda_k + \xi_{ki}, \ k = 1, 2, 3. \tag{4.2}$$

在第二层模型(4.2)中, 所有的ζ_{ji}和ξ_{ki}都是随机变量, 它们独立于ϵ_{ij}, 并且假定满足下面的正态分布条件:

$$\begin{pmatrix} \zeta_{0i} \\ \zeta_{1i} \\ \xi_{2i} \\ \xi_{3i} \end{pmatrix} \sim N(\mathbf{0}, \boldsymbol{\Sigma}) = N\left(\begin{pmatrix} 0 \\ 0 \\ 0 \\ 0 \end{pmatrix}, \begin{pmatrix} \sigma_0^2 & \sigma_{01} & \sigma_{02} & \sigma_{03} \\ \sigma_{10} & \sigma_1^2 & \sigma_{12} & \sigma_{13} \\ \sigma_{20} & \sigma_{21} & \sigma_2^2 & \sigma_{23} \\ \sigma_{30} & \sigma_{31} & \sigma_{32} & \sigma_3^2 \end{pmatrix} \right). \tag{4.3}$$

在这些模型中, 请注意α_k单独是不可估计的, 必须加上约束条件, 而这里的约束条件(也是R的默认约束)是$\alpha_1 = 0$, 因此, 在第二层模型(4.2)中相应的λ_1及分布假定(4.3)中相应的的ξ_{1i}项也就消失了.

把模型(4.2)代入模型(4.1)中, 对于$i = 1, ..., n, \ j = 1, ..., n_i, \ k = 1, 2, 3$, 有

$$\begin{aligned} y_{ij} &= (\beta_0 + \zeta_{0i}) + (\beta_1 + \zeta_{1i})x_{ij} + (\lambda_k + \xi_{ki}) + \epsilon_{ij} \\ &= (\beta_0 + \lambda_k + \beta_1 x_{ij}) + (\zeta_{0i} + \zeta_{1i}x_{ij} + \xi_{ki} + \epsilon_{ij}). \end{aligned} \tag{4.4}$$

在式(4.4)中, 第二行第一个括号中的量代表模型的固定效应, 这类似于通常的线性模型, 而第二个括号中的量代表随机效应. 因此式(4.4)为一个线性随机效应混合模型.

由于模型假定了随机部分的联合正态分布, 因此可以用最大似然法(ML)或者约束的最大似然法(REML)来估计式(4.4)中的固定部分的参数及随机部分显示在式(4.3)中的协方差矩阵$\boldsymbol{\Sigma}$中的各个元素及σ_ϵ^2.

4.1.2 模型的拟合及输出

为了用模型(4.4)拟合例4.1数据, 我们使用程序包nlme[1]中的函数lme(). 包括读入数据在内的代码为:

```
w=read.csv("cows.csv")
library(nlme)
a=lme(protein~week+diet,random=~week+diet|id, w, method="ML")
summary(a)
```

而输出为:

```
Linear mixed-effects model fit by maximum likelihood
 Data: w
      AIC       BIC    logLik
 361.6716 439.6443 -165.8358


Random effects:
 Formula: ~week + diet | id
 Structure: General positive-definite, Log-Cholesky parametrization
```

---

[1]Pinheiro J, Bates D, DebRoy S, Sarkar D and R Core Team (2015). nlme: Linear and Nonlinear Mixed Effects Models. R package version 3.1-120, <URL: http://CRAN.R-project.org/package=nlme>.

```
           StdDev       Corr
(Intercept) 0.22234008 (Intr)  week     dtlnpn
week        0.02507567 -0.623
dietlunpins 0.23552853 -0.042 -0.534
dietmixed   0.19682563 -0.340 -0.385   0.553
Residual    0.24578561
```

```
Fixed effects: protein ~ week + diet
               Value   Std.Error  DF   t-value  p-value
(Intercept)  3.609153 0.04236860 1257 85.18462  0.0000
week        -0.012525 0.00315879 1257 -3.96525  0.0001
dietlunpins -0.198399 0.05360790   76 -3.70093  0.0004
dietmixed   -0.085860 0.04559913   76 -1.88293  0.0635
 Correlation:
           (Intr)  week    dtlnpn
week       -0.459
dietlunpins -0.515 -0.236
dietmixed  -0.656 -0.167   0.619
```

```
Standardized Within-Group Residuals:
        Min          Q1           Med          Q3          Max
-3.13637214 -0.60050403 -0.03811725  0.55043289  3.61163117
```

```
Number of Observations: 1337
Number of Groups: 79
```

    注意, 输出显示的随机部分是标准差 σ_i (而不是方差 σ_i^2) 和相关系数 γ_{ij} (而不是协方差 σ_{ij}) 的估计值. 我们得到

$$\hat{\sigma}_0 = 0.2223, \ \hat{\sigma}_1 = 0.0251, \ \hat{\sigma}_2 = 0.2355, \ \hat{\sigma}_3 = 0.1968$$

$$\hat{\gamma}_{01} = -0.623, \ \hat{\gamma}_{02} = -0.042, \ \hat{\gamma}_{03} = -0.340, \ \hat{\gamma}_{12} = -0.534, \ \hat{\gamma}_{13} = -0.385,$$

$$\hat{\gamma}_{23} = 0.553, \ \hat{\sigma}_\epsilon = 0.2458.$$

而固定部分的输出显示了各个固定参数的估计:

$$\hat{\beta}_0 = 3.6092, \ \hat{\beta}_1 = -0.0125,$$

$$\hat{\lambda}_1 = 0 \ (\text{默认}), \ \hat{\lambda}_2 = -0.1984, \ \hat{\lambda}_3 = -0.0859.$$

    我们还可以用 F 检验来看各个变量的显著性, 代码和输出如下:

```
> anova(a)
          numDF denDF  F-value p-value
```

```
(Intercept)      1   1257  36397.99  <.0001
week             1   1257     24.67  <.0001
diet             2     76      6.98  0.0016
```

从输出来看, 两个变量都显著, 但week的系数是负值, 这是由于总体上一开始试验时牛奶的protein含量大多相对较高, 后来有几周下降, 然后又回升. 所以总体来说似乎随时间下降了.

我们可以把week从模型中去掉, 重新拟合并比较两个模型(注意这仅仅在方法选项为method="ML"时有意义, 如用method="REML"则不能这样做):

```
b=lme(protein ~ diet,random=~ diet|id,w, method="ML")
anova(b,a)
```

得到

```
  Model df      AIC       BIC     logLik    Test L.Ratio p-value
b     1 10 511.3633 563.3451 -245.6816
a     2 15 361.6716 439.6443 -165.8358 1 vs 2 159.6917  <.0001
```

这说明还是原先的复杂模型更合适一些, 其似然比检验的p值小于0.01%. 当然, 相信这些p值意义的前提是相信对数据所做的多元正态分布的假定成立.

计算表明, 每个个体本身的protein度量在各周之间的自相关性并不比个体之间的相关性强, 所以, 该数据虽然属于纵向数据, 但也很类似于横截面数据, 即每个对象本身的重复测量可以近似认为是独立的. 对于diet对protein含量的影响也完全可以用普通的方差分析方法得到, 比如, 用下面(包括结果的)代码可以得到各个变量对protein的效应, 而diet是最显著的.

```
> anova(lm(protein~.,w))
Analysis of Variance Table

Response: protein
            Df  Sum Sq Mean Sq F value    Pr(>F)
id           1   1.215  1.2146  12.015 0.0005446 ***
week         1   1.347  1.3466  13.321 0.0002726 ***
diet         2   9.823  4.9117  48.586 < 2.2e-16 ***
Residuals 1332 134.653  0.1011
```

4.2 线性随机效应混合模型的一般形式

现在可以引进线性随机效应混合模型的一般形式:
$$\boldsymbol{y}_i = \boldsymbol{X}_i\boldsymbol{\beta}_i + \boldsymbol{Z}_i\boldsymbol{b}_i + \boldsymbol{\epsilon}_i, \quad i = 1, 2, ..., N,$$
式中, $\boldsymbol{y}_i$为$n_i \times r$维的; $\boldsymbol{X}_i$为$n_i \times p$维的; $\boldsymbol{\beta}_i$为$p \times r$维的; $\boldsymbol{Z}_i$为$n_i \times q$维的; $\boldsymbol{b}_i$为$q \times r$维的;

ϵ_i为$n_i \times r$维的.

$$\begin{pmatrix} b_1 \\ b_2 \\ \vdots \\ b_N \end{pmatrix} \sim N(\mathbf{0}, \boldsymbol{\Psi});$$

对所有的i, $\epsilon_i \sim N(\mathbf{0}, \boldsymbol{\Sigma})$, 且独立于$b_i$. 通常$X_i$及$Z_i$的第一列为常数, Z_i包含的是X_i的子集, 要估计的是$\beta_i, \boldsymbol{\Sigma}, \boldsymbol{\Psi}$. 公式中的$X_i\beta_i$为固定效应部分, 而$Z_ib_i$为随机效应部分. 如果把数据写成下面形式

$$y = \begin{pmatrix} y_1 \\ y_2 \\ \vdots \\ y_N \end{pmatrix}; X = \begin{pmatrix} X_1 & 0 & \cdots & 0 \\ 0 & X_2 & \cdots & 0 \\ \vdots & \vdots & & \vdots \\ 0 & 0 & \cdots & X_N \end{pmatrix}; Z = \begin{pmatrix} Z_1 & 0 & \cdots & 0 \\ 0 & Z_2 & \cdots & 0 \\ \vdots & \vdots & & \vdots \\ 0 & 0 & \cdots & Z_N \end{pmatrix}$$

和

$$\beta = \begin{pmatrix} \beta_1 & 0 & \cdots & 0 \\ 0 & \beta_2 & \cdots & 0 \\ \vdots & \vdots & & \vdots \\ 0 & 0 & \cdots & \beta_N \end{pmatrix}; b = \begin{pmatrix} b_1 & 0 & \cdots & 0 \\ 0 & b_2 & \cdots & 0 \\ \vdots & \vdots & & \vdots \\ 0 & 0 & \cdots & b_N \end{pmatrix}; \epsilon = \begin{pmatrix} \epsilon_1 \\ \epsilon_2 \\ \vdots \\ \epsilon_N \end{pmatrix}.$$

模型$y_i = X_i\beta_i + Z_ib_i + \epsilon_i \ (i = 1, 2, ..., N)$也可以写成

$$y = X\beta + Zb + \epsilon.$$

式中, y_i为$n_i \times r$维的, 在单因变量时, $r = 1$. 对于每个$i \in \{1, 2, ..., N\}$, 有n_i个观测值.

评论: 这里的模型形式及分布的正态性假定很强, 它使得人们可以使用最大似然法或约束的最大似然法来估计参数. 虽然有的方法不强调正态性, 而使用最小二乘法, 但基本上和最大似然法类似. 由于真实数据的正态性及模型形式的准确性无法验证, 因此, 对于一个实际数据, 一般不易确定最优的模型及方法.

4.3 远程监控帕金森病例子

下面再引进一个纵向数据的例子.

例 4.2　帕金森病远程监控数据(parkinsons.csv) 该数据集是通过远程监控装置从参与6个月实验的早期帕金森病的42名患者家中收集到的声音测量. 目标变量是两个评分.

数据的变量信息如下. 基本信息(4个变量): subject (对象编号, 一共42人), age (年龄), sex (性别, 0代表男性, 1代表女性), test.time (每个月进入研究天数); 评分变量(2个): motor.UPDRS (临床电机UPDRS评分), total.UPDRS(临床总UPDRS评分); 下面5个变量是基本频率变化的度量: Jitter(抖动百分比), Jitter.abs, Jitter.RAP,

Jitter.PPQ5, Jitter.DDP; 下面6个变量是关于闪烁幅度变化的度量: Shimmer, Shimmer.dB, Shimmer.APQ3, Shimmer.APQ5, Shimmer.APQ11, Shimmer.DDA; 噪声在语音音调成分的比例的2个度量: NHR, HNR; RPDE(非线性动力学复杂性度量), D-FA(信号分形标度指数), PPE(基本频率变化的非线性度量). 一共有22个变量, 5875个观测值. 各个对象有101至168个观测值不等; 每个对象每个月从头开始, 即每个对象记录的天数从零开始, 记录6次.

该数据由牛津大学Athanasios Tsanas和Max Little创建[1], 他们还联合了美国10个医疗中心及发明了记录语音信号远程监控装置的英特尔公司.

图4.3分别显示了每个对象在6个月的不同日子中total.UPDRS数值的变化.

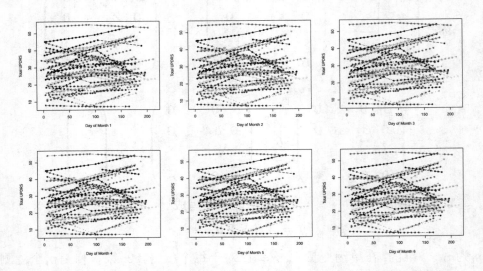

图 4.3   例4.2数据中每个对象在6个月的不同日子中total.UPDRS数值的变化

从图4.3可以看出, 每个人的轨迹相对于其他人都不一样, 虽然倾斜程度和起始点(相应于线性模型的斜率和截距)不同, 但这些轨迹又多多少少有些共同之处. 这些共同点是我们建立模型的基础, 而差异则希望能够被模型的随机效应部分解释. 图4.3仅仅描绘了目标变量total.UPDRS和时间变量的关系, 我们还想知道目标变量和其他变量之间的关系.

由于作为目标变量的motor.UPDRS和total.UPDRS的相关系数很大(0.95), 我们没有必要把两个都当作因变量, 因此, 我们选择total.UPDRS作为因变量, 而把motor.UPDRS删除.

我们将利用程序包lme4[2]中的函数lmer()来拟合例4.2数据.

[1]Athanasios Tsanas, Max A. Little, Patrick E. McSharry, Lorraine O. Ramig (2009), Accurate telemonitoring of Parkinson's disease progression by non-invasive speech tests, *IEEE Transactions on Biomedical Engineering*. 这个数据可以从下面网址下载: http://archive.ics.uci.edu/ml/datasets/Parkinsons+Telemonitoring.

[2]Bates D, Maechler M, Bolker B and Walker S (2014). _lme4: Linear mixed-effects models using Eigen and S4_. R package version 1.1-7, <URL: http://CRAN.R-project.org/package=lme4>.

　　由于有关软件无法拟合有太多变量的数据, 我们用各种方法把公式各个部分的变量数目限制到软件能够管理的程度. 如此, 拟合全部数据的代码为:

```
library(lme4)
w=read.csv("parkinsons.csv");n=nrow(w)
w[,-c(1,3,5)]=scale(w[,-c(1,3,5)])
ff=total.UPDRS~age+DFA+HNR+sex+Jitter+PPE+test.time+
    Shimmer.APQ3+Jitter.abs+RPDE+NHR+Shimmer.APQ11+
    (age+DFA|subject)
a=lmer(ff,data=w)
summary(a)
```

　　输出为:

```
Linear mixed model fit by REML ['lmerMod']
Formula: total.UPDRS~age+DFA+HNR+sex+Jitter+PPE+
    test.time+ Shimmer.APQ3+Jitter.abs+RPDE+NHR+
    Shimmer.APQ11+(age+DFA|subject)
   Data: w


REML criterion at convergence: 110.7


Scaled residuals:
    Min      1Q  Median     3Q      Max
-4.2863 -0.4988  0.0179  0.5488  3.8784


Random effects:
 Groups    Name        Variance Std.Dev. Corr
 subject  (Intercept) 0.85773  0.9261
          age         0.03403  0.1845    0.27
          DFA         0.01708  0.1307    0.22 -0.88
 Residual             0.05489  0.2343
Number of obs: 5875, groups:  subject, 42


Fixed effects:
             Estimate Std. Error t value
(Intercept) -0.004091   0.173702  -0.024
age          0.281931   0.128228   2.199
DFA          0.021504   0.021631   0.994
HNR          0.014531   0.009430   1.541
```

sex	0.055499	0.292421	0.190
Jitter	0.009472	0.009706	0.976
PPE	-0.006471	0.007181	-0.901
test.time	0.089630	0.003198	28.023
Shimmer.APQ3	-0.009661	0.008544	-1.131
Jitter.abs	0.006345	0.009759	0.650
RPDE	-0.001371	0.005500	-0.249
NHR	-0.012514	0.009326	-1.342
Shimmer.APQ11	0.014446	0.008365	1.727

这个输出和用程序包nlme的函数lme()得到的输出几乎一样. 而且这里的变量都是数量变量, 并且标准化了, 这里就不再解释. 这个模型表现如何呢? 下面4.4节就例4.1对线性随机效应混合模型与普通线性模型及神经网络模型做预测精度的比较.

4.4 不同模型对纵向数据做预测的交叉验证对比

一个模型是否合适可以通过其预测的精确程度来体现, 我们可以用交叉验证的方法来对线性随机效应混合模型与传统的线性模型和机器学习方法做比较.

下面对例4.1数据, 根据各个对象前7至11周的数据(5个训练集)分别对第8至12周以后的protein(5个测试集)做预测, 并得到标准化均方误差的平均值. 除了使用线性随机效应混合模型之外, 我们还使用普通线性模型和神经网络(见后面5.7节)作为对照. 测试集之所以最终止于12周之后, 是因为最短的周数是12周. 这样做的代码为:

```
w=read.csv("cows.csv");n=nrow(w)
(K=unique(w[,1]))
Y=table(w[,1])
MM=list();I=0
for(j in 8:min(Y)){I=I+1; C=NULL
for(i in K)
C=c(C,as.numeric(row.names(w[w$id==i,][j:Y[i],])))
MM[[I]]=C}
library(nnet);library(nlme)

D=3;KK=3;E=matrix(999,I,KK);J=1
set.seed(1010);for(i in 1:I){
m=MM[[i]];M=mean((w[m,D]-mean(w[m,D]))^2)
a=lme(protein ~ week + diet ,random=~week+diet|id,w[-m,])
E[i,J]=mean((w[m,D]-predict(a,w[m,]))^2)/M}
J=J+1;set.seed(1010);for(i in 1:I){
```

```
m=MM[[i]];M=mean((w[m,D]-mean(w[m,D]))^2)
a=nnet(protein/max(w[,D]) ~ ., data=w[-m,],
    size=50, decay=0.1,maxit=500)
E[i,J]=mean((w[m,D]-predict(a,w[m,])*max(w[,D]))^2)/M}
J=J+1;for(i in 1:I){
m=MM[[i]];M=mean((w[m,D]-mean(w[m,D]))^2)
a=lm(protein ~.,w[-m,])
E[i,J]=mean((w[m,D]-predict(a,w[m,]))^2)/M}
```

结果用图4.4和表4.1显示出来.

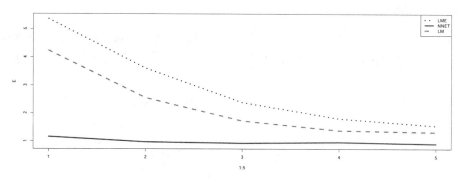

图 4.4 例4.1数据用三种方法预测5次的标准化均方误差

这个预测结果表明, 虽然是纵向数据, 但专门为纵向数据设计的线性随机效应混合模型的效果还不如普通线性回归模型, 更不如神经网络模型. 但对于解释纵向数据及引进线性随机效应混合模型来说, 例4.1的确是一个标准的例子.

表 4.1 例4.1数据用三种方法预测5次的标准化均方误差及其均值

次数	LME	NNET	LM
1	5.354	0.441	4.234
2	3.609	0.208	2.558
3	2.391	0.129	1.718
4	1.803	0.083	1.377
5	1.545	0.070	1.320
平均NMSE	2.940	0.186	2.241

4.5 广义线性随机效应混合模型

对于因变量是计数变量或者二分类变量等情况的纵向数据, 可以用广义线性随机效应混合模型来拟合. 其概念上就是广义线性模型和线性随机效应混合模型的组合. 下面通过两个例子来描述.

例 4.3 **癫痫**(seizure.csv) 此数据集[1]来自Thall and Vail(1990), 由6个变量、236个观测值组成. 有59名患者, 每个患者被记录4次. 变量有id(个体识别号), time(记录时间: 1,2,3,4周), counts(癫痫发作次数), treat(治疗: 0:安慰剂, 1: 普罗加比), bcounts (为期8周的基线癫痫发作数), age(年龄). 因变量是计数变量counts.

例 4.4 **马德拉斯精神分裂症数据**(madras.csv) 此数据集[2]由5个变量、922个观测值组成. 有90名患者, 各患者的住院时间从1个月到12个月不等, 每个月被记录1次. 变量有id(个体识别号), y (症状指标: 0, 1哑变量), month(住院月数), age(年龄), gender(性别). 因变量是二分类变量y.

4.5.1 对例4.3的分析

对于例4.3, 我们分别用x_1, x_2, x_3, x_4代表变量time, treat, bcounts, age. 虽然treat是分类变量, 但由于是0-1型的, 我们不必把它因子化. 考虑Poisson广义线性随机效应混合模型

$$\ln(\lambda) = \beta_0 + \beta_1 x_1 + \beta_2 x_2 + \beta_3 x_3 + \beta_4 x_4 + (\zeta_0 + \zeta_1 x_4). \tag{4.5}$$

这里假定ζ_0, ζ_1满足

$$\begin{pmatrix} \zeta_0 \\ \zeta_1 \end{pmatrix} \sim N \left(\begin{pmatrix} 0 \\ 0 \end{pmatrix}, \begin{pmatrix} \sigma_0^2 & \sigma_{01} \\ \sigma_{10} & \sigma_1^2 \end{pmatrix} \right).$$

显然, 模型(4.5)相当于两层模型:

$$\ln(\lambda) = \pi_0 + \beta_1 x_1 + \beta_2 x_2 + \beta_3 x_3 + \pi_4 x_4$$
$$\pi_0 = \beta_0 + \zeta_0, \ \pi_4 = \beta_4 + \zeta_1.$$

根据式(4.5)我们可以很容易地写出拟合代码:

```
w=read.csv("seizure.csv")
library(lme4)
g=glmer(counts~time+treat+bcounts+age+(age|id),w,
    family=poisson)
summary(g)
```

并得到输出

```
Generalized linear mixed model fit by maximum likelihood
    (Laplace Approximation) [glmerMod]
 Family: poisson  ( log )
Formula: counts ~ time + treat + bcounts + age + (age | id)
   Data: w
```

---

[1]可从http://www.maths.lancs.ac.uk/ diggle/lda/Datasets/seizures 下载.
[2]可从http://faculty.washington.edu/heagerty/Books/AnalysisLongitudinal/madras.data 下载.

```
    AIC      BIC   logLik deviance df.resid
  1353.7   1381.4   -668.9   1337.7      228
```

```
Scaled residuals:
    Min       1Q   Median       3Q      Max
 -3.2683  -0.8235  -0.1331   0.5576   7.2718
```

```
Random effects:
 Groups Name        Variance  Std.Dev. Corr
 id     (Intercept) 6.740e-02 0.259609
        age         9.238e-05 0.009612 1.00
Number of obs: 236, groups:  id, 59
```

```
Fixed effects:
             Estimate Std. Error z value Pr(>|z|)
(Intercept)  0.791657   0.364454   2.172   0.0298 *
time        -0.057432   0.020167  -2.848   0.0044 **
treat       -0.268241   0.152130  -1.763   0.0779 .
bcounts      0.026226   0.002808   9.341   <2e-16 ***
age          0.010860   0.011265   0.964   0.3350
```

这个输出给出了各种参数估计: $\hat{\sigma}_0 = 0.259609$, $\hat{\sigma}_1 = 0.009612$, $\hat{\gamma}_{01} = 1$, $\hat{\beta}_0 = 0.791657$, $\hat{\beta}_1 = -0.057432$, $\hat{\beta}_2 = -0.268241$, $\hat{\beta}_3 = 0.026226$, $\hat{\beta}_4 = 0.010860$.

用语句anova(g)可得到:

```
Analysis of Variance Table
        Df Sum Sq Mean Sq F value
time     1  8.010   8.010  8.0095
treat    1  1.325   1.325  1.3248
bcounts  1 99.389  99.389 99.3889
age      1  0.934   0.934  0.9335
```

4.5.2　对例4.4的分析

对于例4.4, 我们分别用 x_1, x_2, x_3 代表变量month, age, gender. 虽然gender是分类变量, 但由于是0-1型的, 我们不必把它因子化. 考虑logistic广义线性随机效应混合模型

$$\ln\left(\frac{p}{1-p}\right) = \beta_0 + \beta_1 x_1 + \beta_2 x_2 + \beta_3 x_3 + \zeta_0. \tag{4.6}$$

这里假定 $\zeta_0 \sim N(0, \sigma_0)$. 显然, 模型(4.6)相当于两层模型:

$$\ln\left(\frac{p}{1-p}\right) = \pi_0 + \beta_1 x_1 + \beta_2 x_2 + \beta_3 x_3$$

$$\pi_0 = \beta_0 + \zeta_0.$$

根据式(4.6)我们可以很容易地写出拟合代码:

```
w=read.csv("madras.csv")
library(lme4)
a=glmer(y~month*age+gender+(1|id),w,family=binomial)
summary(a)
```

并得到输出

```
Generalized linear mixed model fit by maximum likelihood
    (Laplace Approximation) [glmerMod]
 Family: binomial  ( logit )
Formula: y ~ month * age + gender + (1 | id)
   Data: w

     AIC      BIC   logLik deviance df.resid
   755.4    784.4   -371.7    743.4      916

Scaled residuals:
    Min      1Q  Median      3Q     Max
-6.8593 -0.3647 -0.1244  0.2987  5.1867

Random effects:
 Groups Name        Variance Std.Dev.
 id     (Intercept) 4.781    2.187
Number of obs: 922, groups:  id, 86

Fixed effects:
            Estimate Std. Error z value Pr(>|z|)
(Intercept)  1.19842    0.43972   2.725  0.00642 **
month       -0.46153    0.04896  -9.426  < 2e-16 ***
age          1.50338    0.67106   2.240  0.02507 *
gender      -1.22821    0.54969  -2.234  0.02546 *
month:age   -0.27153    0.09656  -2.812  0.00492 **
```

对于结果的解释和Poisson情况类似, 这里不再赘述. 此外, 还可以用语句anova(a)得到:

```
Analysis of Variance Table
          Df  Sum Sq Mean Sq  F value
month      1 159.047 159.047 159.0466
age        1   0.322   0.322   0.3220
gender     1   5.340   5.340   5.3402
month:age  1   7.899   7.899   7.8987
```

4.6　决策树和随机效应混合模型

在4.2节给出了线性随机效应混合模型的一般形式:

$$\boldsymbol{y}_i = \boldsymbol{X}_i\boldsymbol{\beta}_i + \boldsymbol{Z}_i\boldsymbol{b}_i + \boldsymbol{\epsilon}_i, \quad i = 1, 2, ..., N.$$

这里, 固定效应和随机效应都是线性的. 但是, 如果固定效应不一定是线性的, 而又无法写出非线性关系的分析表达式, 则可以用决策树(将在5.2节介绍)来取代固定的那部分. 该方法是Sela et al. (2011)给出的. 其公式为:

$$\boldsymbol{y}_i = f(\boldsymbol{X}_1, \boldsymbol{X}_2, ..., \boldsymbol{X}_p) + \boldsymbol{Z}_i\boldsymbol{b}_i + \boldsymbol{\epsilon}_i, \quad i = 1, 2, ..., N,$$

式中, $\boldsymbol{y}_i$为$n_i \times r$维的; $\boldsymbol{X}_i$为$n_i \times p$维的; $\boldsymbol{Z}_i$为$n_i \times q$维的; $\boldsymbol{b}_i$为$q \times r$维的; $\boldsymbol{\epsilon}_i$为$n_i \times r$维的.

$$\begin{pmatrix} \boldsymbol{b}_1 \\ \boldsymbol{b}_2 \\ \vdots \\ \boldsymbol{b}_N \end{pmatrix} \sim N(\boldsymbol{0}, \boldsymbol{\Psi});$$

对所有的i, $\boldsymbol{\epsilon}_i \sim N(\boldsymbol{0}, \boldsymbol{\Sigma})$而且独立于$\boldsymbol{b}_i$. 这里公式中的$f(\boldsymbol{X}_1, \boldsymbol{X}_2, ..., \boldsymbol{X}_p)$为用决策树来解释的固定效应部分, 而$\boldsymbol{Z}_i\boldsymbol{b}_i$为随机效应部分. 这样处理使得模型的适应性及灵活性大大提高.

下面用该模型来拟合例4.2帕金森病的数据. 所用的为程序包REEMtree[1]中的函数REEMtree(). 代码如下:

```
w=read.csv("parkinsons.csv");n=nrow(w)
ff=total.UPDRS~age+DFA+HNR+sex+Jitter+PPE+test.time+
    Shimmer.APQ3+Jitter.abs+RPDE+NHR+Shimmer.APQ11
ff1= ~DFA| subject
library(REEMtree)
a=REEMtree(ff,data=w,random=ff1)
print(a);plot(a)
```

得到下面关于固定效应部分决策树的输出(树太大了, 不显示打印输出, 只输出图(见图4.5))和对随机效应参数的估计:

---

[1]Rebecca J. Sela and Jeffrey S. Simonoff (2011). REEMtree: Regression Trees with Random Effects. R package version 0.90.3.

```
[1] "Estimated covariance matrix of random effects:"
            (Intercept)            DFA
(Intercept)      160.0392 -151.2096
DFA              -151.2096   257.4075
[1] "Estimated variance of errors: 3.06613088292916"
[1] "Log likelihood:  -11801.9080117766"
```

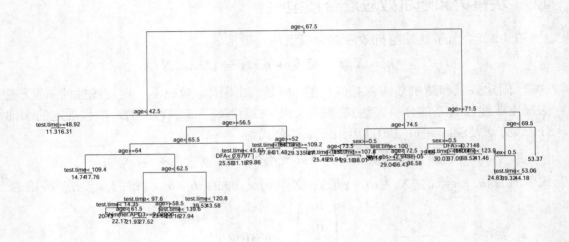

图 4.5 对例4.2数据拟合中固定效应部分的决策树

4.7 习 题

1. 利用代码w=read.table("sitka.data.txt",header=T)下载Sitka云杉树数据.[1] 该数据有6个变量: logsize(Sitka云杉树的对数度量), days (从1988年1月起的日子), chamber (4个范围之一: 哑元定性变量), ozone (臭氧, 哑元定性变量), year (年: 88和89两个数字), tree (79棵树的标识). 请用本章的方法以logsize为因变量做纵向数据分析.

2. 利用代码w=read.csv("dental.csv")下载儿童牙科数据.[2] 该数据有4个变量: id (儿童标识), age (年龄), response (牙齿距离), gender (性别, 哑元变量: 0为女, 1为男). 请用本章的方法以response为因变量做纵向数据分析.

3. 利用代码w=read.csv("hivstudy.csv")下载HIV研究数据.[3] 该数据有4个变量: id

---

[1]数据来源和说明见网站: http://www.biostat.jhsph.edu/~fdominic/teaching/LDA/lda.html#data. 数据下载网址为http://www.biostat.jhsph.edu/~fdominic/teaching/LDA/sitka.data.

[2]数据来源和说明见网站: http://www.biostat.jhsph.edu/~fdominic/teaching/LDA/lda.html#data. 数据下载网址为http://www.biostat.jhsph.edu/~fdominic/teaching/LDA/dental.dat.

[3]数据来源和说明见网站: http://www.biostat.jhsph.edu/~fdominic/teaching/LDA/lda.html#data. 数据下载网址为http://www.biostat.jhsph.edu/~fdominic/teaching/LDA/hivstudy.raw.

(个体标识), month (月份), CD4 (CD4细胞计数), group (组, 哑元变量: 1=控制组, 2 =单独药物, 3=药物混合). 请用本章的方法以CD4为因变量做纵向数据分析.

第五章 机器学习回归方法

5.1 引 言

前面章节的回归, 都对数据做了各种主观的数学假定. 这些假定降低了解决实际问题的难度, 而且使得结果显得更容易"解释". 这种在假定下所作出的结论很容易被统计界之外的人接受, 因为大量的概率和统计专业术语以及在严格的数学逻辑下的数学推导使得人们往往忘记了做出这些结论的大前提——对于实际问题的无法证实的数学假定.

我们绝对不能低估这些基于数学假定的统计方法在统计发展历史上的作用. 在铅笔和纸为唯一计算工具的时代, 数据中的信息量不可能很大, 而那些缺乏的信息必须用主观假定来弥补, 否则将无法得到结论, 或者得到不易解释的结论. 正如在现在的网络通信时代, 我们绝不能忘记马匹和驿站作为通信工具的历史作用.

不否认马匹和驿站的功绩并不意味着我们必须还用这些方法来通信. 在计算机时代, 基于铅笔和纸的传统统计思维方式必然会受到基于计算机的新的思维方式的冲击, 但统计本身的科学的批判性思维和严格的逻辑性却会持续存在, 正如通信的准确与及时的理念自古都不会改变一样.

大多数传统统计学家都不否认机器学习方法令人信服的结论和效率, 但你不能期望所有人都能接受新鲜事物, 你必须理解一个娴熟的骑手对现代交通工具进行批判时的心理.

5.2 作为基本模型的决策树(回归树)

决策树是一个很简单的模型, 但它又是一些预测精度很高的机器学习方法的基本模块, 因此理解决策树对于理解那些组合方法很重要. 下面我们通过一个简单例子来描述用作回归的决策树的原理.

例 5.1 **伺服系统**(servo.csv) 该数据[1] 有167个观测值和5个变量. 其背景是在两个(连续)增益设置和机械联系的两个(离散)选择项上预测一个伺服机构的类型. 变量有motor(马达, 5水平分类变量), screw (导螺杆, 5水平分类变量), pgain(p增益, 数量), vgain(v增益, 数量)及class(类型).

这里我们将连续变量class作为因变量来考虑回归问题.

---

[1]Lichman, M. (2013) UCI Machine Learning Repository [http://archive.ics.uci.edu/ml]. Irvine, CA: University of California, School of Information and Computer Science. 数据可从https://archive.ics.uci.edu/ml/datasets/Servo下载.

5.2.1 回归树的描述

首先, 用例5.1数据建立一棵决策树, 看看这棵树有什么特点, 以及该树如何应用到新数据. 我们用程序包rpart[1]中的函数rpart()来建立决策树. 读入数据和用全部数据建立决策树的代码为:

```
w=read.csv("servo.csv")
library(rpart.plot)
(a=rpart(class~.,w))
rpart.plot(a,type=4,extra=1,digits=4)
```

这就产生了如图5.1所示的决策树并打印出对应决策树的细节.

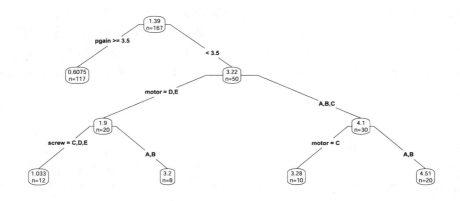

图 5.1　对例5.1数据做回归的决策树

和图5.1对应的决策树的细节输出为:

```
n= 167
node), split, n, deviance, yval
      * denotes terminal node

 1) root 167 403.788700 1.3897080
   2) pgain>=3.5 117    7.909512 0.6075345 *
   3) pgain< 3.5 50 156.801500 3.2199950
     6) motor=D,E 20   63.762060 1.9000070
      12) screw=C,D,E 12    1.146652 1.0333320 *
      13) screw=A,B 8   40.081690 3.2000180 *
```

[1]Terry Therneau, Beth Atkinson and Brian Ripley (2015). rpart: Recursive Partitioning and Regression Trees. R package version 4.1-9. http://CRAN.R-project.org/package=rpart.

```
    7) motor=A,B,C 30   34.960470 4.0999880
    14) motor=C 10   18.835910 3.2799860 *
    15) motor=A,B 20    6.038506 4.5099890 *
```

图5.1中的决策树如同一棵倒长的树. 最上面的一个节点称为根节点, 最下面没有后续分叉的节点称为叶节点或终节点. 每一个分叉点都是一个节点. 在终节点前的节点处都有一个拆分变量, 并根据其取值来确定拆分数据成两部分(两个叉). 一个节点下面分叉所得的节点称为其子节点, 而分出子节点的节点称为其父节点. 下面我们对节点逐个介绍.

打印输出一开始有下面信息

```
n= 167
node), split, n, deviance, yval * denotes terminal node
```

前面说明观测值有167个, 而后面为每个节点的内容. node)为节点号码. split为分叉的拆分变量及判别准则. n为该节点观测值的个数. deviance是偏差, 这里等于在这个节点上的SST, 即$\sum_{i \in N_K}(y_i - \bar{y})^2$, 式中的$N_K$为该节点的样本的下标集合. yval为该节点数据因变量均值$\bar{y}$. 而最后* denotes terminal node说明星号(*)标明的节点是终节点.

其次, 关于决策树打印输出的第1号节点为:

```
1) root 167 403.788700 1.3897080
```

该节点(根节点)号码为1, 而且是根节点(root), 那里有167个观测值(全部数据), 偏差为403.788700, 因变量的均值为1.3897080. 图5.1中也标出了因变量均值(1.39)和样本量(n=167).

打印输出的第2号节点为:

```
2) pgain>=3.5 117   7.909512 0.6075345 *
```

该节点号码为2, 而且是满足拆分变量pgain大于或等于3.5的那部分数据(pgain>=3.5), 该节点处剩下117个观测值, 偏差为7.909512, 因变量的均值为0.6075345. 而且由于有*号, 这是终节点, 不会再继续分叉了. 这相当于图5.1中左边的叉, 图中有该叉数据满足的条件pgain>=3.5及这部分变量的均值(0.6075)和样本量(117).

打印输出的第3号节点为:

```
3) pgain< 3.5 50 156.801500 3.2199950
```

该节点号码为3, 而且是满足拆分变量pgain小于3.5的那部分数据(pgain<3.5), 那里剩下50个观测值, 偏差为156.801500, 因变量的均值为3.2199950. 这不是终节点, 还会继续分叉. 这相当于图5.1中右边的叉, 图中有该叉数据满足的条件pgain<3.5及这部分变量的均值(3.22)和样本量(50).

打印输出的第6号节点为第3号节点的一个子节点:

```
6) motor=D,E 20   63.762060 1.9000070
```

该节点号码为6, 而且是满足拆分变量motor的水平为"D"或者"E"的那部分数据(motor=D,E), 那里剩下20个观测值, 偏差为63.762060, 因变量的均值为1.9000070. 这不是终节点, 还会继续分叉. 这相当于图5.1中右边第一个分叉的左边叉, 图中标有该叉数据满足的条件motor=D,E及这部分变量的均值(1.9)和样本量(20).

打印输出的第12号节点为第6号节点的一个子节点:

```
12) screw=C,D,E 12    1.146652 1.0333320 *
```

该节点号码为12, 而且是满足拆分变量screw的水平为"C","D"或者"E"的那部分数据(screw=C,D,E), 那里剩下12个观测值, 偏差为1.146652, 因变量的均值为1.0333320. 这是终节点, 不会继续分叉. 这相当于图5.1中最左边的一个叉, 图中有该叉数据满足的条件screw=C,D,E及这部分变量的均值(1.033)和样本量(12).

至此, 相信读者已经明白回归树的构造, 我们不再赘述. 请注意决策树的编号规则: 第一层根节点是1号; 其子节点在第二层, 为2, 3号; 而第2, 3号节点的子节点分别为4, 5号和6, 7号, 如此下去, 如果一个节点没有子节点, 则其子节点的号码保留, 只是空号而已. 例5.1的决策树就有很多空号, 包括4, 5, 8, 9, 10, 11 (这些都是2号节点潜在的子节点及后代).

下面介绍如何用一棵决策树来预测.

5.2.2　使用回归树来预测

假定我们有了新的数据, 即用下面代码即时建立的数据new.data, 它只有一行观测值, 没有因变量的值, 但有所有自变量的名字和格式, 具体代码由下面两行组成(代码前后的括号是为了自动输出赋值的内容):

```
(new.data=data.frame(motor=factor("E",level=LETTERS[1:5]),
    screw=factor("B",level=LETTERS[1:5]),pgain=3,vgain=3))
```

得到的新数据为:

```
  motor screw pgain vgain
1     E     B     3     3
```

然后看图5.1: 从根节点下来的第一个拆分变量就是pgain, 对于这个新数据, pgain为3 (< 3.5), 因此应该走向右边的子节点; 然后遇到的拆分变量为motor, 而新数据的motor为"E", 因此应该走向左边的子节点; 再遇到的拆分变量为screw, 而新数据的screw为"B", 于是应该走向右边的终节点, 在那里, 训练集(目前是全部数据)数据的因变量均值为3.2, 这也是我们新数据的预测值.

当然, 上面这种"看图识字"式的预测在实际计算中是自动进行的:

```
w=read.csv("servo.csv")
library(rpart)
a=rpart(class~.,w)
```

```
predict(a,new.data)
```

得到

```
> predict(a,new.data)
       1
3.200018
```

人们会说, 回归树太简单了! 对例5.1数据仅仅给出了5个数, 也就是说任何新数据来了, 得到的答案仅仅是这5个数之一, 这能行吗? 看看线性回归, 不同的新数据往往会给出不同的因变量值, 看上去多舒服啊! 实际上, 预测的精度和可能得到的值的多少无关. 请看下面关于决策树和线性模型的比较.

5.2.3 决策树回归和线性模型回归的比较和交叉验证

1. 例5.1的决策树和线性回归拟合比较

对例5.1同时做决策树回归和线性回归, 并计算它们的残差平方和及R^2:

```
D=5;SST=sum((w[,D]-mean(w[,D]))^2)#D是因变量的位置
a=rpart(class~.,w);resa=w[,D]-predict(a,w);(SSEa=sum(resa^2))
b=lm(class~.,w);(SSEb=sum(b$res^2));(R2a=1-SSEa/SST);(R2b=1-SSEb/SST)
```

得到表5.1中对两个模型的拟合度量比较.

表 5.1　线性回归和回归树对例5.1数据拟合的R^2和SSE的比较

模型	R^2	SSE
线性回归	0.5578665	178.5285
决策树	0.8167054	74.01227

图5.2为对例5.1数据做线性回归(左)和决策树回归(右)的同样纵坐标尺度下的残差图. 从表5.1及图5.2可以看出, 对于这个数据, 线性回归远远不如决策树回归.

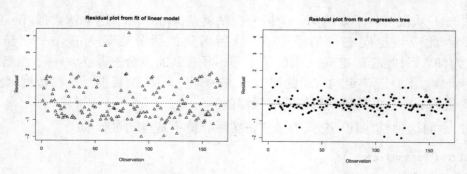

图 5.2　对例5.1数据做线性回归(左)和决策树回归(右)的残差比较

2. 例5.1的决策树和线性回归关于变量重要性的比较

很多人认为, 根据回归中的 F 检验或者 t 检验的 p 值可以知道各个变量的重要程度. 比如用anova(b)可以得到方差分析表:

```
Analysis of Variance Table

Response: class
            Df  Sum Sq Mean Sq  F value     Pr(>F)
motor        4  15.657   3.914   3.4204    0.01035 *
screw        4  11.315   2.829   2.4718    0.04680 *
pgain        1 166.628 166.628 145.6014  < 2.2e-16 ***
vgain        1  31.659  31.659  27.6642   4.69e-07 ***
Residuals  156 178.528   1.144
```

因此, 按照这个方差分析表的 p 值, 他们可以说, 对于因变量pgain最重要, vgain次之, 然后是motor和screw. 但这些检验是基于关于数据的正态性假定的, 如果正态性假定不成立, 这些检验没有意义. 我们来看看对残差的正态性检验:

```
> shapiro.test(b$res)

        Shapiro-Wilk normality test

data:  b$res
W = 0.93225, p-value = 4.385e-07
```

检验结果说明残差不大可能来自正态分布. 再看Q-Q图及线性回归常用的残差对拟合值图, 代码为:

```
par(mfrow=c(1,2))
qqnorm(b$res);qqline(b$res)
plot(b$res~b$fit);abline(h=0,lty=2)
```

得到如图5.3所示的Q-Q图和残差对拟合值图.

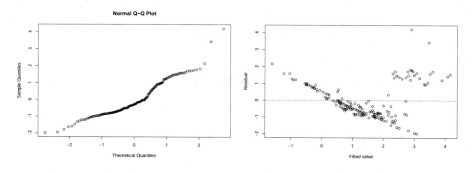

图 5.3 对例5.1数据的线性回归拟合残差作Q-Q图(左)和残差对拟合值图(右)

Q-Q图根本不像一条直线, 说明正态性假定很荒谬, 而残差对拟合值图呈现出某些系统趋势, 这不仅说明因变量独立同正态分布的假定根本不满足, 还说明线性模型本身就很不合适.

而对于根本用不着正态性和线性关系假定的决策树, 从拆分变量的选择次序就可以看出变量的重要性次序: pgain, motor, screw及vgain. 但决策树对于变量重要性有自己的度量, 即该变量作为拆分变量(或潜在拆分变量替代物)对树的改进的综合. 可以用R代码得到对每个变量的度量:

```
> a$variable.importance #可简写为a$v
    pgain      motor      screw      vgain
239.07763   68.16505   22.53372   19.12621
```

显然, 这和从决策树本身直观看到的次序一样. 当然, 对于复杂的树, 直观感觉和计算出来的重要性不见得一致.

3. 例5.1的决策树和线性回归预测效果的交叉验证

仅仅从一个训练集(这里是全部数据本身)来比较模型还不够, 必须用交叉验证方法, 也就是用一部分训练集数据建模, 然后用这个模型对另一部分没有参加建模的测试集数据做预测, 再根据测试集误差大小来判定模型的好坏. 一般所谓的K折交叉验证, 是把数据尽可能随机地分成K份, 而且尽可能地平衡定性变量的各个水平, 然后每次用其中一份作为测试集, 并用其余$K-1$份合并成训练集建模, 再通过测试集来算出式(1.4)定义的标准化均方误差NMSE. 如此实行K次, 再看平均的NMSE.

要做K折交叉验证必须要确定K个随机选择的下标集. 这个数据的两个分类变量的搭配并不平衡, 由于不易全部平衡, 因此尽量平衡其中一个变量的各个水平, 我们选择第二个变量screw, 然后使用在2.4.4节使用过的函数Fold()来确定$K=7$折交叉验证所用的7个下标集合(存放在mm之中). 下面是对例5.1数据做决策树回归和线性回归预测时, 计算交叉验证NMSE所用的代码:

```
w=read.csv("servo.csv");n=nrow(w);D=5;K=7
mm=Fold(K,w,2,8888);gg=class~.
MSE=matrix(99,K,2);J=1
for(i in 1:K)
{m=mm[[i]];M=mean((w[m,D]-mean(w[m,D]))^2)
a=rpart(gg,w[-m,]) #决策树回归
MSE[i,J]=mean((w[m,D]-predict(a,w[m,]))^2)/M}
J=J+1;for(i in 1:K)
{m=mm[[i]];M=mean((w[m,D]-mean(w[m,D]))^2)
a=lm(gg,w[-m,]) #线性回归
MSE[i,J]=mean((w[m,D]-predict(a,w[m,]))^2)/M}
MSE=data.frame(MSE);names(MSE)=c("Tree","LM")
```

```
apply(MSE,2,mean);MSE
```

得到的结果显示在图5.4中, 相应的数字列在表5.2中. 显然, 对例5.1数据, 决策树回归要优于线性回归.

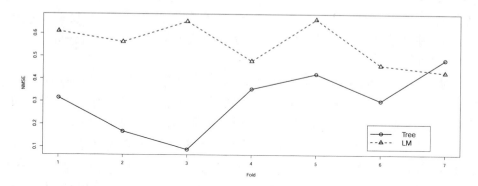

图 5.4 对例5.1数据做决策树和线性回归预测交叉验证的NMSE

表 5.2 对例5.1数据做决策树和线性回归预测7折交叉验证的NMSE

折	决策树回归	线性回归
1	0.3158	0.6102
2	0.1682	0.5631
3	0.0888	0.6546
4	0.3556	0.4792
5	0.4222	0.6646
6	0.3031	0.4608
7	0.4848	0.4285
均值	0.3055	0.5516

5.2.4 回归树的生长: 如何选择拆分变量及如何结束生长

1. 拆分变量的选择

在每个节点, 根据节点处数据的特性, 所有的变量来竞争基于数据的拆分变量. 为这里所用的二分叉决策树生长而竞争拆分变量的准则有多种, 其中一种是分叉使得在该节点的SST和在其子节点的SST之差

$$\Delta_{SST} = \sum_{i \in 父节点} (y_i - \bar{y})^2 - \left\{ \sum_{i \in 子节点1} (y_i - \bar{y})^2 + \sum_{i \in 子节点2} (y_i - \bar{y})^2 \right\}$$

最大. 由于回归树以均值为拟合值, 所以在某节点的SST就是在该节点的残差平方和.

自变量如何竞争呢? 每个变量都可以根据其性质把数据分成两份. 比如对于数值型变量, 可以找出一个分割点τ, 相应于该变量大于这个分割点的数据归到一个叉或子节点, 而相应于该变量小于这个分割点的数据归到另一个叉或子节点, 于是一个数据集就分成了两个子数据集. 但分割点τ如何寻找呢, 就是要在所有的分割点中找到使得Δ_{SST}最大的分割点. 对于分类变量也类似, 可以根据该变量的值落入某些水平并的集合A来定义分叉, 比如相应于该变量等于第一或第三水平的数据可归于一个叉或子节点, 其余的归于另一个叉或子节点. 对于每一个分类变量, 要寻找使得Δ_{SST}最大的子集A. 注意, 由于我们的决策树是每次二分叉的决策树, 作为拆分基础的子集A和其余集A^{C}是等价的.

因此, 对于每个节点的数据, 每个变量都有一个使得Δ_{SST}最大的分割点(对数量型变量来说)或者水平子集(对分类变量来说). 然后再在变量之间进行竞争, 哪个变量(以其最佳的分割点τ或水平子集A)使得Δ_{SST}最大, 哪个就是该节点的拆分变量, 这样决策树就分叉并产生两个子节点. 随后再在子节点上重复上面的竞争过程.

什么时候停止生长呢? 不同的程序有不同的准则, 比如, 当总R^2的增长不会大于复杂性参数(complexity parameter, cp[1])的某个值时(rpart默认值为0.01)就不再分叉; 或者到了分叉的限制点(事先设定), 也会停止生长; 或者某个节点观测值太少(rpart默认值为20), 也不会产生子节点.

2. 拆分变量的选择: 以例5.1数据为例

我们以例5.1数据为例, 看看各个变量如何竞争拆分变量. 首先, 各个自变量情况如下(用代码summary(w[,-5])):

```
motor   screw     pgain          vgain
A:36    A:42    Min.   :3.000   Min.   :1.000
B:36    B:35    1st Qu.:3.000   1st Qu.:1.000
C:40    C:31    Median :4.000   Median :2.000
D:22    D:30    Mean   :4.156   Mean   :2.539
E:33    E:29    3rd Qu.:5.000   3rd Qu.:4.000
                Max.   :6.000   Max.   :5.000
```

- 根节点: 有167个观测值的数据, 4个自变量竞争拆分变量:

(1) 变量motor有5个水平, 因此有$\sum_{i=1}^{4}\binom{5}{i} = 30$种子集选择方法. 其中子集$A = \{A,B\}$使得$\Delta_{SST} = 13.9356$, 在该变量所有其他子集选择中最大.

(2) 变量screw有5个水平, 因此也有30种子集选择方法. 其中子集$A = \{A\}$使得$\Delta_{SST} = 8.049474$, 在该变量所有其他子集选择中最大.

(3) 变量pgain则有三个分割点: 3.5, 4.5, 5.5 (其实任何在该变量两个值之间的点都可做分割点, 这里取的是中间点), 而分割点$\tau = 3.5$ 使得$\Delta_{SST} = 239.07763$, 在该变量所有其他分割点的选择中最大.

(4) 变量vgain则有四个分割点: 1.5, 2.5 3.5, 4.5, 而分割点$\tau = 2.5$ 使得$\Delta_{SST} = 65.77518$, 在该变量所有其他分割点的选择中最大.

---

[1]不是Mallows' Cp Statistic.

上面4个变量以其各自最优状况竞争根节点处的拆分变量, 显然pgain取胜, 因为其$\Delta_{SST} = 239.07763$在所有变量的Δ_{SST}中最大. 于是pgain>=3.5和pgain<3.5把数据分成两部分, 产生2号和3号节点.

- 拆分变量pgain>=3.5产生2号节点数据, 但是再继续不会改进拟合太多, 因此停止了.
- 拆分变量pgain<3.5产生3号节点数据, 这里有50个观测值, 基于这个数据, 自变量继续竞争拆分变量:
  (1) 变量motor在其30种子集选择方法中, 子集$\mathcal{A} = \{D,E\}$使得$\Delta_{SST} = 58.079$, 在该变量所有其他子集选择中最大.
  (2) 变量screw在其30种子集选择方法中, 子集$\mathcal{A} = \{A\}$使得$\Delta_{SST} = 40.50143$, 在该变量所有其他子集选择中最大.
  (3) 变量pgain在这个数据中只有一个值(3)剩下, 不可能对数据分割了, 无资格竞争.
  (4) 变量vgain则只剩下1个分割点: 1.5, 使得$\Delta_{SST} = 4.380874$.
  上面有资格竞争的3个变量竞争的优胜者是motor=D,E, 它导致了6号节点和(motor=A,B,C)7号节点的产生.
- 在6号节点, 有20个观测值, 自变量继续竞争......
- 在7号节点, 有30个观测值, 自变量继续竞争......
- 这种竞争继续下去, 直到最后根据某种准则终止增长.

用summary.rpart()函数(可简写作summary(), 因为对于rpart()生成的对象, 软件会自动转换成summary.rpart(). 这种转换在其他应用中也是一样)可以得到下面决策树具体生长过程的输出:

```
> w=read.csv("servo.csv")
> library(rpart)
> a=rpart(class~.,w)
> summary(a)
Call:
rpart(formula = class ~ ., data = w)
  n= 167

        CP nsplit rel error    xerror      xstd
1 0.59208602      0 1.0000000 1.0222928 0.1577725
2 0.14383515      1 0.4079140 0.4273504 0.0726843
3 0.05580573      2 0.2640788 0.3714996 0.1097548
4 0.02497853      3 0.2082731 0.2768246 0.1035013
5 0.01000000      4 0.1832946 0.2679838 0.1023023
```

```
Variable importance
pgain motor screw vgain
   69    20    6    5
```

Node number 1: 167 observations,   complexity param=0.592086
  mean=1.389708, MSE=2.417896
  left son=2 (117 obs) right son=3 (50 obs)
  Primary splits:
    pgain < 3.5 to the right, improve=0.59208600, (0 missing)
    vgain < 2.5 to the right, improve=0.16289510, (0 missing)
    motor splits as RRLLL,   improve=0.03451211, (0 missing)
    screw splits as RLLLL,   improve=0.01993487, (0 missing)
  Surrogate splits:
    vgain < 2.5 to the right, agree=0.725, adj=0.08,(0 split)

Node number 2: 117 observations
  mean=0.6075345, MSE=0.06760267

Node number 3: 50 observations,   complexity param=0.1438351
  mean=3.219995, MSE=3.136031
  left son=6 (20 obs) right son=7 (30 obs)
  Primary splits:
    motor splits as RRRLL, improve=0.37039820, (0 missing)
    screw splits as RLLLL, improve=0.25829740, (0 missing)
    vgain < 1.5 to the left,improve=0.02793898, (0 missing)

Node number 6: 20 observations, complexity param=0.05580573
  mean=1.900007, MSE=3.188103
  left son=12 (12 obs) right son=13 (8 obs)
  Primary splits:
    screw splits as RRLLL, improve=0.35340320, (0 missing)
    motor splits as ---LR, improve=0.07842027, (0 missing)
    vgain < 1.5 to the left,improve=0.01016255, (0 missing)

Node number 7: 30 observations, complexity param=0.02497853
  mean=4.099988, MSE=1.165349
  left son=14 (10 obs) right son=15 (20 obs)
  Primary splits:

```
motor splits as   RRL--,  improve=0.2884987, (0 missing)
screw splits as   RRLLL,  improve=0.2671366, (0 missing)
vgain < 1.5 to the left, improve=0.1196053, (0 missing)
```

```
Node number 12: 12 observations
  mean=1.033332, MSE=0.09555435
```

```
Node number 13: 8 observations
  mean=3.200018, MSE=5.010211
```

```
Node number 14: 10 observations
  mean=3.279986, MSE=1.883591
```

```
Node number 15: 20 observations
  mean=4.509989, MSE=0.3019253
```

5.3 组合方法的思想

5.3.1 直观说明

一个简单模型并不总是很有效的, 精确度也不一定高, 我们称之为一个弱学习器(任何模型都是根据数据来学习的学习器), 决策树就是这种弱学习器. 但是如果把一些弱学习器组合起来, 就可能形成一个非常优秀的学习器, 这就是组合方法(ensemble method)的基本思想(Breiman, 1996).

为了理解这种思想, 考虑以简单多数原则当选的选举问题. 假定候选人A在一个很大的人群中的支持率有51%, 如果只有一个选民来选举, 那么A被选上的概率为0.51; 如果有1001个人参选, 那么A被选上(至少501人选A)的概率为0.7366309(根据二项分布代码1-pbinom(500,1001,p)计算); 如果有10001个人参选, 那么A被选上(至少5001人选A)的概率为0.9772688(根据二项分布代码pbinom(5000,10001,0.51,low=F)计算).

图5.5说明了上面选举例子中支持率(横坐标)、被选上的概率(纵坐标)及参选人数n的关系. 可以看出, 参选人数越多, 支持率小于0.5(竖直虚线)的候选人就越难被选上, 而支持率大于0.5的候选人就越容易被选上.

我们可以把决策树看成一个简单的学习器, 从而用许多决策树组合成非常精确的学习器. 当然, 用同一个数据产生的决策树是一样的, 没有组合作用. 但是如果对原始数据做自助法抽样(即做放回抽样)则会产生不同的数据, 因而会产生不同的决策树. 如果再在抽样概率以及决策树选择拆分变量等方面做些改变, 则可以产生基于同一个原始数据的各种不同的决策树, 形成一个可以"投票"的决策树群, 众多决策树的综合决策精度则会远远高于单个决策树的决策精度.

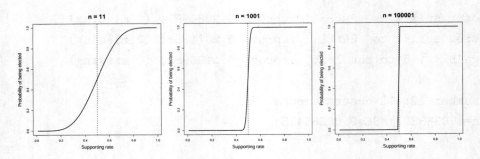

图 5.5 支持率(横坐标)、被选上的概率(纵坐标)及选举人数n的关系

5.3.2 组合方法及自助法抽样

自助法(bootstrap)抽样是基于决策树的组合方法的基础. 自助法抽样是从样本$\boldsymbol{X} = (X_1, ..., X_n)$中重复进行放回抽样.

1. 自助法回顾

自助法最初的目的是估计一个统计量$T_n = g(\boldsymbol{X}) = g(X_1, ..., X_n)$的方差和分布, 还能用来构造置信区间. 自助法是机器学习方法中的决策树组合方法中再抽样构造决策树的主要方法.

令$V_F(T_n)$表示T_n的方差. 它是背景分布F的一个函数. 如果知道F, 至少在理论上知道了方差. 比如, 如果$T_n = n^{-1} \sum_{i=1}^{n} X_i$, 为样本均值, 那么

$$V_F(T_n) = \frac{\Sigma^2}{n} = \frac{\int x^2 \mathrm{d}F(x) - (\int x \mathrm{d}F(x))^2}{n};$$

显然是F的一个函数.

由于F不知道, 只能基于样本经验分布$\widehat{F}_n$的$V_{\widehat{F}_n}(T_n)$来估计$V_{F_n}(T_n)$. 但由于$V_{\widehat{F}_n}(T_n)$可能不易计算, 用自助法模拟来近似它, 记为v_{boot}. 具体步骤为:

(1) 可放回地从$X_1, ..., X_n$抽取$X_1^*, ..., X_n^*$.

(2) 计算$T_n^* = g(X_1^*, ..., X_n^*)$.

(3) 重复上面步骤(1)和步骤(2) B遍, 得到$T_{n,1}^*, ..., T_{n,B}^*$.

这样, 可令

$$v_{\text{boot}} = \frac{1}{B} \sum_{b=1}^{B} \left(T_{n,b}^* - \frac{1}{B} \sum_{r=1}^{B} T_{n,r}^* \right)^2.$$

自助法能够用来对统计量T_n的累积分布函数(CDF)作近似. 令T_n的累积分布函数为$G_n(t) = P(T_n \leqslant t)$. 于是对$G_n$的自助法近似为:

$$\widehat{G}_n^*(t) = \frac{1}{B} \sum_{b=1}^{B} I(T_{n,b}^* \leqslant t).$$

由此可以得到各种基于其CDF的关于T_n的推断结果, 比如点估计和区间估计等, 这些结果平行于基于抽样分布的结果, 但不需要各种诸如正态性分布的假定, 完全由数据

本身来确定.

2. 组合方法中的自助法

对于我们的回归任务, 考虑预测因变量$Y_{\boldsymbol{X}}$的问题. 令$\phi(\boldsymbol{X})$为对于一个来自诸如决策树或线性回归的特定方法的预测结果. 令$\mu_\phi = E(\phi(\boldsymbol{X}))$, 这里的期望基于学习样本的分布, 所以$\phi(\boldsymbol{X})$是学习样本$\boldsymbol{X}$的函数, 而不是固定$\boldsymbol{X}$实现值的函数. 于是有

$$
E([Y_{\boldsymbol{X}} - \phi(\boldsymbol{X})]^2)
$$
$$
= E([[(Y_{\boldsymbol{X}} - \mu_\phi) + (\mu_\phi - \phi(\boldsymbol{X})]^2)
$$
$$
= E([Y_{\boldsymbol{X}} - \mu_\phi]^2) + 2E(Y_{\boldsymbol{X}} - \mu_\phi)E(\mu_\phi - \phi(\boldsymbol{X})) + E([\mu_\phi - \phi(\boldsymbol{X})]^2)
$$
$$
= E([Y_{\boldsymbol{X}} - \mu_\phi]^2) + E([\mu_\phi - \phi(\boldsymbol{X})]^2)
$$
$$
= E([Y_{\boldsymbol{X}} - \mu_\phi]^2) + Var(\phi(\boldsymbol{X})) \geqslant E([Y_{\boldsymbol{X}} - \mu_\phi]^2)
$$

这里的不等式实际上是严格的, 因为不是所有的学习样本都能产生同样的因变量预测值. 这个不等式意味着能够把$\mu_\phi = E(\phi(\boldsymbol{X}))$作为预测量, 而且比$\phi(\boldsymbol{X})$有更小的均方预测误差.

如何得到$E(\phi(\boldsymbol{X}))$呢? 一种易于描述的典型方法就是5.4节bagging回归所用的自助法, 它对于$E(\phi(\boldsymbol{X}))$的估计为:

$$
\frac{1}{B} \sum_{b=1}^{B} \phi_b^*(\boldsymbol{X}), \tag{5.1}
$$

这里的$\phi_b^*(\boldsymbol{X})$就是基于第b次自助法抽样所产生的决策树得到的预测. 这里是简单的B项平均. 而其他方法的自助法抽样可能会有改变(比如加权), 树的构造也可能会不同(比如限制每个节点拆分变量的竞争者数目), 平均也可能是根据各个决策树的误差而做的加权平均.

在后面关于机器学习回归和分类的各章节将陆续具体介绍各种基于决策树的组合方法.

3. 抽样分布和自助法分布的区别

一般经典的统计推断是基于抽样分布(sampling distribution)的, 抽样分布是从总体重复抽样所得的样本的分布. 但是从原始总体重复抽样是很难实现的, 一般只有一个样本, 因此必须对分布做出无法验证的各种假定, 然后根据这些假定来对参数或统计量做出推断. 而自助法对仅有的一个原始样本做重复的放回抽样, 由此可以得到许多自助法样本, 这些样本的分布为自助法分布(bootstrap distribution). 这些自助法分布通常在形状、散布和偏倚等方面对实际的抽样分布做近似. 根据自助法所得到的各种关于统计量的推断结果不需要基于任何分布假定.

4. 自助法的适用限制

首先, 太小的原始样本集不是总体的很好近似, 不一定适合用自助法. 此外, 对于某些不平衡的样本也不宜用自助法, 比如想通过只有一个对象死亡而其余几千个都存

活的生存数据来研究死亡原因的情况, 或者人口数据中各个阶层的比例和实际比例显著不平衡的情况等. 此外, 对于很不规范的数据, 比如具有大量错误、缺失值或者非正常度量的观测值的数据, 也不宜用自助法. 但现在已经发展出了许多关于由非独立观测值组成的比如时间序列、纵向数据等的自助法.

5.4   bagging回归

5.4.1   概述

bagging是一种基于自助法抽样的组合方法, 其名称来自英文"bootstrap aggregating", 可做回归和分类. 它是Breiman(1996)发明的方法.

bagging的做法很简单, 就是从样本里面用自助法有放回地抽样多次, 而每次建立一棵树, 一共建立指定多的(假定有B棵)树之后, 对于一个新观测值, 通过这B棵树进行B次回归, 得到B个预测值, 然后把这些值的简单平均作为该bagging模型对这个观测值的因变量的预测值.

下面通过一个例子来看bagging回归如何实现.

例 5.2   翼型数据(airfoil.csv) 该数据来自NASA, 是在消声风洞对二维和三维翼型叶片进行空气动力学和声学试验时获得的.[1]

该数据有1503个观测值、6个变量. 变量有Frequency (频率, 单位: 赫兹), Angle (攻角, 单位: 度), Chord (弦长, 单位: 米), Velocity (自由流速度, 单位: 米/秒), Thickness(吸入侧排量厚度, 单位: 米), Pressure(标准化声压水平, 单位: 分贝).

5.4.2   全部数据的拟合

我们使用程序包ipred[2]中的函数bagging()做bagging回归. 这里需要注意的关于编程的一个问题是, 如果你已经载入包含同名分类函数bagging()的程序包adabag, 必须用代码detach(package:adabag)把adabag从内存解除, 才能用函数bagging()做bagging回归, 以避免代码冲突. 反之, 如果想用程序包adabag中的函数bagging()做分类, 必须用类似代码detach(package:ipred)把ipred从内存解除, 否则会发生冲突.

对例5.2数据做bagging回归的代码为(设立随机种子是为了使他人能够重复你的计算并得到同样的结果):

```
w=read.csv("airfoil.csv");(nrow(w)->n)
```

---

[1]Lichman, M. (2013) UCI Machine Learning Repository [http://archive.ics.uci.edu/ml]. Irvine, CA: University of California, School of Information and Computer Science. 该数据可以从https://archive.ics.uci.edu/ml/citation_policy.html得到.

[2]Andrea Peters and Torsten Hothorn (2015). ipred: Improved Predictors. R package version 0.9-4. http://CRAN.R-project.org/package=ipred.

```
library(ipred);set.seed(1010)
a=bagging(Pressure~.,w,coob=T)
```

其中, 选项coob=T意味着程序自己利用OOB数据进行交叉验证. 所谓OOB, 是指在自助法(放回)抽样中, 每次都有些观测值没有被抽到(没有捡到袋子里: out of bag——OOB), 这些观测值形成天然的测试集. 这个程序以及其他一些用自助法抽样的组合程序都利用OOB集合做交叉验证. 当选项coob=T时(默认选项coob=FALSE), 使用代码a\$err会输出交叉验证误差(均方误差的平方根):

```
[1] 3.785021
```

按照默认值(这里是25), bagging做了25次自助法抽样, 建立了25棵树, 人们可以输出任何一棵树, 比如用代码a\$mtree[[20]][[1]]就可以输出第20棵树所基于的自助法样本下标集合(和样本量一样多, 但有很多重复的); 用代码a\$mtree[[20]][[2]]就可以打印出第20棵决策树; 而用下面的代码(比方说):

```
plot(a$mtree[[20]][[2]]);text(a$mtree[[20]][[2]])
```

就可以产生第20棵树的图形.

5.4.3 交叉验证和模型比较

我们可以对例5.2数据的回归预测精度做$K = 10$折交叉验证(这里使用了2.5.2节用过的函数CV()来随机确定10个下标集), 以求出决策树回归、bagging回归和线性回归的预测的MSE、NMSE以及它们的平均值. 代码为:

```
w=read.csv("airfoil.csv")
library(rpart);library(ipred)
D=6;K=10;mm=CV(nrow(w),K,1111);gg=Pressure~.
MSE=matrix(99,K,3)->NMSE;J=1
for(i in 1:K){m=mm[[i]];M=mean((w[m,D]-mean(w[m,D]))^2)
a=rpart(gg,w[-m,])
MSE[i,J]=mean((w[m,D]-predict(a,w[m,]))^2)
NMSE[i,J]=MSE[i,J]/M};J=J+1;set.seed(1010)
for(i in 1:K){m=mm[[i]];M=mean((w[m,D]-mean(w[m,D]))^2)
a=bagging(gg,w[-m,])
MSE[i,J]=mean((w[m,D]-predict(a,w[m,]))^2)
NMSE[i,J]=MSE[i,J]/M};J=J+1
for(i in 1:K){m=mm[[i]];M=mean((w[m,D]-mean(w[m,D]))^2)
a=lm(gg,w[-m,])
MSE[i,J]=mean((w[m,D]-predict(a,w[m,]))^2)
NMSE[i,J]=MSE[i,J]/M}
```

我们得到表5.3关于交叉验证结果的输出及相应的NMSE图(见图5.6).

表 5.3　三种方法拟合例5.2数据的10折交叉验证结果

折次	MSE			NMSE		
	决策树	bagging	线性回归	决策树	bagging	线性回归
1	19.3533	11.8437	20.7832	0.4154	0.2542	0.4461
2	22.7994	15.1608	25.6618	0.4200	0.2793	0.4728
3	18.7898	12.7523	23.3765	0.4246	0.2882	0.5283
4	18.2567	12.8237	23.3906	0.3943	0.2770	0.5052
5	22.1353	16.2889	26.1165	0.5385	0.3962	0.6353
6	19.8603	14.5210	23.3372	0.4096	0.2995	0.4813
7	20.2615	12.5282	21.5707	0.3607	0.2230	0.3840
8	20.2928	14.4457	26.2211	0.4187	0.2980	0.5410
9	16.9973	12.5368	19.8155	0.4491	0.3313	0.5236
10	19.1334	14.5625	22.6641	0.3867	0.2943	0.4580
平均	19.7880	13.7463	23.2937	0.4218	0.2941	0.4976

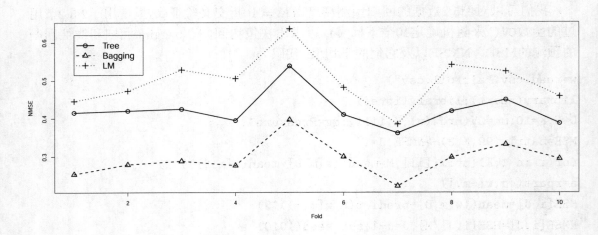

图 5.6　三种方法拟合例5.2数据10折交叉验证的NMSE

从表5.3和图5.6可以看出, 对于例5.2数据, 作为组合方法的bagging要比决策树优越, 这是可以预料的.

本来这里只需要输出NMSE, 输出MSE是为了看我们对bagging的10折交叉验证的均方误差的平方根是不是和OOB误差相近. 实际上, 这里的平均的均方误差是13.7463, 而 $\sqrt{13.7463} = 3.7076$, 和前面OOB交叉验证得到的3.785021差不太多.

bagging是最简单的基于决策树的组合方法, 用它来介绍组合方法容易让人理解, 但在很多情况下它不如后面要介绍的随机森林及mboost精确.

5.5　随机森林回归

5.5.1　概述

现在介绍随机森林回归, 它和bagging非常类似, 也是Breiman(2001)发明的. 随机森林也是从原始数据抽取一定数量的自助法样本, 根据我们要用的程序包randomForest[1]中的函数randomForest(), 默认的样本量是500(选项ntree=500). 对每个样本建立一棵决策树, 但与bagging的区别在于, 在每个节点, 在所有竞争的自变量中, 随机选择几个(而不是所有的变量)来竞争拆分变量. 至于选择几个是由选项mtry决定的, 对于回归, 默认值是自变量数目的1/3. 随机森林的每棵树都不剪枝, 让其充分生长. 而最终的预测结果是对所有决策树的结果做简单平均, 这和bagging类似.

随机森林的这种随机选择少数自变量来竞争节点拆分变量的做法使得一些弱势变量有机会参加建模, 因此可能会揭示仅仅靠一些强势变量无法发现的数据规律. 随机森林也和bagging一样计算OOB交叉验证误差, 随机森林还利用各种方法从不同角度展示自变量的重要性.

随机森林能够处理观测值很少但却有很多自变量的称为"维数诅咒"的问题, 它还能处理自变量有高阶交互作用及自变量相关的问题.

5.5.2　例子及拟合全部数据

在本节, 我们通过一个建筑物能源效率数据来说明随机森林在回归问题上的实践.

例 5.3　能源效率数据(energy.csv) 该数据[2]的因变量为Y1(建筑物供暖负荷)和Y2(冷却负荷), 代表了能量效率度量; 而自变量为建筑参数: X1(相对紧凑度), X2(表面积), X3 (墙面积), X4 (房顶面积), X5(总高度), X6(朝向), X7 (透光面积), X8(透光面积分布).

注意: 这里有两个因变量可选, 在自变量中, 我们注意到X1和X2的相关系数达到-0.99, X4和X5的相关系数达到-0.97, 这对于决策树、bagging和随机森林等方法没有影响, 但有可能使得普通线性回归出问题(尤其在数据较少的交叉验证中).

为确定起见, 我们选择Y1为因变量, 而从数据中删去Y2(它和Y1很相关, 不宜作为自变量). 用随机森林拟合例5.3全部数据的代码如下:

```
w=read.csv("energy.csv");w=w[,-10]
library(randomForest);set.seed(1010)
a=randomForest(Y1~.,w,importance=T,localImp=T,proximity=T)
```

---

[1] A. Liaw and M. Wiener (2002). Classification and Regression by randomForest. *R News*, 2(3): 18–22.

[2] A. Tsanas, A. Xifara, Accurate quantitative estimation of energy performance of residential buildings using statistical machine learning tools, *Energy and Buildings*, Vol. 49, pp. 560-567, 2012. 数据可从https://archive.ics.uci.edu/ml/datasets/Energy+efficiency下载.

在上面的选项中, 设定importance=T的目的是要在输出中得到各个自变量对预测精确度及对决策树拆分时节点纯度变化方面的重要性度量, 设定localImp=T是要输出变量和观测值关系上的局部重要性, 而设定proximity=T则是通过度量各个观测值在同一棵树同一个终节点中共同出现的次数来看各个观测值之间的接近程度.

上面随机森林拟合的结果存储在对象a中, 可以用names(a)来看有什么结果:

```
> names(a)
 [1] "call"          "type"          "predicted"
 [4] "mse"           "rsq"           "oob.times"
 [7] "importance"    "importanceSD"  "localImportance"
[10] "proximity"     "ntree"         "mtry"
[13] "forest"        "coefs"         "y"
[16] "test"          "inbag"         "terms"
```

比如a\$rsq包含了500棵树的R^2, a\$mse包含了500棵树的MSE, 等等.

在拟合的结果中, a\$forest包含了森林的所有信息细节. 实际上, a\$forest中的大部分信息可以从getTree()函数得到. 比如第28棵树的信息在下面代码赋值的Ta28中:

```
Ta28=getTree(a,28,labelVar=T)
```

Ta28有6列, 行数等于这棵树的节点个数, 其中各列名称和意义为:

(1) left daughter: 该节点的左边子节点的行数(0表示其为终节点).
(2) right daughter: 该节点的右边子节点的行数(0表示其为终节点).
(3) split var: 该节点的拆分变量名字(0表示其为终节点).
(4) split point: 该节点的最好分割点.
(5) status: 是否为终节点(−1为"是", 1为"不是").
(6) prediction: 对该节点的预测值(0说明其不是终节点).

在上面代码指定的包含输出结果的对象a中, 所有树的大小(终节点个数)可以由代码treesize(a)得到, 而treesize(a,terminal=F)得到所有树的所有节点的个数. 我们可以由此画出拟合例5.3数据产生的随机森林所有树的所有节点数和终节点数的直方图, 如图5.7所示.

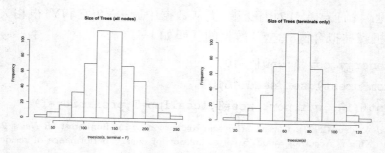

图 5.7 随机森林对例5.3拟合的所有节点数(左)和终节点数(右)的直方图

5.5.3　随机森林回归中的变量重要性

变量重要性, 特别是随机森林所有的置换精度重要性(permutation accuracy importance)度量是非常有用的工具. 其原理为, 随机撤掉某变量, 这时如果预测精度大大降低, 则说明该变量特别重要. 随机森林的变量置换是在OOB数据上进行的. 比如对每棵树计算置换前后的精度(体现在MSE)的差别, 然后对所有树平均之后标准化(除以差别的标准差, 如果标准差为0则不除).

除了关于精度降低的重要性之外, 还有关于变量拆分节点不纯度的总降低的重要性, 对于回归是按照节点平均MSE降低来度量的. 这个度量不是用置换度量的, 犹如单棵树的变量重要性度量的平均.

拟合代码中的选项importance=T和localImp=T使得输出对象a中包含了这些信息. 用a$importance可打印出重要性度量:

```
     %IncMSE IncNodePurity
X1 60.342219     19574.9044
X2 60.865150     19772.3605
X3 15.390046      4655.1568
X4 39.961621     11630.8043
X5 51.197293     14832.5928
X6 -0.219649        62.3616
X7  8.928098      3560.2095
X8  3.311666      1697.9970
```

这两列就是我们前面提到的两种重要性, 第一列是关于置换精度的, 第二列是关于节点纯度的, 都是值越大越重要. 还可以用代码varImpPlot(a)点出重要性图, 但这里还是用自己编的代码. 由于在拟合选项中还有localImp=T, 这使得我们可以得到每个观测值在OOB数据中变量置换精度的度量, 即变量对每个观测值的局部重要性. 输出局部重要性的代码为a$local (实际上为a$localImportance的简写), 但它是8×768的矩阵, 对应于8个自变量和768个观测值, 因为太大, 没有必要打印出来, 可以用下面代码来画出变量重要性图(见图5.8上面两图)和局部重要性图(见图5.8下图):

```
layout(matrix(c(1,2,3,3),nrow=2,b=T))
for(i in 1:2){
barplot(a$importance[,i],horiz =T)
title(colnames(a$importance)[i])
    }
matplot(1:8,a$local,type="l",xlab="Variable",
    ylab="Local importance",main="Local importance")
```

图5.8上面两图为变量重要性图, 可以看出, 几乎共线(相关系数很大)的X1和X2都很显著. 而下面为局部重要性图, 总体不重要的变量, 一般局部也不重要, 比如变量X6.

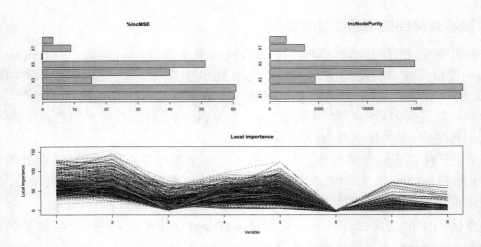

图 5.8　随机森林对例5.3拟合的变量重要性(上面两图)和局部重要性(下)图

5.5.4　部分依赖图

随机森林输出中还可以点出部分依赖图(partial dependence plot), 它是为每个自变量定义的, 是因变量对该变量的边缘依赖性, 如同边缘期望一样, 把其他变量的影响在求和中消除. 记预测函数为$f()$, 则形式上的部分依赖函数(对随机森林来说, 该函数是由计算机程序代表的, 而不是一个简单的可以用显式表达的数学公式)为:

$$\tilde{f}(x) = \frac{1}{n} \sum_{i=1}^{n} f(x, x_{iC}),$$

这里x为我们关注的变量, 而x_{iC}为除了x之外的所有自变量.

对于例5.3, 图5.9为自变量部分依赖图.

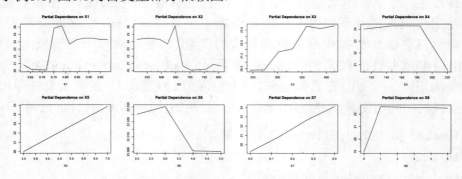

图 5.9　随机森林对例5.3拟合的变量部分依赖图

产生图5.9的代码为:

```
par(mfrow=c(2,4))
partialPlot(a,pred.data=w,X1);partialPlot(a,pred.data=w,X2)
partialPlot(a,pred.data=w,X3);partialPlot(a,pred.data=w,X4)
partialPlot(a,pred.data=w,X5);partialPlot(a,pred.data=w,X6)
```

```
partialPlot(a,pred.data=w,X7);partialPlot(a,pred.data=w,X8)
```

从图5.9可以看出, 对于因变量(注意因变量Y1的取值范围为[6.01, 43.10]), 各个变量在因变量的取值上的影响很不一样. 比如最不重要的变量X6仅仅在很小的范围和Y1有关, 而有些变量则是大范围的.

5.5.5 利用随机森林做变量选择

从前面关于自变量重要性及自变量和因变量之间关系的讨论, 很容易联想到变量选择问题. 对于随机森林, Genuer, Poggi and Tuleau-Malot(2010)建议采用下面两步的方法, 第一步是一般的, 第二步依赖于研究对象:

步骤1 初始删除和排序:
   (1) 计算随机森林的变量重要性得分, 删除不重要的那些变量;
   (2) 按照重要性降序排列剩下的m个变量.
步骤2 变量选择:
   (1) 为解释目的: 从$k = 1$到$k = m$, 构造包括头k个变量的嵌套随机森林模型, 并且选择使得OOB误差最小的模型;
   (2) 为预测目的: 从(1)中排序的变量开始, 通过逐步调用和检验变量(只有在OOB误差减少超过某阈值时才引入变量), 构造一个随机森林的上升序列, 最后的模型则被选择.

5.5.6 接近度和离群点图

随机森林输出的另一个副产品是接近度(proximity). 在拟合代码中, 如果选项`proximity=T`, 就会生成对称的接近度矩阵($n \times n$). 对于我们的数据, 它是768×768的矩阵, 其第ij个元素是对第i个观测值和第j个观测值在决策树同一个终节点的频率的一种度量(不是整数). 接近度在诸如基因等方面的许多领域有很重要的应用价值. 对于例5.3的拟合输出, 接近度矩阵为`a$proximity`.

在随机森林中, 观测值离群点定义为样本量n除以其接近度的平方和(再进行标准化). 显然, 如果接近度很大, 说明该观测值比较接近观测值主体, 这样分母就比较大, 离群点度量就小. 计算接近度需要在拟合代码中包含选项`proximity=T`. 图5.10为离群点图.

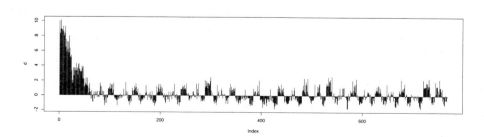

图 5.10　随机森林对例5.3拟合的离群点图

产生图5.10的代码为:

```
d=outlier(a$proximity)
plot(d, type="h")
```

5.5.7　关于误差的两个点图

随机森林随着决策树的数目增加, 误差(MSE)会降低, 而随着变量的增加, 误差也会降低. 下面代码就产生这样两个图(图5.11的左右两图):

```
rr=rfcv(w[,-9], w[,9], cv.fold=10)
par(mfrow=c(1,2))
plot(a,main="Error vs number of trees")
with(rr, plot(n.var, error.cv, type="o", lwd=2))
```

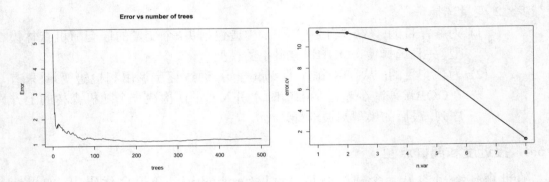

图 5.11　随机森林对例5.3拟合的决策树数目(左)及变量个数(右)与误差的关系图

图5.11(左)就是用plot(a)得到的(和plot(a$mse,type="l")相同), 其纵坐标为误差, 而横坐标为决策树的数目; 图5.11(右)是利用10折交叉验证得到的变量个数(横坐标)与误差(纵坐标)的关系. 图5.11(右)中变量数目变化的次序是按照变量重要性确定的. 从图5.11(左)可以看出, 对于例5.3, 只要一两百棵树就够了.

5.5.8　寻求节点最优竞争变量个数

在随机森林回归中, 对于每个节点, 按照函数randomForest()关于mtry选项的默认值, 只有1/3的自变量被随机选出, 其实这并不一定对所有数据都合适. 程序包randomForest中有一个函数可以自动根据OOB误差计算最优的mtry值. 对于例5.3数据, 代码为:

```
set.seed(8888);tuneRF(w[,-9], w[,9],stepFactor=1.5)
```

结果输出了搜寻过程和每一步的OOB误差及相应的点图(见图5.12):

```
  mtry  OOBError
2    2 1.0733429
```

3	3 0.4755459
4	4 0.2797097
6	6 0.2295847
8	8 0.2407982

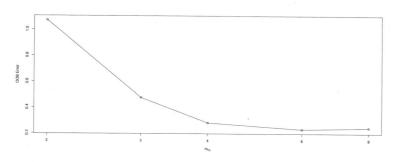

图 5.12　对例5.3做随机森林拟合选择最优竞争变量数目

读者从输出和图5.12可以看出, 对于这个数据, 当节点的竞争变量数目从4个变到6个时, 误差的确在减少, 但变化很小, 若再增加变量, 误差又会有所增加. 这也说明, 并不是mtry值越大越精确.

5.5.9　对例5.3数据做三种方法的交叉验证

下面对例5.3数据做bagging、随机森林和线性模型的10折交叉验证比较. 由于线性模型对于共线性很敏感, 为了使得线性模型能够正常运作, 除删除Y2之外, 我们还删除了和X1非常相关的变量X2. 代码如下(这里使用了2.5.2节的函数CV()):

```
w=read.csv("energy.csv");w=w[,-c(2,10)]
D=8;Z=10;mm=CV(nrow(w),Z)
gg=paste(names(w)[D],"~",".",sep="");gg=as.formula(gg)
###########
KK=3;MSE=matrix(0,Z,KK)
set.seed(1010)
J=1;for(i in 1:Z){m=mm[[i]]
M=mean((w[m,D]-mean(w[m,D]))^2)
a=bagging(gg,data=w[-m,])
MSE[i,J]=mean((w[m,D]-predict(a,w[m,]))^2)/M}
J=J+1;set.seed(1010);for(i in 1:Z){m=mm[[i]]
M=mean((w[m,D]-mean(w[m,D]))^2)
a=randomForest(gg,data=w[-m,],mtry=8)
MSE[i,J]=mean((w[m,D]-predict(a,w[m,]))^2)/M }
J=J+1;for(i in 1:Z){m=mm[[i]]
M=mean((w[m,D]-mean(w[m,D]))^2)
```

```
a=lm(gg,w[-m,])#线性回归
MSE[i,J]=mean((w[m,D]-predict(a,w[m,]))^2)/M}

MSE=data.frame(MSE)
names(MSE)=c("bagging","RF","LM")
options(digits=3)
(NMSE=apply(MSE,2,mean));MSE
```

得到图5.13和相应的表5.4.

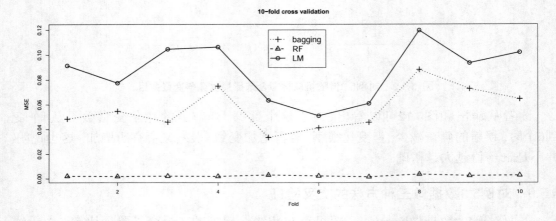

图 5.13　对例5.3数据做交叉验证来比较3个模型的NMSE

表 5.4　三种方法拟合例5.3数据交叉验证的NMSE

折次	bagging	随机森林	线性模型
1	0.04849	0.00211	0.09153
2	0.05474	0.00186	0.07746
3	0.04596	0.00215	0.10468
4	0.07497	0.00195	0.10640
5	0.03354	0.00309	0.06352
6	0.04133	0.00235	0.05111
7	0.04582	0.00163	0.06104
8	0.08828	0.00377	0.11972
9	0.07287	0.00264	0.09362
10	0.06465	0.00290	0.10211
平均	0.05706	0.00245	0.08712

　　显然, 随机森林要比bagging和线性模型的预测精度高很多, 其标准化均方误差NMSE不到线性模型的3%.

5.6　mboost回归

5.6.1　概述

本节介绍另一种非常重要的回归组合方法: mboost(model based boosting, 基于模型的助推法). 它和bagging回归有类似之处, 但要比bagging复杂一些. mboost 方法是Bühlmann and Hothorn(2007)提出的, 而且由程序包mboost[1]实现(Hothorn et al., 2015). 该程序包可用来做模型拟合、预测和变量选择, 而且非常灵活, 允许采用用户选择的损失函数来最优化boosting方法.

这里假定数据为随机变量$(\boldsymbol{X}_1, Y_1), (\boldsymbol{X}_2, Y_2), ..., (\boldsymbol{X}_n, Y_n)$的实现, 这里$\boldsymbol{X}_i$为$p$维预测变量, 即自变量, 而$Y_i$为一维响应变量, 即因变量. 为了推导出一些数学性质, 原始的文献假定这些变量或者独立同分布, 或者符合平稳过程, 但是由于我们主要依靠对预测精度的交叉验证来判断模型的优劣, 因此不需要这些非常主观的假定, 正像当数据不是独立同正态分布时照样可以使用普通最小二乘回归一样, 因为我们没必要去考察依赖于假定的各种检验的p值.

bagging和随机森林使用决策树作为自己的基本学习器, 而mboost可选择的基本学习器不仅包括决策树, 还包括其他若干方法, 同时还可以决定哪些变量或变量组合用哪些基本学习器, 同样的变量还可以同时出现在不同的学习器中(这里用$f(\boldsymbol{X})$表示变量(或组合)用学习器$f(\cdot)$的值). 最终的模型是这些学习器的加权平均. 我们的目的是根据$\boldsymbol{X} = (\boldsymbol{X}_1, \boldsymbol{X}_2, ..., \boldsymbol{X}_n)^\top$对$\boldsymbol{Y} = (Y_1, ..., Y_n)^\top$做出所谓的最优预测. 这里的"最优"准则是基于可选择的实数值域的损失函数$\rho(y, f)$. 比如, 对于广义线性模型和广义可加模型, 损失函数通常取因变量分布的负对数似然函数(线性模型的二次损失函数等价于负对数似然函数). 因此, 我们的目的是估计最优预测函数

$$f^*(\cdot) = \arg\min_f E_{\boldsymbol{Y}, \boldsymbol{X}}[\rho(\boldsymbol{Y}, f(\boldsymbol{X}))].$$

当然, 这个期望是不可能计算的, 只能用所谓的经验风险来近似:

$$\sum_{i=1}^n [\rho(\boldsymbol{Y}_i, f(\boldsymbol{X}_i))].$$

通过使得经验风险最小寻求对f^*的估计是Friedman(2001)提出的泛函梯度下降法(functional gradient descent). 其步骤如下:

(1) 给出函数f的初始值$\hat{f}^{[0]}$, 它是n维向量, 以后记第m次迭代的结果为$f^{[m]}$.

(2) 对于一组作为输入的自变量和一个一元因变量确定基本学习器. 对于不同的学习器, 输入变量可以不同, 这些输入自变量都是原始自变量的子集. 最简单的情况是一个自变量一个基本学习器, 也可以几个变量共存于一个学习器中(对某些学习器, 比如bbs(B-spline basis, B样条基)有限制). 每个基本学习器代表一个建模的选

择. 用P表示基本学习器的个数, 初始时设$m = 0$.

(3) 把迭代次数m增加1.

(4) 1) 计算负梯度$-\partial\rho(\boldsymbol{Y}, f)/\partial f$, 并在$\hat{f}^{[m-1]}(\boldsymbol{X}_i)$处算出其值:
$$U_i^{[m]} = -\frac{\partial}{\partial f}\rho(\boldsymbol{Y}, f)|_{f=\hat{f}^{[m-1]}(\boldsymbol{X}_i)}, \ i = 1, ..., n$$

2) 对第(2)步中的每个基本学习器(一共P个)都用这个负梯度向量$\boldsymbol{U}^{[m]} = (U_1^{[m]}, ..., U_n^{[m]})$来拟合数据$\boldsymbol{X}_1, \boldsymbol{X}_2, ..., \boldsymbol{X}_n$(用回归), 一共产生$P$个负梯度拟合向量.

3) 根据残差平方和(RSS)最小来选择拟合最好的基本学习器, 相应的拟合结果用$\hat{\boldsymbol{U}}^{[m]}$表示.

4) 更新目前的估计, 令$\hat{f}^{[m]} = \hat{f}^{[m-1]} + \nu\hat{\boldsymbol{U}}^{[m]}$, 这里$0 < \nu \leqslant 1$, 为实质步长因子. 也就是说, 沿着估计的负梯度向量方向进行.

(5) 重复(3)至(4)步, 直到事先确定的停止迭代限m_{stop}.

在步骤(4)的3)和4), mboost方法实行了变量选择和模型选择, 因为在每次迭代中, 只有一个基本学习器(以及与其关联的自变量)被选中来更新估计$\hat{f}^{[m]}$. 停止迭代限m_{stop}的选择可以通过交叉验证来确定. 步长因子ν的选择没有m_{stop}的选择那么重要, 因为ν很小(比如$\nu = 0.1$).

最终的组合模型是一个可加模型
$$\hat{f} = \hat{f}_1 + \cdots + \hat{f}_P,$$

这里$\hat{f}_1 + \cdots + \hat{f}_P$是所选的基本学习器及其所用的自变量. 在上面的迭代过程中, 一个学习器可能会被选中多次, 则其估计$\hat{f}_j$为相应估计$\nu\hat{\boldsymbol{U}}^{[m-1]}$的和. 一个学习器也可能一次都没有选上, 则相应的$\hat{f}_j$为零.

程序包mboost可以用mboost方法应对很多传统模型的任务, 这些任务中本书已经或将要涉及的有线性回归、中位数回归、分位数回归、logistic回归、Poisson回归、比例危险模型等, 还可以做后面要介绍的adaboost分类, 这里仅介绍线性回归.

5.6.2 例子及拟合全部数据

例 5.4 美国1985年的进口汽车数据(imports85.csv) 这是1985年美国进口汽车的各种数据[1]. 包括26个变量、205个观测值. 下面是变量的简单介绍: symboling(风险因素符号: $-3 \sim +3$, 越大, 风险越大), normalized.losses(和其他汽车比较的损失: 65~256的数量), make(生产厂家, 22个水平), fuel.type(燃料类型, 2个水平: diesel, gas), aspiration(吸气, 2个水平: std, turbo), num.of.doors(门的数量, 2个水平: four, two), body.style(车型, 5个水平: hardtop, wagon, sedan, hatchback, convertible), drive.wheels(驱动, 3个水平: 4wd, fwd, rwd), engine.location(发动机位置, 2个水平:

---

[1]Lichman, M. (2013). UCI Machine Learning Repository [http://archive.ics.uci.edu/ml]. Irvine, CA: University of California, School of Information and Computer Science. 该数据可从https://archive.ics.uci.edu/ml/datasets/Automobile下载.

front, rear), wheel.base(轴距: 86.6~120.9), length(长度: 141.1~208.1), width(宽度: 60.3~72.3), height(高度: 47.8~59.8), curb.weight(自重: 1488~4066), engine.type(发动机类型, 7个水平: dohc, dohcv, l, ohc, ohcf, ohcv, rotor), num.of.cylinders(气缸数目, 7个水平: eight, five, four, six, three, twelve, two), engine.size(单缸发动机排量: 61~326毫升), fuel.system(燃油系统, 8个水平: 1bbl, 2bbl, 4bbl, idi, mfi, mpfi, spdi, spfi), bore(缸径: 2.54~3.94), stroke(冲程: 2.07~4.17), compression.ratio(压缩比: 7~23), horsepower(马力: 48~288), peak.rpm(峰值转速: 4150~6600), city.mpg(城市油耗: 13~49英里/加仑), highway.mpg(公路油耗: 16~54英里/加仑), price(价格: 5118~45400美元). 上面的长度单位为英寸, 重量单位为磅.

　　我们把price当作因变量, 其他的当作自变量来做回归. 自变量中有很多定性变量, 有些还有很多水平, 这使得通常的线性模型无能为力. 我们在此尝试使用mboost方法来拟合.

　　有很多种拟合选择, 这里我们用两种模型来拟合, 其公式代码为:

```
gg1=
price ~ bree(symboling) + +btree(normalized.losses) + btree(make) +
    btree(fuel.type) + btree(aspiration) + btree(num.of.doors) +
    btree(body.style) + btree(drive.wheels) + btree(engine.location) +
    btree(wheel.base) + btree(length) + btree(width) + btree(height) +
    btree(curb.weight) + btree(engine.type) + btree(num.of.cylinders) +
    btree(engine.size) + btree(fuel.system) + btree(bore) +
    btree(stroke) + btree(compression.ratio) + btree(horsepower) +
    btree(peak.rpm) + btree(city.mpg) + btree(highway.mpg)
gg2=
price ~ bree(symboling, , normalized.losses, make, fuel.type,
    aspiration, num.of.doors, body.style, drive.wheels, engine.location,
    wheel.base, length, width, height, curb.weight, engine.type,
    num.of.cylinders, engine.size, fuel.system, bore, stroke,
    compression.ratio, horsepower, peak.rpm, city.mpg, highway.mpg)
```

　　可以看出, 第一个模型是每个变量对应一棵决策树, 而第二个模型则是所有变量对应一棵决策树. 这种有很多变量的公式可以用循环语句来产生, 比如上面对于例5.4的公式可用下面代码实现:

```
w=read.csv("imports85.csv");m=ncol(w);NM=names(w)
gg1=paste(NM[m],"~bree(",NM[1],")+",sep="")
for(i in 2:(m-1))gg1=paste(gg1,"+btree(",NM[i],")",sep="")
gg1=as.formula(gg1)
gg2=paste(NM[m],"~bree(",NM[1],",",sep="")
```

```
for(i in 2:(m-1))gg2=paste(gg2,",",NM[i],sep="")
gg2=as.formula(paste(gg2,")",sep=""))
```

当然, 除了btree之外, 还有很多基本学习器, 比如bbs, 但后者对于定性变量不适用. 我们输入及用mboost拟合数据的代码为(这里的选项全部用缺省值):

```
w=read.csv("imports85.csv")
library(mboost)
a1=mboost(gg1,w);a2=mboost(gg2,w)
mean(resid(a1)^2);mean(resid(a2)^2)
```

得到残差平方和的输出:

```
[1] 2155226
[1] 2780287
```

这说明第一个模型的残差平方和小于第二个模型. 现在查看第一个模型的拟合结果, 由于第一个模型中的各个变量是分开的, 我们还可以看到在默认的100次迭代中各个变量被选中的次数, 这也是变量重要性的一种度量, 代码如下:

```
TS1=table(selected(a1))
par(mai=c(.5,1.5,.5,.5))
barplot(TS1,names.arg=names(w)[TS1],horiz =T,las=2)
```

结果的条形图如图5.14所示.

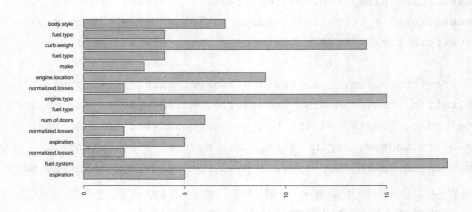

图 5.14 例5.4的mboost拟合中各个变量在100次迭代中被选中的次数

我们一共有25个自变量, 但图5.14中只出现了15个, 说明有10个变量在迭代过程中根本没有被选中过. 可以把mboost选出的变量和在随机森林中按照重要性所排列的变量做一比较, 下面是用随机森林拟合例5.4的代码和输出的变量重要性图(见图5.15).

```
library(randomForest)
set.seed(1010)
```

```
aRF=randomForest(price~.,w,importance=T)
aRF$importance

par(mai=c(1.5,1.5,.5,.5))
par(mfrow=c(1,2))
for(i in 1:2){
barplot(aRF$importance[,i],horiz =T,las=2)
title(colnames(aRF$importance)[i])}
```

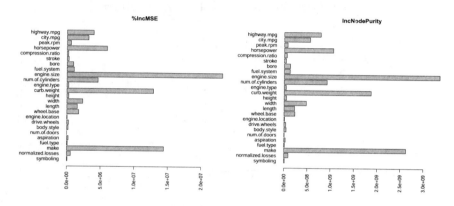

图 5.15 例5.4的随机森林拟合中各个变量的重要性图

显然, 这两种方法所确定的变量重要性很不一样, 这说明选择变量的出发点不一样, 度量不一样, 结果也不同. 到底哪种方法好, 必须用交叉验证才能确定.

5.6.3 对例5.4做几种方法的交叉验证

我们这里使用mboost, bagging和随机森林做10折交叉验证. 所用的划分10个下标集的函数CV()在2.5.2节中. 下面是具体代码:

```
library(mboost);library(ipred);library(randomForest)
D=26;Z=10;mm=CV(nrow(w),Z,9999)
NMSE=matrix(0,Z,3);J=1
set.seed(1010);for(i in 1:Z)
{m=mm[[i]];M=mean((w[m,D]-mean(w[m,D]))^2)
a=mboost(gg1,w[-m,])
NMSE[i,J]=mean((w[m,D]-predict(a,w[m,]))^2)/M}
J=J+1;set.seed(1010);for(i in 1:Z)
{m=mm[[i]];M=mean((w[m,D]-mean(w[m,D]))^2)
a=bagging(price~.,data =w[-m,])
NMSE[i,J]=mean((w[m,D]-predict(a,w[m,]))^2)/M}
J=J+1;set.seed(1010);for(i in 1:Z)
```

```
{m=mm[[i]];M=mean((w[m,D]-mean(w[m,D]))^2)
a=randomForest(price~.,data=w[-m,])
NMSE[i,J]=mean((w[m,D]-predict(a,w[m,]))^2)/M}
NMSE=data.frame(NMSE)
names(NMSE)=c("mboost","bagging","random forest")
(MNMSE=apply(NMSE,2,mean));NMSE
```

相应10折的NMSE在图5.16中. 从图5.16可以看出, 三种方法中没有一种在所有情况都占优势, 平均来看, 随机森林要好些, mboost次之, bagging较差.

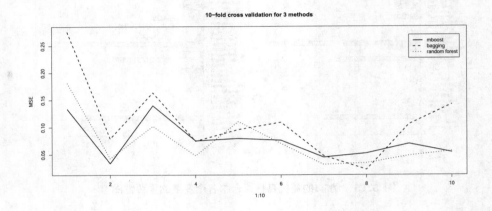

图 5.16 例5.4对三种回归方法10折交叉验证的NMSE

10折交叉验证的具体数值输出如下(对三种方法的10折NMSE的平均在第一行, 其余10行是10个NMSE):

```
[1] 0.07574047 0.11135336 0.07231774
       mboost     bagging random forest
1  0.13336502 0.27583018    0.18091895
2  0.03336049 0.07893599    0.04259774
3  0.13976506 0.16344886    0.10195156
4  0.07515417 0.07452573    0.04783737
5  0.07940564 0.09569695    0.11050202
6  0.07595558 0.10895225    0.07008448
7  0.04473409 0.04756484    0.03104026
8  0.05217406 0.02154924    0.03402075
9  0.06958609 0.10533468    0.04789431
10 0.05390445 0.14169493    0.05632999
```

5.7　人工神经网络回归

5.7.1　概述

　　人工神经网络(artificial neural networks)是对自然神经网络的模仿, 是最早的机器学习方法之一, 它可以有效地解决很复杂的有大量互相相关变量的回归和分类问题, 目前在各个领域有非常广泛的应用. 在训练神经网络时可能费些时间, 但一旦训练完毕, 代入新数据进行计算时则很快. 下面根据例5.4数据, 利用程序包nnet[1]的函数nnet()对部分自变量做神经网络回归并绘图(见图5.17). 为了使图形容易识别, 图中只选了部分变量, 这里所选的自变量是mboost和随机森林中较重要的变量(它们的列号分别为2, 1, 5, 7, 4, 6, 9): normalized.losses, symboling, aspiration, body.style, fuel.type, num.of.doors, engine.location.

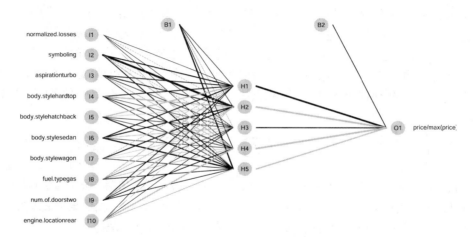

图 5.17　例5.4的有5个隐藏层节点、7个自变量及1个因变量的神经网络图

　　读入数据及绘制图5.17的代码为:

```
library(nnet)
w=read.csv("imports85.csv")
sel=c(2, 1, 5, 7, 4, 6, 9)#所选变量的列
w1=w[,c(sel,26)]
a=nnet(price/max(price) ~ ., data=w1, method="nnet",
    maxit=1000, size = 5, decay = 0.01, trace=F)
library(devtools)
source_url('https://gist.githubusercontent.com/fawda123/7471137/raw/
```

[1]Venables, W. N. & Ripley, B. D. (2002) *Modern Applied Statistics with S.* Fourth Edition. Springer, New York. ISBN 0-387-95457-0.

466c1474d0a505ff044412703516c34f1a4684a5/nnet_plot_update.r')

plot.nnet(a)

由于程序包nnet本身并不提供画图程序, 上述画图程序来自不时更新的网站https://beckmw.wordpress.com/2013/11/14/visualizing-neural-networks-in-r-update/.

图5.17是一个有7个自变量(输入)、1个因变量(输出)的神经网络的示意图. 左边代表自变量的7个节点形成输入层(input layer), 但由于我们的7个自变量中有5个是分类变量, 它们的水平数分别为2, 5, 2, 2, 2个, 因此相应于这5个变量的输入层节点为1, 4, 1, 1, 1个[1], 于是实际的输入层节点为10个. 中间8个节点形成隐藏层(hidden layer), 最右边的一个节点属于输出层(output layer), 代表因变量. 这些节点由连线连接. 此外, 还有两个节点B1和B2从上面连接到隐藏层和输出层, 它们代表截距项.

神经网络的因变量可以有多个, 隐藏层也可以有多个, 但一般一个隐藏层就够了, R程序包nnet的神经网络只有一个隐藏层. 隐藏层的节点可多可少, 节点太多可能导致过拟合, 节点太少则可能拟合不好, 可以用交叉验证来选择隐藏层的节点数目. 神经网络的原理是把上层节点的值加权平均送到下层节点, 最终到输出层节点, 然后根据误差大小反馈回前面的层, 再重新加权平均, 每个平均值都通过一个激活函数作用, 如此反复训练, 直到误差在允许范围之内. 下面的公式可以说明一般神经网络的加权过程.

$$y_j = \sigma\left(\sum_k w_{kj}z_{jk} + w_{0j}\right) = \sigma\left\{\sum_k w_{kj}\left[f\left(\sum_i w_{ik}x_i + w_{0k}\right)\right] + w_{0j}\right\}, \quad (5.2)$$

式中, w_{ik}是自变量x_i在隐藏层第k个节点的权重; w_{kj}是隐藏层第k个节点对于第j个因变量的权重(虽然都用w, 但这是两组权重); z_{jk}是相应于第j个因变量在隐藏层第k个节点的值. 这里的f和σ为激活函数, 通常定义为S形的logistic函数:

$$\frac{1}{1 + \mathrm{e}^{-x}}.$$

如何确定权重的修正呢? 不失一般性, 我们仅考虑隐藏层和输出层之间的反馈, 输入层和隐藏层之间的反馈类似. 假定向量$\boldsymbol{z}_j = \{z_{jk}\}$包含常数项1, 这样式(5.2)按照向量记号为$y_j = \sigma(\boldsymbol{w} \cdot \boldsymbol{z}_j)$, 于是修正权重的方式为朝着使得误差减少(负梯度)的方向调整:

(1) 计算误差: $\delta_j \leftarrow y_j - \sigma(\boldsymbol{w} \cdot \boldsymbol{z}_j)$.

(2) 更新神经网络权重:

$$w_k \leftarrow w_k - \alpha \cdot 梯度 = w_k + \alpha\delta_j z_{jk}\sigma'(\boldsymbol{w} \cdot \boldsymbol{z}_j).$$

注: 第二项α后面的部分是由下面导数运算得到:

$$\frac{\partial(y_j - \sigma(\boldsymbol{w} \cdot \boldsymbol{z}_j))^2}{\partial w_k} = \frac{\partial(\delta_j^2)}{\partial w_k} = -2\delta_j z_{jk}\sigma'(\boldsymbol{w} \cdot \boldsymbol{z}_j).$$

---

[1]这和回归分析中分类自变量的情况一样, 如果一个分类自变量有k个水平, 则必须有一个约束条件, 而一般软件的约束条件为第一个水平为0, 其他$k-1$个水平变成$k-1$个以1和0为哑元的变量.

反向传播(backpropagation)就是这样不断自动地更新各种权重, 直至达到一定精度为止. 这里的α是学习速率.

5.7.2　用神经网络拟合例5.4全部数据

　　用神经网络拟合例5.4全部数据的代码为:

```
w=read.csv("imports85.csv")
library(nnet)
a=nnet(price/max(price) ~ ., data=w, maxit=1000,
    size = 10, decay = 0.1, trace=F)
plot.nnet(a)
```

这里选项size是隐藏层节点个数, decay为权重衰减, maxit为最大迭代次数(如果不收敛, 则到最大迭代次数停止), trace代表是否打印出迭代过程(可以看出停止时是否收敛). 使用前面的打印代码(plot.nnet), 可以得到图5.18, 由于变量和隐藏层节点太多, 从该图不易看出具体的结构. 实际上, 如果要看神经网络的细节, 可以打印出各种输出: a$wts代表最好的权重, a$fitted.values代表训练集的拟合值, a$residuals为残差, a$convergence代表是收敛(0)还是到了最大迭代次数(1). 比如, 可以打印出拟合值和真实值的散点图(见图5.19(左))和残差对拟合值图(见图5.19(右)). 图5.19是用下面代码产生的:

```
par(mfrow=c(1,2))
plot(a$fitted*max(w$price)~w$price)
plot(a$fitted*max(w$price),a$resid)
abline(h=0,lty=2)
```

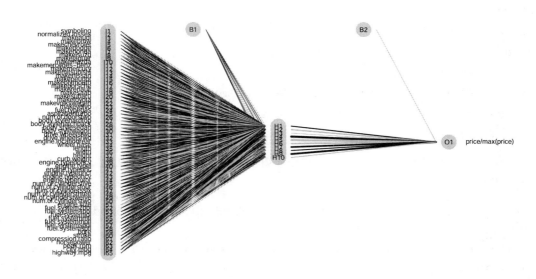

图 5.18　例5.4的有10个隐藏层节点、全部自变量及1个因变量的神经网络图

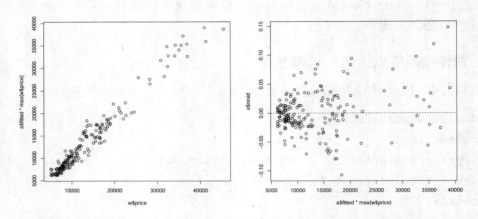

图 5.19 用神经网络拟合例5.4数据的拟合值和真实值的散点图(左)和残差对拟合值图(右)

聪明的读者可能已经注意到, 在前面用神经网络拟合例5.4全部数据的代码中, 我们用price/max(price)作为因变量, 而不是price本身. 这是因为神经网络所用的默认激活函数[1]的值域是[0,1]区间, 所以我们把因变量保持在这个区间. 但是要注意, 在预测时一定要变换回原来的尺度. 在产生图5.19的代码中, 如果a$fitted不乘max(w$price), 图形不会改变, 但尺度会改变.

5.7.3　选择神经网络的参数

神经网络隐藏层节点个数等参数的选择对预测精度有很大影响, 而选择的方法就是交叉验证. 就例5.4数据, 选择参数的程序(这里使用了程序包caret[2]中的train()函数)为:

```
w=read.csv("imports85.csv")
library(nnet);library(caret)
grid=expand.grid(.decay=c(0.5, 0.1, 0.05, 0.01),
    .size=c(9,10,11))
fit=train(price/max(price) ~ ., data=w, method="nnet",
    maxit=1000, tuneGrid=grid, trace=F)
print(fit)
```

这种格子点式的试验比较费时间, 最好少用几个点, 然后在最优方向上继续试验. 上面代码产生以下结果:

decay	size	RMSE	Rsquared	RMSE SD	Rsquared SD

---

[1]比如$1/(1+e^{-x})$.

[2]Max Kuhn. Contributions from Jed Wing, Steve Weston, Andre Williams, Chris Keefer, Allan Engelhardt, Tony Cooper, Zachary Mayer, Brenton Kenkel, the R Core Team, Michael Benesty, Reynald Lescarbeau, Andrew Ziem and Luca Scrucca. (2015) caret: Classification and Regression Training. R package version 6.0-41. http://CRAN.R-project.org/package=caret.

0.01	9	0.06425504	0.8688690	0.01484816	0.06260266
0.01	10	0.06379159	0.8703190	0.01229265	0.05109560
0.01	11	0.06579384	0.8677029	0.01440395	0.04651042
0.05	9	0.06422794	0.8673621	0.01349447	0.05701069
0.05	10	0.06264613	0.8746062	0.01196621	0.05388086
0.05	11	0.06123577	0.8773970	0.01203115	0.05838643
0.10	9	0.06204007	0.8761884	0.01102594	0.04395951
0.10	10	0.06173129	0.8799170	0.01164395	0.05099713
0.10	11	0.06269236	0.8750830	0.01218533	0.05345084
0.50	9	0.06932490	0.8518860	0.01453050	0.06629559
0.50	10	0.06945608	0.8501852	0.01327154	0.05766371
0.50	11	0.06901647	0.8515430	0.01404802	0.06037007

这个结果根据RMSE建议使用size = 11 and decay = 0.05. 注意, 对于这个数据的试验, RMSE很接近, 由于train()程序内部的交叉验证控制[1], 即便事先使用固定的随机种子, 结果也不相同, 因此, 不一定就采用所建议的参数组合. 对于有些数据, 参数对结果的影响很大, 那时就需要认真应对了.

5.7.4　对例5.4做神经网络的10折交叉验证

这里用神经网络对与5.6.3节相同的测试集和训练集(用2.5.2节的函数CV()产生)做10折交叉验证. 代码如下:

```
D=26;Z=10;
mm=CV(nrow(w),Z,9999);NMSE=NULL
set.seed(1010);for(i in 1:Z)
{m=mm[[i]];M=mean((w[m,D]-mean(w[m,D]))^2)
a=nnet(price/max(price) ~ ., data=w[-m,], maxit=1000,
    size = 10, decay = 0.1, trace=F)
NMSE=c(NMSE,mean((w[m,D]-predict(a,w[m,])*max(w$price))^2)/M)}
NMSE;mean(NMSE)
```

得到的10折交叉验证的平均NMSE为0.1162868, 比mboost的0.07574047和随机森林的0.07231774稍微差一些.

评论: 类似于经典线性回归, 神经网络回归的一个弱点是当数据中自变量有太多的定性变量或定性变量水平太多时往往无法运作, 这和神经网络的数学原理有关. 对于这类数据, 就应该使用基于决策树的各种方法.

---

[1]关于该函数的细节, 请参看http://topepo.github.io/caret/training.html.

5.8 支持向量机回归

5.8.1 概述

支持向量机(support vector machine, SVM)是非常特别的算法, 比如, 它使用核函数(kernel)及依赖于边缘的支持向量等. 支持向量机开始是针对分类问题产生的, 在回归中仍然保持其在分类问题上的主要特点: 处理非线性问题时是通过核把低维变量映射到高维变量空间. 该系统的能力是由不依赖于变量空间维数的参数所控制的.

1. 线性问题的基本思想

考虑训练数据$\{(\boldsymbol{x}_1, y_1), (\boldsymbol{x}_2, y_2), ..., (\boldsymbol{x}_\ell, y_\ell)\} \subset \mathcal{X} \times \mathbb{R}$, 这里自变量空间$\mathcal{X}$常常为$\mathbb{R}^p$. 按照Vapnik(1995), 在$\epsilon$支持向量机回归中, 目的是寻找一个函数$f(x)$, 该函数必须尽可能地"扁平"(也就是尽可能地简单), 并且对于训练集的所有因变量值y_i最多偏离ϵ, 也就是说, 我们不关心小于ϵ的误差, 但不能接受大于它的.

首先考虑线性函数

$$f(\boldsymbol{x}) = \langle \boldsymbol{w}, \boldsymbol{x} \rangle + b, \quad \boldsymbol{x}, \boldsymbol{w} \in \mathcal{X}, \tag{5.3}$$

式中符号$\langle \cdot, \cdot \rangle$表示在$\mathcal{X}$中的内积. 扁平性在这里意味着寻找很小的$\boldsymbol{w}$, 一种方法为使得欧氏范数平方$\|\boldsymbol{w}\|^2 = \langle \boldsymbol{w}, \boldsymbol{w} \rangle$最小. 形式上, 这个问题可以写成下面凸函数最优问题:

$$\min_{\boldsymbol{w}} \frac{1}{2}\|\boldsymbol{w}\|^2, \text{ 约束为: } \begin{cases} y_i - \langle \boldsymbol{w}, \boldsymbol{x}_i \rangle - b \leqslant \epsilon, \forall i; \\ \langle \boldsymbol{w}, \boldsymbol{x}_i \rangle + b - y_i \leqslant \epsilon, \forall i. \end{cases} \tag{5.4}$$

该式子的假定为, 对于几乎所有的$(\boldsymbol{x}_i, y_i)$, 这样的ϵ精确度的问题的解存在, 但是, 式(5.4)的条件似乎过于苛刻, 所以, 人们引入松弛变量ξ, ξ^*来放宽条件, 以允许一些误差的存在. 这样, 就有下面放宽条件的最优问题:

$$\min_{\boldsymbol{w}} \frac{1}{2}\|\boldsymbol{w}\|^2 + C\sum_{i=1}^{\ell}(\xi_i + \xi_i^*), \text{ 约束为: } \begin{cases} y_i - \langle \boldsymbol{w}, \boldsymbol{x}_i \rangle - b \leqslant \epsilon + \xi_i, \forall i; \\ \langle \boldsymbol{w}, \boldsymbol{x}_i \rangle + b - y_i \leqslant \epsilon + \xi_i^*, \forall i. \\ \xi_i \geqslant 0, \xi_i^* \geqslant 0, \forall i. \end{cases} \tag{5.5}$$

这里的$C(> 0)$称为正则化参数或正则常数(regularization constant), 它确定扁平性与对ϵ偏离的容忍度之间的平衡. 式(5.5)的约束相应于所谓的ϵ不敏感损失函数(ϵ-insensitive loss function):

$$\rho_\epsilon(z) = \begin{cases} 0, & |z| \leqslant \epsilon; \\ |z| - \epsilon, & |z| > \epsilon. \end{cases} \tag{5.6}$$

对于我们的回归问题, 损失函数的变元z为$f(\boldsymbol{x}_i) - y_i$. 图5.20为对这种情况的描述, 左图为关于数据、函数$f(x)$、ϵ、ξ的描述; 右图为对损失函数$\rho_\epsilon(\cdot)$的描述.

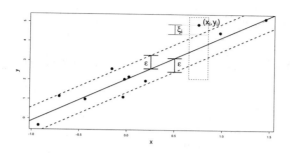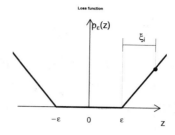

图 5.20 松弛边缘损失设置(左)和ϵ不敏感损失函数(右)

由式(5.6)定义的损失函数使得在问题中所有距离目标在ϵ之内的点对于损失不起作用, 在以后的推导中, 只有在此距离之外的点才会有意义, 这些点就是支持向量.

2. 线性问题的最优化解

根据Mangasarian (1969), McCormick (1983), Vanderbei (1997)以及Smola and Schölkopf (2004), 这里考虑用下面的Lagrange函数来解问题(5.5):

$$
\begin{aligned}
L = {} & \frac{1}{2}\|\boldsymbol{w}\|^2 + C\sum_{i=1}^{\ell}(\xi_i + \xi_i^*) - \sum_{i=1}^{\ell}(\eta_i\xi_i + \eta_i^*\xi_i^*) \\
& - \sum_{i=1}^{\ell}\alpha_i(\epsilon + \xi_i - y_i + \langle\boldsymbol{w}, \boldsymbol{x}_i\rangle + b) \\
& - \sum_{i=1}^{\ell}\alpha_i^*(\epsilon + \xi_i^* + y_i - \langle\boldsymbol{w}, \boldsymbol{x}_i\rangle - b)
\end{aligned} \tag{5.7}
$$

其中, $\eta_i, \eta_i^*, \alpha_i, \alpha_i^*$为Lagrange乘数, 它们均必须为非负的. 这个Lagrange函数由目标函数(称为原始(primal)目标函数)及引入成对变量的约束组成. 可以证明, 这个函数对于原始目标变量和成对变量有一个鞍点.

使函数L关于原始变量$\boldsymbol{w}, b, \xi_i, \xi_i^*$取偏导数并令其为零:

$$
\frac{\partial}{\partial b}L = \sum_{i=1}^{\ell}(\alpha_i^* - \alpha_i) = 0, \tag{5.8}
$$

$$
\frac{\partial}{\partial \boldsymbol{w}}L = \boldsymbol{w} - \sum_{i=1}^{\ell}(\alpha_i - \alpha_i^*)\boldsymbol{x}_i = \boldsymbol{0}, \tag{5.9}
$$

$$
\frac{\partial}{\partial \xi_i}L = C - \alpha_i - \eta_i = 0, \tag{5.10}
$$

$$
\frac{\partial}{\partial \xi_i^*}L = C - \alpha_i^* - \eta_i^* = 0. \tag{5.11}
$$

把这些结果代入式(5.7)得到成对最优问题:

最小化: $\displaystyle\frac{1}{2}\sum_{i,j=1}^{\ell}(\alpha_i - \alpha_i^*)(\alpha_j - \alpha_j^*)\langle\boldsymbol{x}_i, \boldsymbol{x}_j\rangle - \epsilon\sum_{i=1}^{\ell}(\alpha_i + \alpha_i^*) + \sum_{i=1}^{\ell}y_i(\alpha_i - \alpha_i^*),$ (5.12)

约束为: $\sum_{i=1}^{\ell}(\alpha_i - \alpha_i^*) = 0, \ \alpha_i, \alpha_i^* \in [0, C].$

在推导式(5.12)时已经通过式(5.10)和式(5.11)把η_i, η_i^*消去了. 记我们最优问题关于$\alpha, \alpha^*, \boldsymbol{w}, b$的解分别为$\bar{\alpha}, \bar{\alpha}^*, \bar{\boldsymbol{w}}, \bar{b}.$

由式(5.9), 有

$$\bar{\boldsymbol{w}} = \sum_{i=1}^{\ell}(\bar{\alpha}_i - \bar{\alpha}_i^*)\boldsymbol{x}_i,$$

即得到

$$f(\boldsymbol{x}) = \sum_{i=1}^{\ell}(\bar{\alpha}_i - \bar{\alpha}_i^*)\langle \boldsymbol{x}_i, \boldsymbol{x}\rangle + \bar{b}. \tag{5.13}$$

式(5.13)为所谓的支持向量展开(support vector expansion).

注意, 这里的函数是由训练集的支持向量表示的, 独立于空间$\mathcal{X}$的维数. 这里的方法完全依赖于数据的内积; 根据式(5.13), 计算函数$f(\boldsymbol{x})$也不用得到$\boldsymbol{w}$的显式表达式, 只需要通过训练集的线性组合就行了, 这有助于把支持向量机回归方法推广到非线性的情况.

根据优化问题的所谓KKT条件(Karush, 1939; Kuhn and Tucker, 1951), 可以得到下面乘积为零的关系:

$$\bar{\alpha}_i(\epsilon + \xi_i - y_i + \langle \bar{\boldsymbol{w}}, \boldsymbol{x}_i\rangle + \bar{b}) = 0,$$
$$\bar{\alpha}_i^*(\epsilon + \xi_i^* + y_i - \langle \bar{\boldsymbol{w}}, \boldsymbol{x}_i\rangle - \bar{b}) = 0; \tag{5.14}$$

$$(C - \bar{\alpha}_i)\xi_i = 0;$$
$$(C - \bar{\alpha}_i^*)\xi_i^* = 0. \tag{5.15}$$

由式(5.15), 只有相应于$\bar{\alpha}_i^* = C, \bar{\alpha}_i = C$的样本$(\boldsymbol{x}_i, y_i)$位于$f$周围的$\epsilon$不敏感区域之外. 而且由式(5.14), $\bar{\alpha}_i\bar{\alpha}_i^* = 0$, 即一组成对变量$\bar{\alpha}_i, \bar{\alpha}_i^*$不可能同时都不等于零. 如果$\bar{\alpha}_i \in (0, C)$, 则$\xi_i = 0$; 而如果$\bar{\alpha}_i^* \in (0, C)$, 则$\xi_i^* = 0$. 因此, 我们有

$$\bar{b} = \begin{cases} y_i - \langle \bar{\boldsymbol{w}}, \boldsymbol{x}_i\rangle - \epsilon, & \bar{\alpha}_i \in (0, C); \\ y_i - \langle \bar{\boldsymbol{w}}, \boldsymbol{x}_i\rangle + \epsilon, & \bar{\alpha}_i^* \in (0, C). \end{cases} \tag{5.16}$$

支持向量展开式(5.13)仅仅基于满足$|f(\boldsymbol{x}_i) - y_i| \geqslant \epsilon$的样本点. 只有对于这些数据, Lagrange乘数才可能非零. 对于在ϵ范围内的样本点, 即满足$|f(\boldsymbol{x}_i) - y_i| < \epsilon$的点, 式(5.14)的第二个因子不等于0, 因此$\bar{\alpha}_i, \bar{\alpha}_i^*$必须为零以满足KKT条件. 也就是说$\bar{\boldsymbol{w}}$关于$\boldsymbol{x}_i$的展开式并不需要所有的样本点, 这称为稀疏性(sparsity). 这些样本点就称为支持向量(support vector).

按照稀疏性, 前面的式(5.16)可以写成

$$\bar{b} = -\frac{1}{2}\langle \bar{\boldsymbol{w}}, (\bar{\boldsymbol{x}}_r + \bar{\boldsymbol{x}}_s)\rangle, \tag{5.17}$$

这里$\bar{\boldsymbol{x}}_r$和$\bar{\boldsymbol{x}}_s$分别对应于α或α^*不为零的支持向量.

3. 非线性问题及核

对于非线性问题, 可以把自变量映射 $(\boldsymbol{x} \mapsto \Phi(\boldsymbol{x}))$ 到更高维数的新自变量空间, 把非线性问题转换成线性问题. 然而, 这类映射的方式太多, 即使限于多项式投影, 也是天文数字. 但是由于我们的问题是对偶的内积形式, 可以通过核(kernel)来解决:

$$k(\boldsymbol{x}, \boldsymbol{x}^{\top}) = \langle \Phi(\boldsymbol{x}), \Phi(\boldsymbol{x}^{\top}) \rangle. \tag{5.18}$$

通过核就避免了寻找 $\Phi(\cdot)$ 显式表达式的麻烦. 这时式(5.12)成为下面的优化问题:

最小化: $\dfrac{1}{2} \displaystyle\sum_{i,j=1}^{\ell} (\alpha_i - \alpha_i^*)(\alpha_j - \alpha_j^*)k(\boldsymbol{x}, \boldsymbol{x}^{\top}) - \epsilon \sum_{i=1}^{\ell} (\alpha_i + \alpha_i^*) + \sum_{i=1}^{\ell} y_i(\alpha_i - \alpha_i^*),$　(5.19)

约束为: $\displaystyle\sum_{i=1}^{\ell} (\alpha_i - \alpha_i^*) = 0, \ \alpha_i, \alpha_i^* \in [0, C].$

类似地, 有

$$\bar{\boldsymbol{w}} = \sum_{i=1}^{\ell} (\bar{\alpha}_i - \bar{\alpha}_i^*) \Phi(\boldsymbol{x}_i),$$

即得支持向量展开

$$f(\boldsymbol{x}) = \sum_{i=1}^{\ell} (\bar{\alpha}_i - \bar{\alpha}_i^*) k(\boldsymbol{x}_i, \boldsymbol{x}) + \bar{b}. \tag{5.20}$$

至于什么样的核可以作为映射函数的内积等问题, 我们不在这里讨论, 那属于数学家的课题. 我们只要使用大家经常用的一些核就行了. 在软件中, 可能会有下面一些核函数:

- 线性核: $\langle \boldsymbol{u}, \boldsymbol{v} \rangle$;
- 多项式核: $(\gamma \langle \boldsymbol{u}, \boldsymbol{v} \rangle + c)^p$;
- S形核: $\tanh(\gamma \langle \boldsymbol{u}, \boldsymbol{v} \rangle + c)$;
- 径向基函数核: $\exp(-\gamma \| \boldsymbol{u} - \boldsymbol{v}^{\top} \|^2)$;
- Laplace核: $\exp(-\gamma \| \boldsymbol{u} - \boldsymbol{v}^{\top} \|)$;
- Bessel核: $(-\text{Bessel}_{(\nu+1)}^n \gamma \| \boldsymbol{u} - \boldsymbol{v}^{\top} \|^2)$.

5.8.2　用支持向量机拟合例5.2全部数据

考虑用支持向量机拟合例5.2全部数据. 这里使用程序包e1071[1]中的函数svm(). 拟合的具体代码为:

```
library(e1071)
w=read.csv("airfoil.csv")
set.seed(1010);a=svm(Pressure ~ .,w,cross=10);summary(a)
```

[1]David Meyer, Evgenia Dimitriadou, Kurt Hornik, Andreas Weingessel and Friedrich Leisch (2014). e1071: Misc Functions of the Department of Statistics (e1071), TU Wien. R package version 1.6-4. http://CRAN.R-project.org/package=e1071.

上面选项cross=10是让程序自动进行10折交叉验证. 得到的汇总输出为:

```
Call:
svm(formula = Pressure ~ ., data = w)


Parameters:
   SVM-Type:  eps-regression
 SVM-Kernel:  radial
       cost:  1
      gamma:  0.2
    epsilon:  0.1


Number of Support Vectors:  1155
10-fold cross-validation on training data:


Total Mean Squared Error: 10.49872
Squared Correlation Coefficient: 0.7803243
Mean Squared Errors:
 11.35589 7.494447 9.048922 10.05086 10.27973
 9.922631 9.312262 13.08572 9.326642 15.09037
```

上面输出表明, 默认的核为径向基函数(radial basis)核, 核参数中的$\gamma = 0.2$, ϵ不敏感损失函数默认$\epsilon = 0.1$, 支持向量的数目为1155个, 而交叉验证的总均方误差为10.49872. 输出中还有10折交叉验证中每一次的均方误差. 把总均方误差换算成标准化均方误差, 为0.2189723(当然这有随机性).

实际上, 输出的还有所有的标准化的支持向量、拟合值、残差等, 以供进一步的分析.

5.8.3 对例5.2数据做五种方法的交叉验证

我们可以做K折交叉验证(这里使用了2.5.2节用过的函数CV()). 我们利用10折交叉验证来比较bagging、mboost、随机森林、神经网络和SVM的预测的平均MSE和NMSE. 代码为:

```
w=read.csv("airfoil.csv")
library(ipred);library(mboost);library(randomForest)
library(kernlab);library(e1071);library(nnet)
D=6;K=10;mm=CV(nrow(w),K,1111)
gg=Pressure~.
gg1=Pressure ~ btree(Frequency) + btree(Angle) +
    btree(Chord) + btree(Velocity) + btree(Thickness)
```

```
NMSE=matrix(99,K,5);J=1
set.seed(1010);for(i in 1:K)
{m=mm[[i]];M=mean((w[m,D]-mean(w[m,D]))^2)
a=bagging(gg,data =w[-m,])
NMSE[i,J]=mean((w[m,D]-predict(a,w[m,]))^2)/M}
J=J+1;set.seed(1010);for(i in 1:K)
{m=mm[[i]];M=mean((w[m,D]-mean(w[m,D]))^2)
a=mboost(gg1,data =w[-m,])
NMSE[i,J]=mean((w[m,D]-predict(a,w[m,]))^2)/M}
J=J+1;set.seed(1010);for(i in 1:K)
{m=mm[[i]];M=mean((w[m,D]-mean(w[m,D]))^2)
a=randomForest(gg,data=w[-m,])
NMSE[i,J]=mean((w[m,D]-predict(a,w[m,]))^2)/M }
J=J+1;set.seed(1010);for(i in 1:K){
m=mm[[i]];M=mean((w[m,D]-mean(w[m,D]))^2)
a=nnet(Pressure/max(w[,D])~., data=w[-m,],size=6,decay=0.05,trace=F)
NMSE[i,J]=mean((w[m,D]-predict(a,w[m,])*max(w[,D]))^2)/M}
J=J+1;for(i in 1:K)
{m=mm[[i]];M=mean((w[m,D]-mean(w[m,D]))^2)
a=svm(gg,w[-m,])#e1071
NMSE[i,J]=mean((w[m,D]-predict(a,w[m,]))^2)/M }
NMSE=data.frame(NMSE)
names(NMSE)=c("bagging","mboost","RF","nnet","svm")
(MNMSE=apply(NMSE,2,mean))
```

得到各方法10个NMSE的平均:

bagging	mboost	RF	nnet	svm
0.294	0.488	0.268	0.625	0.223

　　从输出中可以看出, 对于某些数据表现非常突出的mboost和nnet对于例5.2的数据表现并不佳, 而SVM却表现得非常出色, 超过了随机森林, 甚至一般不如mboost的bagging表现也很不错. 这也说明, 绝对不能说某种方法一定比另一种好, 对于某一数据表现优秀的模型, 对另一数据表现可能不好, 反之亦然. 当然, 如果改变各个模型的选项, 结果还可能会变化.

　　评论: 类似于经典线性回归和神经网络, 支持向量机回归的一个弱点是当数据的自变量有太多的定性变量或定性变量水平太多时往往无法运作, 这和其数学结构有关. 对于这类数据, 就应该使用基于决策树的各种方法.

5.9　k最近邻回归

5.9.1　概述

最简单的回归方法可能就是k最近邻(k-nearest neighbors)方法了. 它根据测试集自变量观测值与训练集自变量观测值距离最近的k个点对测试集的因变量做加权平均来预测. 图5.21描述了对于简单一元回归使用两种核函数加权以及不同k值的效果. 显然, k越大, 预测的图形越光滑.

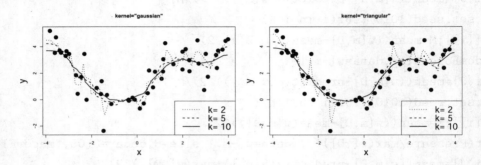

图 5.21　k最近邻方法对于不同核函数和不同k值的示意图

对于训练集$\{(y_i, \boldsymbol{x}_i), i = 1, ..., L\}$, 这里$\boldsymbol{x}_i = (x_{i1}, x_{i2}, ..., x_{ip})^\top$代表自变量的值, 最近邻的确定是基于所选择的距离函数$d(\cdot, \cdot)$. 显然, 有3个度量是必须选择的: 距离的定义、核函数以及k.

对于距离, 我们考虑比较一般的Minkowski距离

$$d(\boldsymbol{x}_i, \boldsymbol{x}_j) = \left(\sum_{s=1}^{p} |x_{is} - x_{js}|^q \right)^{1/q}.$$

当$q = 2$时, 这是欧氏距离; 当$q = 1$时, 为绝对距离.

对于所定义的距离d, 下面列举一些常用的核函数:

- 矩形核: $\frac{1}{2} \boldsymbol{I}(|d| \leqslant 1)$, 这实际上没有加权.
- 三角核: $(1 - |d|) \boldsymbol{I}(|d| \leqslant 1)$.
- Epanechnikov核: $\frac{3}{4}(1 - d^2) \boldsymbol{I}(|d| \leqslant 1)$.
- 四次或双权核: $\frac{14}{15}(1 - d^2)^2 \boldsymbol{I}(|d| \leqslant 1)$.
- 三权核: $\frac{35}{32}(1 - d^2)^3 \boldsymbol{I}(|d| \leqslant 1)$.
- 余弦核: $\frac{\pi}{4} \cos\left(\frac{\pi}{2} d\right) \boldsymbol{I}(|d| \leqslant 1)$.
- 高斯核: $\frac{1}{\sqrt{2\pi}} \exp\left(-\frac{d^2}{2}\right)$.
- 倒数核: $\frac{1}{|d|}$.

根据经验, 除了矩形核之外的权重类型选择对于预测并不是很重要的. 记$\boldsymbol{x}_{(\ell)}$为一个新数据点的第ℓ近邻点. 由于这些核函数需要一个窗宽或者散布参数, 通常用标准化

距离来解决这个问题. 标准化距离为:

$$D(\boldsymbol{x}, \boldsymbol{x}_{(i)}) = \frac{d(\boldsymbol{x}, \boldsymbol{x}_{(i)})}{d(\boldsymbol{x}, \boldsymbol{x}_{(k+1)})}, \quad i = 1, ..., k.$$

显然 $D(\boldsymbol{x}, \boldsymbol{x}_{(i)}) \in [0, 1]$. 在实践中, 往往加上一个小的正值于 $d(\boldsymbol{x}, \boldsymbol{x}_{(k+1)})$, 以避免分母为0.

5.9.2　对例5.2数据做k最近邻方法的交叉验证

这里使用程序包kknn[1]的函数kknn()做k最近邻拟合, 该函数默认的 $k = 7$, 默认的距离为欧氏距离, 而默认的核函数为"optimal", 即 $(2(d + 4)/(d + 2))^{(d/(d+4))} k$.

下面我们还接着5.8.3节的交叉验证代码, 对例5.2数据补充做k最近邻方法回归的10折交叉验证(用同样的测试集和训练集):

```
library(kknn)
E=NULL;for(i in 1:K)
{m=mm[[i]];M=mean((w[m,D]-mean(w[m,D]))^2)
a=kknn(Pressure~.,w[-m,],w[m,])
E=c(E,mean((w[m,D]-a$fitted)^2)/M)}
NMSE$knn=E
MNMSE=apply(NMSE,2,mean)
```

图5.22展示了6种方法10折交叉验证的NMSE(左)和平均的NMSE(右). 从图中可以看出, 最简单的k最近邻方法居然是误差最小的方法.

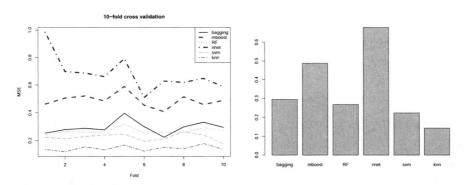

图 5.22　对例5.2数据做6种方法10折交叉验证的NMSE(左)和平均NMSE(右)

对应于图5.22的数值输出为:

bagging	mboost	RF	nnet	svm	knn
0.294	0.488	0.268	0.681	0.223	0.143

bagging	mboost	RF	nnet	svm	knn

---

[1]Klaus Schliep & Klaus Hechenbichler (2014). kknn: Weighted k-Nearest Neighbors. R package version 1.2-5. http://CRAN.R-project.org/package=kknn.

1	0.254	0.462	0.241	0.984	0.224 0.136
2	0.279	0.505	0.265	0.698	0.212 0.119
3	0.288	0.520	0.261	0.687	0.229 0.154
4	0.277	0.484	0.259	0.660	0.239 0.132
5	0.396	0.588	0.319	0.791	0.245 0.167
6	0.299	0.453	0.253	0.508	0.194 0.123
7	0.223	0.407	0.258	0.627	0.211 0.150
8	0.298	0.513	0.257	0.618	0.262 0.139
9	0.331	0.458	0.291	0.646	0.239 0.177
10	0.294	0.487	0.272	0.586	0.174 0.135

评论: 很多人认为, k最近邻方法的一个缺陷是它对于训练集之外的点的预测不会很好, 的确有这个问题. 实际上所有的统计模型都有对训练集之外的数据预测不准确的问题. 不仅如此, 如果数据有很多定性自变量, 那么对各个变量之间的距离的不同定义还会产生不同的结果.

5.10　习 题

1. 用代码w=read.csv("auto.mpg.csv")读入汽车耗油数据.[1]该数据的变量为mpg(耗油量: 每加仑英里数), cylinders (气缸数), displacement (排量), horsepower (马力), weight (重量), acceleration (加速), model.year (型号年), origin (来源: 3个之一), car.name (牌子).
   (1) 用代码w[,8]=factor(w[,8])把哑元表示的定性变量origin(第8个变量)因子化.
   (2) 用代码library(missForest);w=missForest(w[,-9])$ximp对去除最后一个变量car.name(第9个)之后的数据弥补缺失值. (请思考为什么去除最后一个变量.)
   (3) 请用各种回归方法以mpg为因变量做回归, 并用交叉验证来比较各种方法预测的标准化均方误差. 可以用前面提供的Fold()函数来产生交叉验证集, 并平衡第8个变量origin的各个水平, 比如做10折交叉验证, 可用代码mm=Fold(10,w,8,8888)把下标集储存在对象mm中.
2. 用代码w=read.csv("CommViolPredUnnormalizedData.csv")读入社区和犯罪数据.[2] 该数据中的美国社会经济数据来自美国普查局1990年的普查, 执法数据来自1990年US LEMAS调查, 犯罪数据来自1995年FBI UCR. 一共有2215个观测值和147个变量, 而且有缺失值.

---

[1]Lichman, M. (2013) UCI Machine Learning Repository [http://archive.ics.uci.edu/ml]. Irvine, CA: University of California, School of Information and Computer Science. 数据网址: https://archive.ics.uci.edu/ml/datasets/Auto+MPG.

[2]Creator: Michael Redmond (redmond lasalle.edu); Computer Science; La Salle University; Philadelphia, PA, 19141, USA. 网址: https://archive.ics.uci.edu/ml/datasets/Communities+and+Crime.

(1) 理解数据各个变量的含义.

(2) 用代码

```
library(missForest);v=missForest(w[,-c(1:5)])$ximp
```

弥补缺失值, 并去掉前面5个变量(为什么?). 新数据集为v.

(3) 你可以对所有比例变量做对数变换(也可不做).

(4) 自己选择因变量, 比如, 选择ViolentCrimesPerPop(每10万人中暴力犯罪人数)作为因变量, 然后用各种方法做回归.

(5) 用交叉验证来比较各种方法预测的标准化均方误差. 可以尝试用第5个变量fold(即w[,5])提供的10个下标集来做10折交叉验证. 这时第i $(i = 1, ..., 10)$个测试集和训练集的代码为v[w[,5]==i,]及v[w[,5]!=i,].

第六章 生存分析及Cox模型*

6.1 基本概念

生存分析方法研究一个感兴趣的事件发生的时间. 事件可以是死亡、受伤、生病、康复、结婚、离婚, 等等. 这些事件可以是二分类变量, 即发生或不发生, 也可以是连续变量的一个有意义的阈值, 比如临床上的CD4细胞计数. 发生事件的时间或者没有事件发生的持续时间可以是小时、天、周、年, 等等.

生存分析的对象通常被观察一段时间直到某种事件发生. 这能不能把时间当作因变量而其他变量作为自变量用线性回归模型来研究呢? 要这样做必须做变换, 把正实轴上的时间变换到整个实轴, 此外, 线性回归模型很难应对删失(censored)的观测值. 所谓删失, 就是一直注视的对象消失了, 不知事件是否以及何时发生. 比如病人退出治疗, 没有下文了, 这称为右删失, 也是最被重视的删失. 但右删失不是失去全部信息, 至少人们知道该病人活过了那个退出治疗的时间.

在生存分析中时间通常是两个变量的结果: 一个是事件发生前所经历的时间, 也就是发生事件的时间, 比如对象i的死亡或删失的时间t_i; 而另一个是删失状况, 比如用$c_i = 0$记第i个对象的时间t_i是删失的, 而$c_i = 1$是没有删失的.

假定T为代表生存时间的随机变量, 那么其密度函数$f(t)$定义为:

$$f(t) = \lim_{\Delta t \to 0} \frac{P(t \leqslant T \leqslant t + \Delta t)}{\Delta t}.$$

记其累积分布函数为$F(t) = P(T \leqslant t)$. 而(累积)生存函数(survival function)$S(t)$定义为:

$$S(t) = P(T > t) = 1 - F(t).$$

此外, 还有代表即时事件发生率的危险函数(hazard function)$h(t)$, 定义为:

$$\begin{aligned}
h(t) &= \lim_{\Delta t \to 0} \frac{P(t \leqslant T \leqslant t + \Delta t | T \geqslant t)}{\Delta t} \\
&= \lim_{\Delta t \to 0} \frac{F(t + \Delta t) - F(t)}{[1 - F(t)]\Delta t} = \frac{f(t)}{S(t)} = \frac{\mathrm{d}}{\mathrm{d}t}[-\ln S(t)].
\end{aligned}$$

累积危险函数为$H(t) = \int_0^t h(u)\mathrm{d}u$. 生存函数、危险函数、累积危险函数在数学上是等价的, 知道其中之一, 就可以推导出其他函数.

我们下面通过一个例子来描述生存分析所用的各种方法.

例 6.1 艾滋病数据(uissurv1.csv) 该数据来自马萨诸塞大学AIDS的UIS研究组[1], 参见Hosmer, Lemeshow, and May (2008). 该数据有628个观测值、11个变量(原

---

[1]University of Massachusetts AIDS Research Unit (UMARU) IMPACT Study (UIS). Provided by Drs. Jane McCusker, Carol Bigelow and Anne Stoddard. 该数据可从https://www.umass.edu/ statdata/statdata/data/uis-surv.txt 下载.

数据还包括序号, 所以有12个变量, 这里删除了序号).

下面是数据变量情况:

(1) age: 参加研究时的年龄, 单位: 岁.
(2) beck: 贝克抑郁评分, 取值范围从0.000到54.000.
(3) hercoc: 参加研究前3个月的海洛因或可卡因的使用: 1=海洛因和可卡因; 2=仅海洛因; 3=仅可卡因; 4=都没有.
(4) ivhx: 参加研究时的用药历史, 1=从未有, 2=曾经有过, 3=最近有过.
(5) ndrugtx: 过去药物治疗次数, 从0到40次.
(6) race: 种族, 0=白人, 1=非白人.
(7) treat: 随机确定的治疗, 0=短期, 1=长期.
(8) site: 治疗地点, 0=A, 1=B.
(9) los: 治疗期长(从参加到退出), 单位: 日.
(10) time: 从参加研究到复发的时间, 单位: 日.
(11) censor: 删失, 1=没删失, 0=删失.

可以看出, 第3, 4, 6, 7, 8个变量都是用哑元表示的定性变量, 因此需要在R程序中因子化, 而第11个变量(删失信息)虽然也是用哑元表示的定性变量, 但在生存分析软件中, 还可以保持0-1的数字, 不过在回归中可以因子化. 实际上, 对于有0-1两个水平的定性变量可以不转换成因子, 结果是一样的, 但软件输出形式不同.

6.2 生存函数的Kaplan-Meier估计

根据数据估计生存函数的最常用方法是Kaplan-Meier估计. 在介绍Kaplan-Meier估计之前, 先看这种估计的结果. 在本章, 我们使用程序包survival.[1] 图6.1是例6.1的一些生存函数图, 这里除了左上角包括95%逐点置信区间的图是对于所有情况的之外, 其余的图是对第3, 4, 6, 7, 8个变量(均为定性变量)不同水平的生存函数图. 这些生存函数是用Kaplan-Meier处理删失值的方法根据数据估计的, 该图是用下面的代码实现的:

```
w=read.csv("uissurv1.csv");nn=c(3:4,6:8)
for(i in nn)w[,i]=factor(w[,i])
library(survival);a=Surv(w$time, w$censor)
par(mfrow=c(2,3))
plot(survfit(a~1,conf.int=0.95, conf.type="log"),
    main="Kaplan-Meier estimate with 95% confidence bounds")
plot(survfit(a~hercoc,w),main="Heroin/Cocaine Use",lty=1:4)
legend("topright",paste("hercoc=",levels(w$hercoc)),lty=1:4)
```

---

[1]Therneau T (2015). A Package for Survival Analysis in S. version 2.38, <URL: http://CRAN.R-project.org/package=survival>.

```
plot(survfit(a~ivhx,w),main="Drug use history",lty=1:3)
legend("topright",paste("ivhx=",levels(w$ivhx)),lty=1:3)
plot(survfit(a~race,w),main="Race",lty=1:2)
legend("topright",paste("race=",levels(w$race)),lty=1:2)
plot(survfit(a~treat,w),main="Treatment",lty=1:2)
legend("topright",paste("treat=",levels(w$treat)),lty=1:2)
plot(survfit(a~site,w),main="Site",lty=1:2)
legend("topright",paste("site=",levels(w$site)),lty=1:2)
```

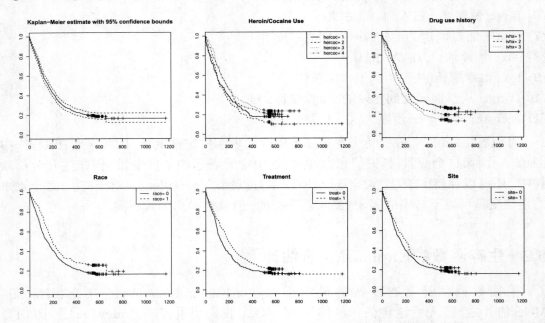

图 6.1 例6.1 的关于各定性变量诸水平的生存函数图(左上角是对所有数据并包括95%逐点置信区间的图)

从图6.1可以看出, 正如定义的一样, 生存函数都是随着时间下降的函数, 所有用十字标出来的位置都是删失出现的地方. 图6.1还直观地显示了对于不同变量的不同水平, 生存函数有什么差别以及差别的大小.

Kaplan-Meier估计是生存函数$S(t)$的一种非参数估计, 结果为一个在时间点($0 < t_1 < t_2 < \cdots$)上的阶梯函数. 如果在时间t_i有d_i个事件发生, 而Y_i代表在时刻t_i处于风险中的对象数目, 也就是说, 在时间t_i之前事件还未发生在Y_i个对象上. 生存函数的Kaplan-Meier估计及其方差为:

$$\hat{S}(t) = \begin{cases} 1, & t < t_i \\ \prod_{t_i \leqslant t} \left[1 - \frac{d_i}{Y_i}\right], & t_i \leqslant t \end{cases}$$

$$\hat{V}ar[\hat{S}(t)] = [\hat{S}(t)]^2 \hat{\sigma}_S^2(t) = [\hat{S}(t)]^2 \sum_{t_i \leqslant t} \frac{d_i}{Y_i(Y_i - d_i)}.$$

生存函数有两种置信区间: 一种是利用上面估计的方差构造的, 像正态分布变量的置信区间一样; 另一种称为log-log置信区间. 这两种区间的定义如下:

$$\left(\hat{S}(t) - Z_{1-\alpha/2}\hat{\sigma}_S(t)\hat{S}(t), \hat{S}(t) + Z_{1-\alpha/2}\hat{\sigma}_S(t)\hat{S}(t)\right);$$

$$\left(\hat{S}^{1/\theta}(t), \hat{S}^{\theta}(t)\right), \quad \theta = \exp\left\{\frac{Z_{1-\alpha/2}\hat{\sigma}_S(t)}{\ln \hat{S}(t)}\right\}.$$

图6.1左上角的图的逐点置信区间就是log-log置信区间. 除了逐点置信区间之外, 还有同时置信带(simultaneous confidence bands), 这里不介绍细节, 只介绍如何实现. 对于例6.1, 图6.2为所有数据的包括逐点置信区间和同时置信带的生存函数的估计图.

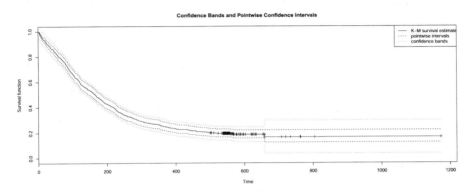

图 6.2 例6.1 生存函数图, 包括95%逐点置信区间及同时置信带

图6.2是用下面代码产生的(这里使用了程序包OIsurv[1]):

```
library(survival);library(OIsurv)
w=read.csv("uissurv1.csv")
nn=c(3:4,6:8);for(i in nn)w[,i]=factor(w[,i])
a=Surv(w$time, w$censor)
b=confBands(a, confLevel=0.95, type="hall")
plot(survfit(a~1),xlab="Time",ylab="Survival function")
title("Confidence Bands and Pointwise Confidence Intervals")
lines(b$time, b$lower, lty=3, type="s")
lines(b$time, b$upper, lty=3, type="s")
legend("topright", c("K-M survival estimate",
    "pointwise intervals","confidence bands"), lty=1:3)
```

6.3 累积危险函数

根据危险函数和生存函数之间的关系, 可知$S(t) = \exp\{-H(t)\}$, 因此可根据Kaplan-Meier估计$\hat{S}(t)$得到$H(t)$的估计$\hat{H}(t) = -\ln \hat{S}(t)$. 还有一种Nelson-Aalen估

---

[1]David M Diez (2013). OIsurv: Survival analysis supplement to OpenIntro guide. R package version 0.2. http://CRAN.R-project.org/package=OIsurv.

计为:

$$\tilde{H}(t) = \sum_{t_i \leqslant t} \frac{d_i}{Y_i}, \quad \hat{\sigma}_H(t) = \sum_{t_i \leqslant t} \frac{d_i}{Y_i^2}.$$

对于例6.1数据, 可以用下面语句画出两种累积危险函数图(见图6.3):

```
w=read.csv("uissurv1.csv")
nn=c(3:4,6:8);for(i in nn)w[,i]=factor(w[,i])
a=Surv(w$time, w$censor);fit=summary(survfit(a~1))
Hh=-log(fit$surv);Hh=c(Hh, tail(Hh, 1))
hs=fit$n.event/fit$n.risk;Hna=cumsum(hs)
Hna=c(Hna,tail(Hna, 1))
plot(c(fit$time, 800),Hh,type="s",xlab="Time",
    ylab="Cumulative hazard")
title("Cumulative hazards")
points(c(fit$time, 800), Hna, lty=2, type="s")
legend("topleft",c("H-Kaplan-Meier","H-Nelson-Aalen"),lty=1:2)
```

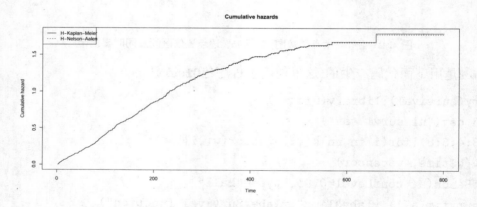

图 6.3 例6.1 两种累积危险函数图

6.4 估计和检验

6.4.1 生存时间的中位数和均值估计

生存时间的中位数$t_{0.5}$满足$S(t_{0.5}) = 0.5$, 其估计值$\hat{t}_{0.5}$为$\hat{S}(t) = 0.5$时的t值, 在生存分析图中, $\hat{t}_{0.5}$即$\hat{S}(t)$曲线和0.5水平线交点处的t值, 其两个置信限为0.5水平线和上、下逐点置信区间线的交点的t值.

生存时间的均值及其估计应该是$\mu = \int_0^\infty S(t)dt$和$\hat{\mu} = \int_0^\infty \hat{S}(t)dt$. 但由于积分可能发散(由于生存函数不趋于0), 需要限制积分限于有穷的数(记为τ), 即得到$\mu_\tau = \int_0^\tau S(t)dt$. 有一些选择$\tau$的建议, 比如最大的事件或删失发生的时间. 而$\hat{\mu}_\tau$的方

差的估计为:

$$\widehat{Var}(\hat{\mu}_\tau) = \sum_{i=1}^{D} \left[\int_{t_i}^{\tau} \hat{S}(t) \mathrm{d}t \right]^2 \frac{d_i}{Y_i(Y_i - d_i)}.$$

对于例6.1, 估计的生存时间中位数及均值和各自的置信区间可用下面代码计算:

```
w=read.csv("uissurv1.csv")
nn=c(3:4,6:8);for(i in nn)w[,i]=factor(w[,i])
a=Surv(w$time,w$censor)
print(survfit(a~1), print.rmean=TRUE)#均值
```

得到

```
Call: survfit(formula = a ~ 1)
 records        n.max       n.start       events       *rmean  *se(rmean)
  628.0         628.0        628.0         508.0        335.3      18.7
 median       0.95LCL       0.95UCL
  166.0        148.0         184.0
* restricted mean with upper limit =  1172
```

可以看出, 这里自动选择 $\tau = 1172$.

6.4.2　几个样本的危险函数检验

假定有 n 个样本, 这里考虑检验:

$$H_0 : h_1(t) = h_2(t) = \cdots = h_n(t), \; \forall t \; \Leftrightarrow$$
$$H_1 : 至少存在一对 i, j 和时间 t_0 使得 \; h_i(t_0) \neq h_j(t_0).$$

检验统计量为 $X^2 = \boldsymbol{Z}^\top \hat{\boldsymbol{\Sigma}}^{-1} \boldsymbol{Z}$, 这里协方差矩阵 $\hat{\boldsymbol{\Sigma}}$ 由数据算出, 而 $\boldsymbol{Z} = (Z_1, ..., Z_n)^\top$ 的元素

$$Z_j = \sum_{i=1}^{D} W(t_i) \left[d_{ij} - Y_{ij} \frac{d_i}{Y_i} \right],$$

这里 $d_i = \sum_{j=1}^{n} d_{ij}$; $Y_i = \sum_{j=1}^{n} Y_{ij}$; 而 d_{ij} 为在时间 t_i 第 j 个样本的观测的事件数目, Y_{ij} 为在时间 t_i 第 j 个样本中处于风险的对象数目. 检验统计量 X^2 在零假设下有近似的自由度为 $n-1$ 的 χ^2 分布. $W(t_i)$ 为在时间 t_i 的权重, 不同的权重分配会得到不同的检验结果. 在R的程序包survival的survdiff()函数中有关于权重的选项rho(ρ), 它相应于权重 $\hat{S}(t)^\rho$, rho可取任意数. 当 $\rho = 0$ 时相当于log-rank检验或Mantel-Haenszel检验, 而当 $\rho = 1$ 时相当于Gehan-Wilcoxon检验的Peto & Peto改进. 一般来说, 当 $\rho > 0$ 时, 对较早的生存函数加权, 而当 $\rho < 0$ 时, 对较晚的生存函数加权.

对于例6.1, 我们对于5个定性变量hercoc, ivhx, race, treat, site各个水平把数据所分成的子样本做上述检验, 而rho(ρ)分别取 $-2, -1.6, ..., 1.6, 2$. 对于不同的变量和 ρ, p 值在表6.1中并展示在图6.4中. 计算所使用的代码为:

```
w=read.csv("uissurv1.csv")
nn=c(3:4,6:8);for(i in nn)w[,i]=factor(w[,i])
library(survival);a=Surv(w$time, w$censor)
L=11;J=seq(-2,2,length=L);P=matrix(0,L,5)
for(k in 1:5)for(j in 1:L){
f=formula(paste("a~",names(w)[nn[k]]))
x2=survdiff(f,w,rho=J[j])$chi
P[j,k]=1-pchisq(x2,length(levels(w[,nn[k]]))-1)};P
```

表 6.1　例6.1的多样本χ^2检验p值

权重参数	分割子样本的定性变量				
ρ	hercoc	ivhx	race	treat	site
−2.0	0.128234	0.015330	0.104703	0.985014	0.723952
−1.6	0.091525	0.007460	0.076715	0.673848	0.582839
−1.2	0.058496	0.003105	0.049953	0.335197	0.427995
−0.8	0.034023	0.001185	0.028784	0.117125	0.287290
−0.4	0.019034	0.000481	0.015338	0.031912	0.184821
0.0	0.010984	0.000240	0.008214	0.009126	0.124019
0.4	0.006818	0.000154	0.004760	0.003686	0.093150
0.8	0.004563	0.000119	0.003082	0.002341	0.079707
1.2	0.003237	0.000104	0.002230	0.002191	0.075835
1.6	0.002395	0.000096	0.001782	0.002664	0.077343
2.0	0.001827	0.000092	0.001552	0.003754	0.081969

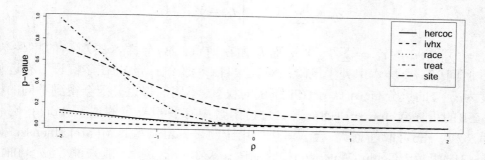

图 6.4　例6.1 对于不同变量及权重参数ρ的检验的p值

　　从表6.1和图6.4可以看出, 随着权重的不同, 检验的p值也在变化, 这使得该类检验有很强的主观性. 选取迎合自己标准的权重来展示检验结果是完全不可取的.

6.5 Cox比例危险回归模型

Cox比例危险回归模型把生存函数的某种变换形式描述成自变量的线性函数. 如果用$\boldsymbol{X}$代表自变量向量, 而用危险函数或其对数作为响应变量, 则Cox比例危险回归模型可写成

$$\ln h(t) = \ln h_0(t) + \boldsymbol{X}^\top \boldsymbol{\beta}$$

或者

$$h(t) = h_0(t) \exp(\boldsymbol{X}^\top \boldsymbol{\beta}),$$

式中, $h_0(t)$表示待估计的基本危险函数, 它与自变量$\boldsymbol{X}$无关. 这个模型也可以表示成

$$S(t) = [S_0(t)]^{\exp(\boldsymbol{X}^\top \boldsymbol{\beta})}$$

或者

$$\ln\left[-\ln(S(t))\right] = \boldsymbol{X}^\top \boldsymbol{\beta} + \ln H_0(t),$$

这里的$S_0(t), H_0(t)$是可以和$h_0(t)$互相导出的度量.

可用下面部分似然函数来估计参数$\boldsymbol{\beta}$:

$$L(\boldsymbol{\beta}) = \prod_{i=1}^{D} \frac{\exp\{\boldsymbol{x}_i \boldsymbol{\beta}\}}{\exp\{\sum_{j \in R(t_i)} \boldsymbol{x}_j \boldsymbol{\beta}\}},$$

这里$R(t_i)$为在时间t_i处于危险的对象集合. 最大似然估计$\hat{\boldsymbol{\beta}}$为渐近正态的, 均值为$\boldsymbol{\beta}$, 协方差矩阵为Fisher信息阵的逆. 利用这个渐近分布可导出一些检验, 这里不去深究.

现在用Cox比例危险回归模型来拟合例6.1数据. 具体代码如下:

```
library(survival)
w=read.csv("uissurv1.csv")
nn=c(3:4,6:8);for(i in nn)w[,i]=factor(w[,i])
a=Surv(w$time, w$censor)
#Cox回归模型:
fit=coxph(a~age+ndrugtx+los+ivhx+hercoc+race+treat+site,w)
summary(fit)#回归结果
plot(survfit(fit)) #拟合的生存函数
```

得到的(部分)输出为:

```
Call:
coxph(formula=a~age+ndrugtx+los + ivhx + hercoc + race +
    treat + site, data = w)

  n= 628, number of events= 508
```

	coef	exp(coef)	se(coef)	z	Pr(>|z|)
age	-0.0208428	0.9793729	0.0078231	-2.664	0.007715
ndrugtx	0.0287838	1.0292020	0.0082193	3.502	0.000462
los	-0.0092691	0.9907737	0.0007853	-11.804	< 2e-16
ivhx2	0.2184815	1.2441860	0.1349987	1.618	0.105577
ivhx3	0.3535779	1.4241539	0.1417526	2.494	0.012620
hercoc2	0.3159733	1.3715937	0.1425600	2.216	0.026663
hercoc3	0.0955745	1.1002908	0.1638163	0.583	0.559607
hercoc4	0.1205001	1.1280609	0.1569918	0.768	0.442750
race1	-0.2705777	0.7629386	0.1107466	-2.443	0.014557
treat1	0.1510674	1.1630751	0.0929554	1.625	0.104128
site1	0.3234417	1.3818755	0.1065578	3.035	0.002402

```
Concordance= 0.745  (se = 0.014 )
Rsquare= 0.281    (max possible= 1 )
Likelihood ratio test= 207.2  on 11 df,    p=0
Wald test          = 179.9  on 11 df,    p=0
Score (logrank) test = 186.8  on 11 df,    p=0
```

输出结果表明R^2为0.281, 对模型的似然比检验、Wald检验及Score检验的p值均为0. 除了R^2稍小之外, 似乎拟合得还可以. 通常, 生存数据分析的主要目的是比较不同的处理方法以及各种因素(变量)对生存函数的影响, 而不是单纯寻找拟合模型.

下面我们用程序包mfp[1]来尝试关于Cox比例危险模型的多重分数多项式模型(multiple fractional polynomial model). 这种方法类似于多项式回归, 但更加灵活, 而且自动进行逐步回归及变量选择, 参见Ambler and Royston (2001). 代码为:

```
library(mfp)
f=mfp(formula = a ~ fp(age, df = 4, select = 0.05) + fp(ndrugtx,
    df = 4, select = 0.05) + fp(los, df = 4, select = 0.05) +
    ivhx + hercoc + race + treat + site, data = w, family = cox)
print(f)#输出结果
```

输出的结果列在下面.

```
Deviance table:
            Resid. Dev
Null model    5919.13
Linear model  5711.945
Final model   5679.02
```

---

[1]Original by Gareth Ambler and modified by Axel Benner (2010). mfp: Multivariable Fractional Polynomials. R package version 1.4.9. http://CRAN.R-project.org/package=mfp.

Fractional polynomials:

	df.initial	select	alpha	df.final	power1	power2
los	4	0.05	0.05	2	0	.
ndrugtx	4	0.05	0.05	4	-2	0.5
site1	1	1.00	0.05	1	1	.
age	4	0.05	0.05	1	1	.
race1	1	1.00	0.05	1	1	.
ivhx2	1	1.00	0.05	1	1	.
ivhx3	1	1.00	0.05	1	1	.
treat1	1	1.00	0.05	1	1	.
hercoc2	1	1.00	0.05	1	1	.
hercoc3	1	1.00	0.05	1	1	.
hercoc4	1	1.00	0.05	1	1	.

Transformations of covariates:

	formula
age	I((age/100)^1)
ndrugtx	I(((ndrugtx+0.1)/10)^-2)+I(((ndrugtx+0.1)/10)^0.5)
los	log((los/100))
ivhx	ivhx
hercoc	hercoc
race	race
treat	treat
site	site

Re-Scaling:
Non-positive values in some of the covariates.
No re-scaling was performed.

	coef	exp(coef)	se(coef)	z	p
los.1	-0.6407871	0.52688	4.255e-02	-15.0611	0.00e+00
ndrugtx.1	0.0000637	1.00006	1.688e-05	3.7730	1.61e-04
ndrugtx.2	0.7504158	2.11788	1.626e-01	4.6163	3.91e-06
site1.1	0.1100300	1.11631	1.065e-01	1.0331	3.02e-01
age.1	-2.7197444	0.06589	7.940e-01	-3.4253	6.14e-04
race1.1	-0.2386760	0.78767	1.111e-01	-2.1480	3.17e-02

```
ivhx2.1      0.2200296     1.24611 1.381e-01     1.5928 1.11e-01
ivhx3.1      0.2672822     1.30641 1.462e-01     1.8287 6.74e-02
treat1.1     0.0127045     1.01279 9.173e-02     0.1385 8.90e-01
hercoc2.1    0.3878396     1.47379 1.433e-01     2.7072 6.79e-03
hercoc3.1    0.1198767     1.12736 1.667e-01     0.7191 4.72e-01
hercoc4.1    0.1094416     1.11565 1.571e-01     0.6966 4.86e-01


Likelihood ratio test=240.1  on 12 df, p=0 n= 628
```

6.6　习　题

1. 利用代码w=read.csv("veteran.csv")下载美国复员军人肺癌数据, 该数据来自Kalbfleisch and Prentice (1980).[1] 该数据有137个观测值和8个变量. 变量有Treatment(处理: 1=标准的, 2=试验), Celltype(细胞类型: 1=鳞状细胞, 2=小细胞, 3=腺癌细胞, 4=大细胞), Survival (生存: 天数), Status (状态: 1=死亡, 0=删失), Karnofsky (Karnofsky 积分), Months (距诊断月数), Age (年龄: 岁), Prior.therapy (之前是否治疗: 0=否, 10=是). (注意对于哑元定性变量的因子化.)

   (1) 对各个定性自变量画出生存函数图.

   (2) 做关于各个变量各个水平把数据分成的子样本的各种χ^2检验.

   (3) 用Cox比例危险回归模型来拟合数据, 并讨论结果.

---

[1]可从http://lib.stat.cmu.edu/datasets/veteran下载.

第七章 经典分类: 判别分析

回归问题是经典统计中研究最详尽的课题, 但同样重要的分类问题在经典统计中却相对被冷落, 其主要原因不是分类不重要, 而是现有的数学工具对于分类问题力不从心. 因此, 在模型驱动的思维模式下, 经典统计中对分类问题的研究基本上还停留在70多年前的水平. 目前, 虽然从总体来说计算机时代发展的机器学习方法无论从数量上还是预测精度上都超过经典统计方法, 但是, 对于某些数据, 特别是在自变量基本是数量变量的情况下, 经典的判别分析方法及logistic回归在分类问题上仍然是一类重要的方法.

前面在3.5.2节讨论广义线性模型的logistic回归时讨论了二分类变量的分类, 并且与线性判别分析做了比较, 现在我们来介绍线性判别分析, 先看一个例子.

例 7.1   卫星图像数据(sat.csv) 该数据[1]包括陆地资源卫星一个卫星图像的3×3像素邻域的多频谱值, 并考虑在每个邻域的中心像素相关联的分类问题. 原先的图像为82×100像素的, 这个数据仅仅是一个子区域. 数据每一行相应于3×3的像素邻域. 每一行包含在该3×3邻域中的9个像素中每一个的4个光谱带(转换成ASCII码), 这就构成了36个变量的观测值, 此外, 第37个变量用数值表示中心像素点处的实际土地类型(用哑元1, 2, 3, 4, 5, 7分别代表红壤(red soil)、种棉花作物的土壤(cotton crop)、灰壤(grey soil)、潮湿灰壤(damp grey soil)、有植物茬的土壤(soil with vegetation stubble)、非常潮湿的灰壤(very damp grey soil). 数据中缺乏的哑元6代表各种类的混合(mixture class)). 因此一共有37个变量, 前面36个是光谱带, 最后一个是哑元表示的土地类型.

原始的数据是分成两个数据集的. 这里数据中的前2000行属于测试集, 后面的4435行属于训练集. 数据提供者的警告是, 不要自行做交叉验证, 用提供的一个训练集和一个测试集就行了. 这可能和数据的整体性有关.

由于这个数据的自变量全部是数值变量, 因此可以使用经典的判别分析方法, 并和其他方法进行比较.

7.1   线性判别分析

在分类问题中, 假定分类因变量一共有K类, 即K个水平, 则可以假定一个对象属于第k类的(先验)概率为π_k, 而$\sum_{k=1}^{K} \pi_k = 1$. 通常π_k由频率

$$\hat{\pi}_k = \frac{\text{第}k\text{类的样本个数}}{\text{总样本个数}}$$

---

[1]Lichman, M. (2013) UCI Machine Learning Repository [http://archive.ics.uci.edu/ml]. Irvine, CA: University of California, School of Information and Computer Science. http://archive.ics.uci.edu/ml/datasets/Statlog+%28Landsat+Satellite%29.

来估计. 如果观测值中的自变量有p个, 一共有N个观测值, 其中对于第k类有N_k个观测值, 用X_{ki}表示属于第k类的第i个观测值, 用$f_k(\boldsymbol{x})$表示属于第k类的观测值向量$\boldsymbol{X}_k = (X_{k1}, X_{k2}..., X_{kN_k})^\top$的分布密度. 相应于自变量$\boldsymbol{x}$的因变量$Y$属于第$k$类(用$G(\boldsymbol{x})$或$G$表示自变量$\boldsymbol{x}$相应的因变量的类别)的后验概率为:

$$P(G = k|\boldsymbol{x}) = \frac{f_k(\boldsymbol{x})\pi_k}{\sum_{\ell=1}^K f_\ell(\boldsymbol{x})\pi_\ell}.$$

根据Bayes最大后验分布估计(maximum a posteriori estimation, MAP),

$$\hat{G}(\boldsymbol{x}) = \arg\max_k P(G = k|\boldsymbol{x}) = \arg\max_k [f_k(\boldsymbol{x})\pi_k].$$

上面公式中的arg是英文argument(变元)的缩写. 而符号$\arg\max_k f(k)$代表使得f达到最大的变元k的值.

通常经典判别分析假定$\boldsymbol{X}$服从多元正态分布, 密度函数为:

$$f_k(\boldsymbol{x}) = \frac{1}{(2\pi)^{p/2}|\boldsymbol{\Sigma}_k|^{1/2}} \exp\left\{-\frac{1}{2}(\boldsymbol{x} - \boldsymbol{\mu}_k)^\top \boldsymbol{\Sigma}_k^{-1}(\boldsymbol{x} - \boldsymbol{\mu}_k)\right\}.$$

对于线性判别分析, 还假定$\boldsymbol{\Sigma}_k = \boldsymbol{\Sigma}$ ($\forall k$). 在这个假定下, 不同类的分布仅仅按照正态分布的位置(参数)来区别. 这时, 最优的分类为

$$\hat{G}(\boldsymbol{x}) = \arg\max_k [f_k(\boldsymbol{x})\pi_k] = \arg\max_k [\ln(f_k(\boldsymbol{x})\pi_k)]$$

$$= \arg\max_k \left\{-\ln\left[(2\pi)^{p/2}|\boldsymbol{\Sigma}|^{1/2}\right] - \frac{1}{2}(\boldsymbol{x} - \boldsymbol{\mu}_k)^\top \boldsymbol{\Sigma}^{-1}(\boldsymbol{x} - \boldsymbol{\mu}_k) + \ln(\pi_k)\right\}.$$

由此得到

$$\hat{G}(\boldsymbol{x}) = \arg\max_k \left[\boldsymbol{x}^\top \boldsymbol{\Sigma}^{-1}\boldsymbol{\mu}_k - \frac{1}{2}\boldsymbol{\mu}_k^\top \boldsymbol{\Sigma}^{-1}\boldsymbol{\mu}_k + \ln(\pi_k)\right]$$

定义线性判别函数(linear discriminant function)为:

$$\delta_k(\boldsymbol{x}) = \boldsymbol{x}^\top \boldsymbol{\Sigma}^{-1}\boldsymbol{\mu}_k - \frac{1}{2}\boldsymbol{\mu}_k^\top \boldsymbol{\Sigma}^{-1}\boldsymbol{\mu}_k + \ln(\pi_k),$$

则

$$\hat{G}(\boldsymbol{x}) = \arg\max_k \delta_k(\boldsymbol{x}).$$

显然, 在第k和第ℓ类之间的决策边界为点集:

$$\{\boldsymbol{x} : \delta_k(\boldsymbol{x}) = \delta_\ell(\boldsymbol{x})\}$$

或者

$$\left\{\boldsymbol{x} : \boldsymbol{x}^\top \boldsymbol{\Sigma}^{-1}(\boldsymbol{\mu}_k - \boldsymbol{\mu}_\ell) - \frac{1}{2}(\boldsymbol{\mu}_k + \boldsymbol{\mu}_\ell)^\top \boldsymbol{\Sigma}^{-1}(\boldsymbol{\mu}_k - \boldsymbol{\mu}_\ell) + \ln\left(\frac{\pi_k}{\pi_\ell}\right) = 0\right\}. \tag{7.1}$$

在实践中, 上面的参数$\boldsymbol{\mu}_k, \pi_k, \boldsymbol{\Sigma}$都未知, 必须做出估计(记$x_{ki}$为$X_{ki}$的实现值):

$$\hat{\pi}_k = N_k/N;$$

$$\hat{\boldsymbol{\mu}}_k = \frac{1}{N_k}\sum_{i=1}^{N_k} \boldsymbol{x}_{ki};$$

$$\hat{\boldsymbol{\Sigma}} = \frac{1}{N-K} \sum_{k=1}^{K} (N_k - 1) \hat{\boldsymbol{\Sigma}}_k, \quad \hat{\boldsymbol{\Sigma}}_k = \frac{1}{N_k - 1} \sum_{j=1}^{N_k} (\boldsymbol{x}_{kj} - \bar{\boldsymbol{x}}_k)(\boldsymbol{x}_{kj} - \bar{\boldsymbol{x}}_k)^\top.$$

如果对于不同的k, $\boldsymbol{\Sigma}_k$不相等, 则可分别用$\hat{\boldsymbol{\Sigma}}_k$作为它们的估计. 而判别函数

$$\delta_k(\boldsymbol{x}) = -\frac{1}{2} \ln |\boldsymbol{\Sigma}_k| - \frac{1}{2}(\boldsymbol{x} - \boldsymbol{\mu}_k)^\top \boldsymbol{\Sigma}_k^{-1}(\boldsymbol{x} - \boldsymbol{\mu}_k) + \ln(\pi_k)$$

则称为二次判别函数(quadratic discriminant function). 而

$$\hat{G}(\boldsymbol{x}) = \arg\max_k \delta_k(\boldsymbol{x}).$$

注意, 当维数大于2时, 特别是当总体偏离正态分布时, 二次判别结果往往不理想, 可能会产生一些奇怪的结果.

注: 我们前面用的最大后验概率(MAP)方法是诸多方法中的一种. 更一般地, 如果记$c(\ell|k)$为把第k类判为第ℓ类的损失; R_k为$\boldsymbol{x}$被判为第k类的区域($R_i \cap R_j = \emptyset$, $\forall \ell \neq k$以及$\cup_i R_i = \Omega$); $P(\ell|k)$为本来属于第k类的个体分到第ℓ类的概率, 即$P(\ell|k) = \int_{R_\ell} f_k(\boldsymbol{x}) \mathrm{d}\boldsymbol{x}$, 则来自第$k$类的个体$\boldsymbol{x}$的期望误判损失(expected cost of misclassification, ECM)为:

$$ECM(k) = \sum_{j=1}^{K} P(j|k)c(j|k),$$

这里$c(k|k) = 0$而且$P(k|k) = 1 - \sum_{j \neq k} P(j|k)$. 于是总的损失为:

$$ECM = \sum_{k=1}^{K} \pi_k \left\{ \sum_{j=1, j \neq k}^{K} P(j|k)c(j|k) \right\}.$$

因此, 使来自第k类的$\boldsymbol{x}$的期望误判损失最小的判别区域为使得下式最小的区域:

$$\sum_{j=1, j \neq k}^{K} \pi_k f_k(\boldsymbol{x}) c(j|k).$$

对于$K = 2$的正态分布情况, 上式导致决策边界点为:

$$\left\{ \boldsymbol{x}: \ \boldsymbol{x}^\top \boldsymbol{\Sigma}^{-1}(\boldsymbol{\mu}_1 - \boldsymbol{\mu}_2) - \frac{1}{2}(\boldsymbol{\mu}_1 + \boldsymbol{\mu}_2)^\top \boldsymbol{\Sigma}^{-1}(\boldsymbol{\mu}_1 - \boldsymbol{\mu}_2) + \ln\left(\frac{c(2|1)\pi_1}{c(1|2)\pi_2}\right) = 0 \right\}. \quad (7.2)$$

显然, 式(7.1)对应于误判损失函数相等的特殊情况, 也就是说, MAP是在损失函数都相等时的判别方法.

7.2 Fisher判别分析

Fisher判别法是对(有K个总体的)观测值做诸如

$$\boldsymbol{a}_1^\top \boldsymbol{X}, \boldsymbol{a}_2^\top \boldsymbol{X}, ..., \boldsymbol{a}_m^\top \boldsymbol{X}$$

的少数线性组合, 也就是把观测值投影到较低维的空间, 从而形成维数较小(比如两、三维)的总体, 这时可用目视或图形表示来做进一步分析. Fisher判别法不用假定正态分布, 但假定K个总体协方差矩阵满秩且相同: $\boldsymbol{\Sigma}_i = \boldsymbol{\Sigma}$ ($\forall i$).

令 $\boldsymbol{\mu} = \frac{1}{K} \sum_{k=1}^{K} \boldsymbol{\mu}_k$, 并记

$$B_{\boldsymbol{\mu}} = \sum_{k=1}^{K} (\boldsymbol{\mu}_k - \boldsymbol{\mu})(\boldsymbol{\mu}_k - \boldsymbol{\mu})^{\top}.$$

令线性组合 $Y = \boldsymbol{a}^{\top} \boldsymbol{X}$ 对总体 k 的期望为 $\boldsymbol{a}^{\top} \boldsymbol{\mu}_k$, 对所有总体的方差为 $Var(Y) = \boldsymbol{a}^{\top} \boldsymbol{\Sigma} \boldsymbol{a}$, 总均值 $\mu_Y = \frac{1}{K} \sum_{k=1}^{K} \boldsymbol{a}^{\top} \boldsymbol{\mu}_k = \boldsymbol{a}^{\top} \boldsymbol{\mu}$. 我们希望投影使得各个类的均值到总均值的距离最大, 这等价于使得下式最大:

$$\sum_{k=1}^{K} (\boldsymbol{a}^{\top} \boldsymbol{\mu}_k - \boldsymbol{a}^{\top} \boldsymbol{\mu})^2 = \boldsymbol{a}^{\top} \left(\sum_{k=1}^{K} (\boldsymbol{\mu}_k - \boldsymbol{\mu})(\boldsymbol{\mu}_k - \boldsymbol{\mu})^{\top} \right) \boldsymbol{a} = \boldsymbol{a}^{\top} B_{\boldsymbol{\mu}} \boldsymbol{a}.$$

同时我们希望总方差 $\boldsymbol{a}^{\top} \boldsymbol{\Sigma} \boldsymbol{a}$ 尽可能小, 这就归结到使得

$$\frac{\boldsymbol{a}^{\top} B_{\boldsymbol{\mu}} \boldsymbol{a}}{\boldsymbol{a}^{\top} \boldsymbol{\Sigma} \boldsymbol{a}}$$

最大化的问题. 由于矩阵 $B_{\boldsymbol{\mu}}$ 和 $\boldsymbol{\Sigma}$ 未知, 我们用训练样本来估计:

$$B = \hat{B}_{\boldsymbol{\mu}} = \sum_{k=1}^{K} N_k (\bar{\boldsymbol{x}}_k - \bar{\boldsymbol{x}})(\bar{\boldsymbol{x}}_k - \bar{\boldsymbol{x}})^{\top},$$

$$W = (N - K) \hat{\boldsymbol{\Sigma}} = \sum_{k=1}^{K} \sum_{j=1}^{N_k} (\bar{\boldsymbol{x}}_{kj} - \bar{\boldsymbol{x}}_k)(\bar{\boldsymbol{x}}_{kj} - \bar{\boldsymbol{x}}_k)^{\top},$$

这里

$$\bar{\boldsymbol{x}}_k = \frac{1}{N_k} \sum_{j=1}^{N_k} \boldsymbol{x}_{kj}, \ \bar{\boldsymbol{x}} = \frac{\sum_{k=1}^{K} \sum_{j=1}^{N_k} \boldsymbol{x}_{kj}}{\sum_{k=1}^{K} N_i}.$$

于是我们的问题成为广义特征值问题, 即求得下式即所谓类间平方和(between-group-sum of squares) $\boldsymbol{a}^{\top} B \boldsymbol{a}$ 与类内平方和(within-group-sum of squares) $\boldsymbol{a}^{\top} W \boldsymbol{a}$ 之比最大的 $\boldsymbol{a}$

$$\frac{\boldsymbol{a}^{\top} B \boldsymbol{a}}{\boldsymbol{a}^{\top} W \boldsymbol{a}},$$

这就归于特征值问题

$$B \boldsymbol{a} = \lambda W \boldsymbol{a}.$$

其解为 $W^{-1} B$ 的非零特征根 $\lambda_1, \lambda_2, \cdots, \lambda_s$ ($\lambda_1 > \lambda_2 > \cdots > \lambda_s, s \leqslant \min(K-1, p)$, p 为自变量个数), 而相应的特征向量为 $\boldsymbol{a}_1, ..., \boldsymbol{a}_s$. 通常把特征向量单位化, 使得 $\boldsymbol{a}_i = \boldsymbol{e}_i$, 即 $\boldsymbol{e}_i^{\top} \hat{\boldsymbol{\Sigma}} \boldsymbol{e}_i = 1$. 根据这些特征向量的投影, $\boldsymbol{a}_1^{\top} \boldsymbol{x}$ 称为第一判别量, $\boldsymbol{a}_2^{\top} \boldsymbol{x}$ 称为第二判别量, 等等. 一般选择前 $r (\leqslant s)$ 个判别量. 这时, Fisher 判别法为:

如果 $\forall i \neq k$: $\sum_{j=1}^{r} [\boldsymbol{a}_j^{\top} (\boldsymbol{x} - \hat{\boldsymbol{x}}_k)]^2 \leqslant \sum_{j=1}^{r} [\boldsymbol{a}_j^{\top} (\boldsymbol{x} - \hat{\boldsymbol{x}}_i)]^2$, 则判 $\boldsymbol{x}$ 为第 k 类.

7.3　混合线性判别分析

混合线性判别分析是基于高斯混合模型(Gaussian mixture model, GMM)的线性判别分析的延伸(Hastie and Tibshirani, 1996). 假定对于第k类的分布为混合的正态(高斯)分布(用$\phi(\cdot)$表示其密度函数)

$$f_k(\boldsymbol{x}) = \sum_{c=1}^{C_k} w_{kc}\phi(\boldsymbol{x}|\boldsymbol{\mu}_{kc}, \boldsymbol{\Sigma}),$$

这里的C_k为混合高斯分布的个体高斯成分数目. 这时后验分布为:

$$P(\boldsymbol{X} = \boldsymbol{x}, G = k) = f_k(\boldsymbol{x})\pi_k = \pi_k \sum_{c=1}^{C_k} w_{kc}\phi(\boldsymbol{x}|\boldsymbol{\mu}_{kc}, \boldsymbol{\Sigma}).$$

参数π_k的估计如之前一样($\hat{\pi}_k = N_k/N$), 但$w_{kc}, \boldsymbol{\mu}_{kc}, \boldsymbol{\Sigma}$的估计需要用EM算法.

- E步骤: 对第k类, 对所有C_k成分计算后验分布. 对于观测值i:
$$p_{i,c} = \frac{w_{kc}\phi(\boldsymbol{x}_i|\boldsymbol{\mu}_{kc}, \boldsymbol{\Sigma})}{\sum_{j=1}^{C_k} w_{kj}\phi(\boldsymbol{x}_i|\boldsymbol{\mu}_{kj}, \boldsymbol{\Sigma})}, \quad c = 1, ..., C_k.$$

- M步骤: 计算关于所有参数的加权最大似然估计.
$$w_{kc} = \frac{\sum_{i=1}^{N} I(Y_i = k)p_{i,c}}{\sum_{i=1}^{N} I(Y_i = k)}$$
$$\boldsymbol{\mu}_{kc} = \frac{\sum_{i=1}^{N} \boldsymbol{x}_i I(Y_i = k)p_{i,c}}{\sum_{i=1}^{N} I(Y_i = k)p_{i,c}}$$
$$\boldsymbol{\Sigma} = \frac{\sum_{i=1}^{N} \sum_{c=1}^{C_k} p_{i,c}(\boldsymbol{x}_i - \boldsymbol{\mu}_{Y_i,c})(\boldsymbol{x}_i - \boldsymbol{\mu}_{Y_i,c})^{\top}}{N}$$

有了这些估计之后, 就可以像前面一样用最大后验分布(MAP)法来做判别分析了.

7.4　各种方法拟合例7.1数据的比较

7.4.1　用线性判别分析和混合线性判别分析拟合例7.1数据

由于数据的局限性, 我们用数据提供者的训练集得到模型, 并用其测试集来验证误差率. 注意: sat.csv的前2000行为测试集, 余下的为训练集. 读入数据的代码如下:

```
u=read.csv("sat.csv");u[,37]=factor(u[,37])
samp=1:2000;v=u[samp,];w=u[-samp,]
D=37;n=nrow(w); m=nrow(v)
```

这里分类所用的线性判别分析函数为前面(3.5.2节)用过的lda(), 而混合线性判别分析用程序包mda[1]中的函数mda(). 所用的代码为:

---

[1]S original by Trevor Hastie & Robert Tibshirani. Original R port by Friedrich Leisch, Kurt Hornik and Bria. D. Ripley (2013). mda: Mixture and flexible discriminant analysis. R package version 0.4-4. http://CRAN.R project.org/package=mda.

```
library(MASS);library(mda)
E=rep(99,2);ff=V37~.;J=1
a=lda(ff,w)
E[J]=sum(v[,D]!=predict(a,v)$class)/m
J=J+1;set.seed(1010)
b=mda(ff,w)
E[J]=sum(v[,D]!=predict(b,v))/m;E
table(predict(a,v)$class,v[,D])
table(predict(b,v),v[,D])#或confusion(b,v)
```

得到两种方法的误判率(在E中)分别为线性判别的0.1715及混合判别的0.1455. 因此, 对于这个数据, 混合判别要比线性判别好. 而判别的细节在结果矩阵(所谓的混淆矩阵)中.

对于线性判别, 结果为(注意, 该数据因变量的类是用哑元{1,2,3,4,5,7}表示的. 混淆矩阵的行为预测的, 列为真实的类):

	1	2	3	4	5	7
1	450	1	2	0	6	0
2	0	197	0	0	1	0
3	7	1	372	54	3	24
4	1	1	20	62	9	35
5	1	23	0	3	168	3
7	2	1	3	92	50	408

该矩阵中对角线上的为正确判别的观测值个数, 而对角线外的为错判的(一共有343个观测值错判, 占17.15%). 比如第一行表示预测为用哑元1代表的类, 其中有450个判对, 其余9个判错.

对于混合判别方法, 混淆矩阵为:

	1	2	3	4	5	7
1	444	0	2	0	3	0
2	1	218	1	0	6	0
3	7	0	376	38	2	13
4	0	0	14	95	5	56
5	8	4	0	4	184	9
7	1	2	4	74	37	392

这个矩阵的对角线外一共有291个观测值(错判的), 占14.55%.

7.4.2　对经典线性判别方法和机器学习方法拟合例7.1数据的比较

对于例7.1的分类问题, 一些机器学习方法的误判率更小. 利用下面代码, 可以得到一些对于本例数据比线性判别和混合判别更优秀的机器学习分类方法(见第8章)的结果:

```
library(MASS)
library(adabag)
library(randomForest)
library(kernlab)
library(mda)
library(kknn)
ff=V37~.;E=rep(99,6);J=1
a=lda(ff,w)#线性判别
E[J]=sum(v[,D]!=predict(a,v)$class)/m
J=J+1;set.seed(1010)
a=mda(ff,w)#混合线性判别
E[J]=sum(v[,D]!=predict(a,v))/m
J=J+1;set.seed(1010)
a=boosting(ff,w) #adaboost分类
E[J]=sum(v[,D]!=predict(a,v)$class)/m
J=J+1;set.seed(1010)
a=randomForest(ff,data=w)#随机森林分类
E[J]=sum(v[,D]!=predict(a,v))/m
J=J+1;set.seed(1010)
a=ksvm(ff,w)#svm分类
E[J]=sum(v[,D]!=predict(a,v))/m
J=J+1;a=kknn(ff,train=w,test=v)#knn分类
E[J]=sum(v[,D]!=a$fit)/m;E
```

在上面的代码中, 除了我们在回归中用过的一些程序包的函数之外, 还包括程序包adabag[1]的函数boosting()和程序包kernlab[2]的函数ksvm(). 图7.1为线性判别分析(lda)、混合线性判别分析(mda)、adaboost(boost)、随机森林(RF)、支持向量机(svm)、k最近邻(kknn)等方法对例7.1数据分类的测试集预测误判率. 后面4种方法将在下一章介绍.

---

[1]Esteban Alfaro, Matias Gamez, Noelia Garcia (2013). adabag: An R Package for Classification with Boosting and Bagging. *Journal of Statistical Software.* 54(2), 1-35. URL http://www.jstatsoft.org/v54/i02/.

[2]Alexandros Karatzoglou, Alex Smola, Kurt Hornik, Achim Zeileis (2004). kernlab - An S4 Package for Kernel Methods in R. *Journal of Statistical Software.* 11(9), 1-20. URL http://www.jstatsoft.org/v11/i09/.

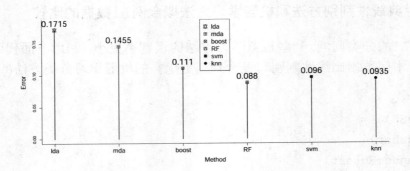

图 7.1   对例7.1数据分类的6种方法的测试集预测误判率

评论: 经典的判别分析以及比较近期的混合判别方法和这里没有介绍的灵活判别方法(Hastie, et al., 1994)的预测精度都属于同一水平, 差别不大, 而且它们都没有脱离模型驱动的范畴. 对于某些比较规范的数据, 这些方法很好, 但对于另外一些数据, 它们的预测精度可能很低. 对于自变量包含有很多水平的定性变量的情况, 它们可能根本不能运作.

7.5   习   题

本章的习题与下一章的习题合并在下一章末尾.

第八章 机器学习分类方法

许多优秀的机器学习方法最初都是为了分类而设计的, 对于很多复杂的数据, 它们具有经典分类(判别分析)方法所无法达到的预测精度. 下面引入一个例子.

例 8.1 慢性肾病(kidney02.csv) 该数据来自印度医院[1]在约2个月期间收集的记录.[2] 该数据有400个观测值和25个变量. 前24个变量为自变量, 包括各种化验指标和医院记录: age(年龄), bp(血压), sg(尿比重), al(白蛋白), su(糖), rbc(红细胞), pc(脓细胞), pcc(脓细胞团块), ba(细菌), bgr(随机血糖), bu(血尿素), sc(血清肌酸酐), sod(钠), pot(钾), hemo(血色素), pcv(红细胞容积比), wc(白细胞计数), rc(红细胞计数), htn(高血压), dm(糖尿病), cad(冠状动脉病), appet(食欲), pe(足水肿), ane(贫血); 最后一个变量(class)是作为因变量的二分类变量, 有两个水平: ckd(有慢性肾病), notckd(没有慢性肾病).

原始数据有很多缺失值和记录错误, kidney02.csv是纠正了明显错误及弥补了缺失值之后的数据. 弥补缺失值时使用了程序包missForest[3]中的missForest()函数.

这个数据虽然有很多定性变量, 但都是简单的二分类变量, 因此, 也可以使用经典的判别分析, 还可以使用logistic回归. 由于数据中所有的定性变量都是用字符(而不是哑元)表示的, 所以在R中不必因子化, R软件会自动把字符值变量识别为定性变量.

8.1 作为基本模型的决策树(分类树)

我们通过例8.1来介绍决策树分类. 由于已经对决策树回归有所了解, 因此会比较容易理解.

8.1.1 分类树的描述

和用决策树做回归时一样, 我们用程序包rpart中的函数rpart()来做分类. 读入数据并对全部数据做决策树分类、打印结果并用rpart.plot中的函数rpart.plot()产生图8.1的代码为:

```
w=read.csv("kidney02.csv")
library(rpart.plot)
```

---

[1]Dr. P. Soundarapandian. M.D.,D.M(Senior Consultant Nephrologist), Apollo Hospitals, Managiri, Madurai Main Road, Karaikudi, Tamilnadu, India.

[2]Lichman, M. (2013) UCI Machine Learning Repository [http://archive.ics.uci.edu/ml]. Irvine, CA: University of California, School of Information and Computer Science. 数据来自https://archive.ics.uci.edu/ml/datasets/Chronic_Kidney_Disease.

[3]Daniel J. Stekhoven (2013). missForest: Nonparametric Missing Value Imputation using Random Forest. R package version 1.4. Stekhoven D. J., and Buehlmann, P. (2012). MissForest - non-parametric missing value imputation for mixed-type data. *Bioinformatics*, 28(1), 112-118.

```
(a=rpart(class~.,w))
rpart.plot(a,type=4,extra=3,digits=4,Margin=0)
```

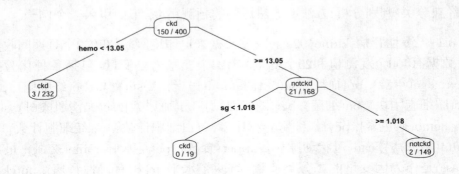

图 8.1 对例8.1数据分类的决策树

与图8.1对应的决策树输出为:

```
n= 400
node), split, n, loss, yval, (yprob) * denotes terminal node

1) root 400 150 ckd (0.62500000 0.37500000)
  2) hemo< 13.05 232   3 ckd (0.98706897 0.01293103) *
  3) hemo>=13.05 168  21 notckd (0.12500000 0.87500000)
   6) sg< 1.0175 19   0 ckd (1.00000000 0.00000000) *
   7) sg>=1.0175 149   2 notckd (0.01342282 0.98657718) *
```

打印输出一开始有下面信息:

```
n = 400
node), split, n, loss, yval, (yprob) * denotes terminal node
```

第一行n=400说明观测值总共有400个, 而第二行为每个节点内容的说明: node)为节点号码, split为分叉的拆分变量及判别准则, n为在该节点的观测值数, loss是如果在这个节点按照少数服从多数分类的话, 有多少观测值会分错, yval为在该节点数据中因变量的多数水平, 即如果不再分叉, 这个节点的观测值都被判为该水平, (yprob)为各个水平在该节点的比例, 而最后* denotes terminal node说明星号(*)标明的节点是终节点.

其次, 关于该树第1号节点的打印输出为:

```
1) root 400 150 ckd (0.62500000 0.37500000)
```

节点号码为1, 而且是根节点(root), 那里有400个观测值(全部数据), 其中150个为少数水平(loss), 因变量的多数水平为ckd, 还显示了因变量两种水平的比例(0.62500000 0.37500000). 图8.1中也标出了少数水平(notckd)观测值数与该节点样本量之比(150/400), 即该节点如果为终节点的误判比例.

打印输出的第2号节点为:

```
2) hemo< 13.05 232    3 ckd (0.98706897 0.01293103) *
```

节点号码为2, 而且是满足拆分变量hemo小于13.05的那部分数据(hemo<13.05), 那里剩下232个观测值, 有3个为少数水平, 因变量的多数水平为ckd, 还显示了因变量两种水平的比例(0.98706897 0.01293103). 而且由于有*号, 这是终节点, 不会再继续分叉了. 这相当于图8.1中左边的叉, 图8.1中也标出了少数水平(notckd)观测值数与该节点样本量之比(3/232).

打印输出的第3号节点为:

```
3) hemo>=13.05 168   21 notckd (0.12500000 0.87500000)
```

节点号码为3, 而且是满足拆分变量hemo不小于13.05的那部分数据(hemo>=13.05), 那里剩下168个观测值, 有21个为少数水平, 因变量的多数水平为notckd, 还显示了因变量两种水平的比例(0.12500000 0.87500000). 这相当于图8.1中从根节点分出的右边的叉, 图8.1中也标出了少数水平(ckd)观测值数与该节点样本量之比(21/168). 该节点不是终节点, 还要向左、右拆分出第6号和第7号节点.

打印输出的第6号节点为:

```
6) sg< 1.0175 19    0 ckd (1.00000000 0.00000000) *
```

节点号码为6, 而且是满足拆分变量sg小于1.0175的那部分数据(sg<1.0175), 那里剩下19个观测值, 有0个为少数水平, 因变量的多数水平为ckd, 还显示了因变量两种水平的比例(1.00000000 0.00000000). 这相当于图8.1中下边中间的叉, 图8.1中也标出了少数水平(notckd)观测值数与该节点样本量之比(0/19). 该节点是终节点.

打印输出的第7号节点为:

```
7) sg>=1.0175 149    2 notckd (0.01342282 0.98657718) *
```

节点号码为7, 而且是满足拆分变量sg不小于1.0175的那部分数据(sg>=1.0175), 那里剩下149个观测值, 有2个为少数水平, 因变量的多数水平为notckd, 还显示了因变量两种水平的比例(0.01342282 0.98657718). 这相当于图8.1中下边最右侧的叉, 图8.1中也标出了少数水平(ckd)观测值数与该节点样本量之比(2/149). 该节点是终节点.

下面介绍如何用一棵决策树来预测.

8.1.2 使用分类树来预测

假定我们有了新的数据(这里只有一行观测值, 来自经过改动的原来数据的第300行, 改变4个自变量的值并把因变量标为缺失):

```
new.data=w[300,];row.names(new.data)=NULL
new.data$hemo=14;new.data$sg=1
new.data$pc="abnormal";new.data$age=60
new.data$class=NA
new.data
```

得到新数据点(分两行展示)

```
> new.data
age bp sg al su   rbc      pc        pcc            ba  bgr bu
 60 60  1  0  0 normal abnormal notpresent notpresent 127 48
sc  sod pot hemo pcv   wc   rc  htn dm cad appet pe ane class
0.5 150 3.5   14  52 11000 4.7  no no  no  good no  no    NA
```

然后看图8.1: 从根节点下来的第一个拆分变量就是hemo, 对于这个新数据, hemo为14 ($\geqslant$ 13.05), 因此应该走向右边的子节点; 然后遇到的拆分变量为sg, 而新数据的sg为1($<$ 1.018), 因此应该走向左边的子节点(终节点), 在那里数据的因变量的多数水平为ckd, 这也是我们新数据的预测值.

上面这种"看图识字"式的预测在实际计算中是自动进行的:

```
predict(a,new.data,type="class")
```

得到预测值: ckd.

对于训练集本身的"预测", 则用下面代码产生混淆矩阵和误判率:

```
a.p=predict(a,w,type="class")
table(a.p,w$class)
sum(a.p!=w$class)/nrow(w)
```

结果为:

```
a.p       ckd notckd
  ckd     248      3
  notckd    2    147
```

显然, 这里只有5个观测值被误判了, 和图8.1最左边节点(3个)及最右边节点(2个)标明的相同. 此外, 还得到误判率为0.0125.

8.1.3 变量重要性

类似于决策树回归, 在例8.1数据的决策树分类中, 也可以通过代码a$var得到变量重要性(只选中9个):

```
> a$var
     hemo       pcv        sg         sc        rc
144.82759 129.31034 124.18300 118.12717 112.06897
```

al	rbc	bgr	dm
106.91553	18.99161	17.26510	15.53859

变量重要性图如图8.2所示.

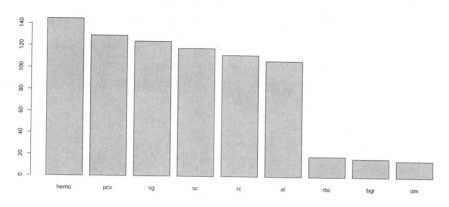

图 8.2　对例8.1数据做决策树分类的变量重要性图

8.1.4　分类树的生长: 如何选择拆分变量及如何结束生长

1.　拆分变量的选择

在介绍决策树回归时, 我们较详细地说明了定性变量和定量变量如何竞争一个节点(数据)的拆分变量. 做决策树分类时也类似, 只不过竞争的准则与回归有所不同.

假定观测值一共有K类, 在一个节点的观测值中属于第k类的比例为p_k ($k = 1, 2, .., K$). 显然, $\sum_{k=1}^{K} p_k = 1$. 最常用的准则有下面几种:

- **误判率**. 由于按照少数服从多数原则来确定分类, 误判率就是把少数类分到某类的概率. 对于有K类的情况, 如果$i^* = \arg \max_i p_i$, 则误判率为$1 - p_{i^*}$. 在竞争拆分变量时使用误判率会遇到一些困难, 因此很少使用.
- **熵**. 定义为$-\sum_{k=1}^{K} p_k \log_2 p_k$. 在所有的观测值都为一类时, 熵为0. 因此, 所选择的拆分变量是使得父节点的熵和子节点的熵差别(称为信息增益(information gain))最大的变量. 子节点的熵应该为按各个子节点观测值数目比例对各个节点熵的加权平均.
- **Gini 不纯度**(或**Gini 指数**). 定义为:

$$\sum_{k=1}^{K} p_k(1 - p_k) = \sum_{k=1}^{K} p_k - \sum_{k=1}^{K} p_k^2 = 1 - \sum_{k=1}^{K} p_k^2.$$

在所有的观测值都为一类时, Gini不纯度的度量为0. 因此, 所选择的拆分变量是使得父节点的Gini不纯度和子节点的Gini不纯度差别最大的变量. 子节点的Gini不纯度应该用各个子节点观测值数目比例对各个节点Gini不纯度的加权平均来计算.

一个变量可能因为取值不同而对数据有不同的拆分. 和回归一样, 根据采用的准则, 比如Gini不纯度或熵, 使得每个变量的拆分取值在其他取值中使得Gini不纯度或熵在父、子节点之间变化最大, 并以这个取值和其他变量竞争.

何时停止树的生长则按照某些确定的误判损失函数来计算. 在程序包part中的函数rpart()有一个控制参数cp, 如果纯度改变达不到它的值, 就不会再分叉了. 函数rpart()还有一个称为复杂性参数(complexity parameter)的量$\alpha(\in [0,\infty))$, 计算每增加一个变量到模型中的损失.

又如, 从长成的树的终节点开始剪枝, 每剪一次, 看看误差是不是增加, 如果误差增大超过要求则停止剪枝. 这种方法最简单.

另一种剪枝原则是使得下式最小:

$$\frac{\text{树}T\text{减去其子树}t\text{后的误差}-\text{树}T\text{的误差}}{\text{树}T\text{的终节点数目}-\text{树}T\text{减去其子树}t\text{后的终节点数目}}.$$

当然, 决策树还有一个最大深度限制, 超过那个限制就绝对不会再长了.

2. 从例8.1看分类树的生长过程

和回归一样, 我们还可以得到对例8.1数据做决策树分类的过程, 不同的是, 这里有替补拆分(surrogate splits)变量出现, 它有可能把主要拆分变量没有分对的观测值分对. 当然还有第二替补、第三替补, 等等, 那些不比按照简单的误判率准则确定的变量更好的变量不能作为替补. 下面就是所用的代码:

```
w=read.csv("kidney02.csv")
library(rpart)
a=rpart(class~.,w)
summary(a)
```

输出包括了cp的值、变量重要性、每一个节点的拆分变量和替补拆分变量等各种结果:

```
Call:
rpart(formula = class ~ ., data = w)
  n= 400
```

	CP	nsplit	rel error	xerror	xstd
1	0.8400000	0	1.00000000	1.00000000	0.06454972
2	0.1266667	1	0.16000000	0.20000000	0.03511885
3	0.0100000	2	0.03333333	0.05333333	0.01866667

```
Variable importance
hemo  pcv   sg    sc    rc    al    rbc   bgr   dm
  18   16    16    15    14    14     2     2     2
```

```
Node number 1: 400 observations,      complexity param=0.84
   predicted class=ckd      expected loss=0.375  P(node) =1
      class counts:   250    150
    probabilities: 0.625 0.375
   left son=2 (232 obs) right son=3 (168 obs)
   Primary splits:
      hemo < 13.05      to the left,  improve=144.8276, (0 missing)
      pcv  < 39.895     to the left,  improve=132.0652, (0 missing)
      sg   < 1.017892  to the left,  improve=121.8750, (0 missing)
      sc   < 1.250167   to the right, improve=118.2692, (0 missing)
      al   < 0.4266279 to the right, improve=108.0882, (0 missing)
   Surrogate splits:
      pcv < 39.895    to the left, agree=0.955, adj=0.893,(0 split)
      rc  < 4.676317 to the left, agree=0.905, adj=0.774,(0 split)
      sc  < 1.250167 to the right,agree=0.872, adj=0.696,(0 split)
      al  < 0.4266279 to the right,agree=0.850,adj=0.643,(0 split)
      sg  < 1.017892 to the left, agree=0.845, adj=0.631,(0 split)


Node number 2: 232 observations
   predicted class=ckd      expected loss=0.01293103  P(node) =0.58
      class counts:   229     3
    probabilities: 0.987 0.013


Node number 3: 168 observations,      complexity param=0.1266667
   predicted class=notckd  expected loss=0.125  P(node) =0.42
      class counts:   21   147
    probabilities: 0.125 0.875
   left son=6 (19 obs) right son=7 (149 obs)
   Primary splits:
      sg  < 1.0175     to the left,  improve=32.80369, (0 missing)
      rbc splits as  LR, improve=21.57581, (0 missing)
      al  < 0.5        to the right, improve=19.78846, (0 missing)
      bgr < 152.5      to the right, improve=19.78846, (0 missing)
      sc  < 1.250167   to the right, improve=19.78846, (0 missing)
   Surrogate splits:
      rbc splits as  LR, agree=0.952, adj=0.579, (0 split)
      bgr < 152.5      to the right, agree=0.946, adj=0.526,(0 split)
```

```
    sc  < 1.250167  to the right, agree=0.946, adj=0.526,(0 split)
    dm  splits as  RL, agree=0.940, adj=0.474, (0 split)
    al  < 0.5        to the right, agree=0.935, adj=0.421,(0 split)
```

```
Node number 6: 19 observations
  predicted class=ckd      expected loss=0   P(node) =0.0475
    class counts:    19       0
  probabilities: 1.000 0.000
```

```
Node number 7: 149 observations
 predicted class=notckd expected loss=0.01342282 P(node)=0.3725
    class counts:     2     147
 probabilities: 0.013 0.987
```

8.2　bagging分类

如介绍回归时所说的一样, bagging分类是一种最简单的基于分类树的组合方法. 它从训练样本中做多次放回抽样(自助法抽样), 每次建立一棵分类决策树, 假定一共建立B棵树(在程序包adabag中的函数bagging()的默认选项是建立100棵分类树). 然后, 对于每一个新的观测值, 通过这B棵树得到B个预测结果. 最后, 按照简单少数服从多数的原则来投票确定该观测值属于哪一类.

8.2.1　对例8.1全部数据的分类

为对例8.1全部数据分类, 使用下面代码:

```
w=read.csv("kidney02.csv")
set.seed(9999)
a=bagging(class~.,w)
```

从此可以得到很多结果. 比如可以用代码a$trees打印出默认的100棵决策树(很少有人愿意这样做), 也可以打印出你选择的树, 比如要打印第3棵树, 则用代码a$trees[[3]]即可. 如果你要得到每棵树对每个水平的投票, 可以用代码a$votes得到一个100行2列(因变量在例8.1有2个水平)的矩阵. 而代码a$prob产生元素等于a$votes/100的比例矩阵.

利用代码a$importance可得到各个变量在分类时的相对重要性, 这是基于每个变量在每棵树中对Gini指数变化的影响来度量的, 结果在图8.3中. 看起来和单独的决策树很类似, 只有hemo和sg两个变量最重要, pcv有一点影响, 这也说明了bagging方法的弱点(强势自变量的"霸道").

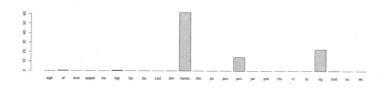

图 8.3　对例8.1数据做bagging分类的变量重要性图

8.2.2　使用bagging来预测

　　我们还是用前面使用分类树做预测时的数据(只有一行观测值, 来自经过改动的原来数据的第300行, 改变4个自变量的值并把因变量标为缺失):

```
new.data=w[300,];row.names(new.data)=NULL
new.data$hemo=14;new.data$sg=1
new.data$pc="abnormal";new.data$age=60
new.data$class=NA
new.data
levels(new.data[,25])=levels(w[,25])
predict(a,new.data)$class
```

得到预测值: ckd. 注意, 这里即使new.data的观测值的因变量值为NA, 也必须要确定其水平和训练集数据一样, 更不能只有自变量, 否则会有出错信息. 这是程序包adabag的缺陷. 在后面同一程序包的boosting分类预测中也有同样的问题.

　　对于训练集本身的"预测", 则用下面代码产生混淆矩阵和误判率:

```
a.p=predict(a,w)$class
table(a.p,w$class)
sum(a.p!=w$class)/nrow(w)
```

结果为:

```
a.p      ckd notckd
  ckd    248      3
  notckd   2    147
```

显然, 对于这个数据, bagging并不比单棵分类树好, 误判率为0.0125. 原因显然是hemo和sg那两个强势变量在绝大多数树中都占有绝对优势, 造成结果和单棵树一样. 如果各个变量竞争激烈, 许多变量都可能在建模中起作用, 则bagging就会和单棵的分类树很不一样了, 精确度会提高很多.

8.2.3　用自带函数做交叉验证

　　程序包adabag对其包含的分类方法带有交叉验证的函数, 对应bagging方法的交叉验证函数为bagging.cv(). 下面利用这个函数对例8.1数据分类做10折交叉验证(这里

选项v=10意味着10折, 实际上, 10折交叉验证是其默认值, 因此不用写入), 交叉验证代码为:

```
bcv=bagging.cv(class~.,w,v=10)
```

输出的混淆矩阵和误判率为:

```
> bcv$confusion
              Observed Class
Predicted Class ckd notckd
        ckd     248      4
        notckd    2    146
> bcv$err
[1] 0.015
```

和用训练集做预测的误差0.0125相比, 交叉验证的误判率要高些.

8.2.4 分类差额

对于任何一个观测值$\boldsymbol{x}_i$, 如果被判为第j类($j = 1, ..., k$, 假定有k类)的概率或者后验分布(即在bagging各个决策树所得到的票数比例)为$\mu_j(\boldsymbol{x}_i)$, 那么, 分类差额(classification margin)定义为:

$$m(\boldsymbol{x}_i) = \mu_c(\boldsymbol{x}_i) - \max_{j \neq c} \mu_j(\boldsymbol{x}_i), \tag{8.1}$$

这里c为$\boldsymbol{x}_i$的正确类, 显然$\sum_{j=1}^{k} \mu_j(\boldsymbol{x}_i) = 1$. 所有分错的观测值都有负的差额, 而正确分类的观测值都有正的差额. 对于例8.1数据, 我们用Fold()函数把数据随机分成一个训练集及一个测试集, 并据此画出这两个集合的差额分布图(见图8.4).

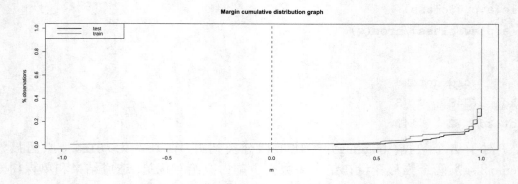

图 8.4 bagging对例8.1分类的训练集和测试集的差额分布

图8.4表明, 训练集的分布比测试集稍微好些(在大于0处的训练集的曲线略微高于测试集曲线). 差额分布图显示m在各个数值段的分布. 产生图8.4的代码为:

```
mm=Fold(2,w,25,8888);m=mm[[1]]
a=bagging(class~.,w[-m,])
```

```
kdbat=margins(predict(a,w[-m,]),w[-m,])
kdbate=margins(predict(a,w[m,]),w[m,])
plot.margins(kdbat,kdbate)
```

评论: 一些文献建议, 可以不使用bagging来分类, 因为随机森林和boosting一般都比bagging的预测精度要高. 笔者认为, 一种方法的好坏和数据本身的特性有关. 笔者也见到过一些bagging预测精度高于随机森林和boosting的实际例子. 因此, 认为某种方法总是比其他方法优秀的观念是不恰当的.

8.3　随机森林分类

现在介绍随机森林分类, 它和bagging分类非常类似, 是Breiman(2001)提出的. 随机森林也是从原始数据抽取一定数量的自助法样本, 根据我们要用的程序包randomForest中的函数randomForest(), 默认的样本量是500(选项ntree=500), 对每个样本建立一棵决策树, 但与bagging的区别在于, 在每个节点, 在所有竞争的自变量中随机选择几个(而不是所有的变量)来竞争拆分变量. 至于选择几个, 则是由选项mtry决定的, 对于分类, 默认值是自变量数目的平方根, 因此bagging是随机森林的mtry等于自变量个数的特例. 随机森林的每棵树都不剪枝, 让其充分生长, 而最终所有决策树都按照各自的分类结果做简单投票, 以票数最多的类别为预测结果.

正如在回归时一样, 随机森林的这种节点竞争变量随机限量选择的做法使得一些弱势变量有机会参加建模, 因此可能会揭示仅仅靠一些强势变量无法发现的数据规律. 随机森林分类还计算OOB交叉验证误差.

随机森林能够处理观测值很少但有很多个自变量的称为"维数诅咒"的问题, 还能处理自变量有高阶交互作用及自变量相关的问题.

8.3.1　对例8.1拟合全部数据

用随机森林对例8.1全部数据分类的代码如下:

```
w=read.csv("kidney02.csv")
library(randomForest);set.seed(1010)
a=randomForest(class~.,w,importance=T,localImp=T,proximity=T)
```

在分类的结果中, a$forest包含了森林的所有信息细节. 和随机森林回归一样, a$forest中的大部分信息可以从getTree()函数得到, 比如第50棵树的信息在下面代码赋值的Ta50中:

```
Ta50=getTree(a,50,labelVar=T)
```

Ta50有6列, 行数等于这棵树的节点个数, 其中各列名称和意义为:

(1) `left daughter`: 该节点的左边子节点的行数(0表示其为终节点).

(2) `right daughter`: 该节点的右边子节点的行数(0表示其为终节点).

(3) `split var`: 该节点的拆分变量名字(`<NA>`表示其为终节点).

(4) `split point`: 该节点的最好分割点.

(5) `status`: 是否为终节点(−1为"是", 1为"不是").

(6) `prediction`: 对该节点的预测值(`<NA>`说明其不是终节点).

所有树的大小(终节点个数)可以由函数`treesize(a)`得到(按照默认值, 一共有500个), 而`treesize(a,terminal=F)`得到的是所有树中的所有节点的个数. 下面代码画出我们拟合例8.1数据产生的随机森林每棵树的所有节点数和终节点数的直方图(见图8.5):

```
par(mfrow=c(1,2))
hist(treesize(a,terminal=F),20,xlab="Size of trees",
    main="Size of Trees (all nodes)")
hist(treesize(a),20,xlab="Size of trees",
    main="Size of Trees (terminals only)")
```

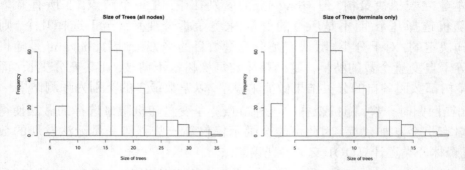

图 8.5 随机森林对例8.1拟合的所有节点数(左)和终节点数(右)的直方图

8.3.2 对例8.1数据的拟合精度计算

对于训练集, 随机森林的预测混淆矩阵很容易用语句`a$confusion`得到:

```
    ckd notckd class.error
ckd   250    0         0
notckd  0  150         0
```

结果显示误判率为0. 一般来说, 对训练集做预测的结果都比交叉验证要好. 实际上, 随机森林自动利用OOB数据做交叉验证.

随机森林在每次抽样构建树时, 由于抽样是放回抽样, 就造成了一部分数据没有参与决策树的训练, 这就是OOB数据, 它们形成天然的测试集, 我们可以很容易地得到交叉验证误差, 代码(仅仅用a)和结果如下:

```
> a
Call:
 randomForest(formula = class ~ ., data = w, importance = T,
```

```
     localImp = T,          proximity = T)
               Type of random forest: classification
                      Number of trees: 500
No. of variables tried at each split: 4


        OOB estimate of  error rate: 0%
Confusion matrix:
       ckd notckd class.error
ckd    250      0           0
notckd   0    150           0
```

输出显示, OOB误差是0. 这说明随机森林对这个数据的分类是非常精确的, 在对OOB数据的预测中, 没有分错一个.

8.3.3　随机森林分类的变量重要性

由于拟合选项importance=T, 使得用随机森林分类可以得到比回归更多的重要性度量. 这些度量包括对于变量对每一类预测精确度的影响, 对于例8.1的二分类情况, 这意味着两个重要性度量, 一个关于水平ckd, 一个关于notckd; 此外, 还有两个综合的重要性度量: 变量对于所有类预测精确性的影响的精确度量以及基于Gini指数的度量. 这些重要性显示在图8.6中.

图8.6的上面两图是关于两类(因变量两个水平)的各个变量的重要性, 下面两图是综合分类的变量重要性图. 图8.6的数据是基于用下面语句得到的关于24个自变量的24 × 4的重要性矩阵产生的:

```
w=read.csv("kidney02.csv")
library(randomForest);set.seed(1010)
a=randomForest(class~.,w,importance=T,localImp=T,proximity=T)
Imp=a$importance;par(mfrow=c(2,2));for(i in 1:4)
barplot(Imp[,i],cex.names=.7,main=colnames(Imp)[i])
```

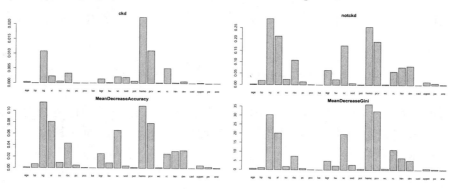

图 8.6　随机森林对例8.1拟合的变量重要性图

由于在拟合代码的选项中还有`localImp=T`, 这使得我们可以得到每个观测值在OOB数据中变量置换精度的度量, 即变量关于每个观测值的局部重要性. 输出局部重要性的代码为`a$local`, 但它是24 × 400的矩阵, 对应于24个自变量和400个观测值, 显示在变量局部重要性图(见图8.7)中.

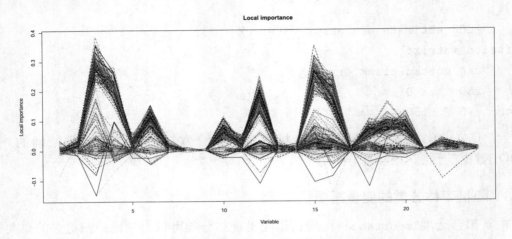

图 8.7 随机森林对例8.1拟合的局部重要性图

可以用下面代码来画出变量局部重要性图:

```
matplot(1:24,a$local,type="l",xlab="Variable",
    ylab="Local importance",main="Local importance")
```

从图8.7可以看出, 总体不重要的变量, 一般局部也不重要.

根据随机森林的变量重要性可以进行变量选择, 这在介绍随机森林回归时已经涉及, 这里不再重复.

8.3.4 部分依赖图

随机森林输出中还可以点出部分依赖图, 它是为每个自变量定义的, 是因变量对该变量的边缘依赖性, 如同边缘期望一样, 把其他变量的影响在求和中消除, 记预测函数为$f()$, 则形式上的部分依赖函数(随机森林当然不是一个数学公式了)为(注意, 和回归时不同):

$$\tilde{f}(x) = \ln p_k(x) - \frac{1}{K} \sum_{j=1}^{K} \ln p_j(x),$$

式中, K为类的数目; k为函数`partialPlot()`选项`which.class`的值, 意思是指定关注哪一类, 其缺省值是第一类; p_j为投票到j类的比例. 对于例8.1, 画出所有自变量部分依赖图(见图8.8)的代码为:

```
NM=names(w)[1:24]
par(mfrow=c(4,6))
```

```
for(i in 1:24)
partialPlot(a,pred.data=w,NM[i],xlab=NM[i],
    main=paste("Partial Dependence on",NM[i]))
```

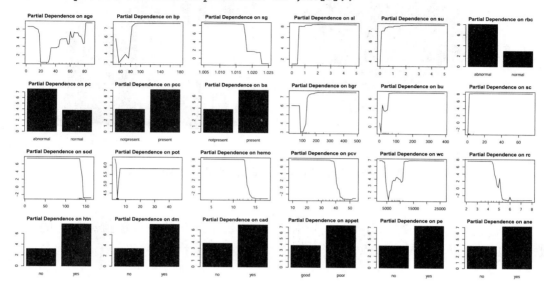

图 8.8　随机森林对例8.1拟合的变量部分依赖图

8.3.5　接近度和离群点图

1.　接近度

　　和在回归中一样, 随机森林可输出的另一个副产品是接近度. 在拟合代码中, 如果选项proximity=TRUE, 就会生成对称的接近度矩阵($n \times n$). 对于我们的数据, 它是400×400的矩阵, 其第ij个元素是对第i个观测值和第j个观测值在决策树同一个终节点的频率的一种度量(不是整数). 接近度在诸如基因等方面的许多领域有很重要的应用价值. 对于例8.1的拟合输出, 接近度矩阵为a\$proximity. 由于数据太多, 打印出来很难识别, 但是用透视图或影像图展示可能会有所启发. 图8.9是用函数persp()所作的透视图(左)和用函数image()所作的影像图(右), 代码如下:

```
par(mfrow=c(1,2))
persp(1:400, 1:400, a$proximity,theta = 30, phi = 30,
    expand = 0.5, col = "lightblue")
image(1:400, 1:400, a$proximity)
```

　　从图8.9可以看出, 前一部分观测值互相比较接近, 后一部分观测值互相也比较接近, 但前面部分和后面部分的观测值似乎很不接近. 这说明数据中观测值的排列顺序并不是随机的. 实际上前250个观测值对应的因变量类别为ckd, 而后面150个对应的因变量类别为notckd. 相应于同样因变量水平的观测值当然要互相接近了, 这反映在图8.9所显示的模式之中.

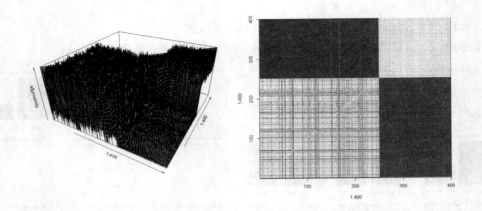

图 8.9　随机森林对例8.1拟合的接近度图: 透视图(左)和影像图(右)

2. 离群点图

和回归类似, 随机森林分类也有离群点的概念, 图8.10就是观测值离群点的点图, 其中突出的可以认为是离群点.

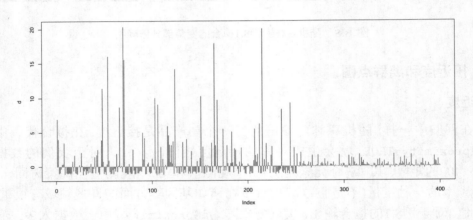

图 8.10　随机森林对例8.1拟合的离群点图

一个观测值离其他点远近的一个度量定义为样本量n除以其接近度的平方和(再进行标准化). 显然, 如果接近度很大, 说明该观测值比较接近观测值主体, 这样分母就比较大, 离群点度量就小. 绘制图8.10的代码和用随机森林做回归时绘制离群点图的相同(计算接近度需要拟合代码中有选项proximity=T):

```
d=outlier(a$proximity)
plot(d, type="h")
```

8.3.6　关于误差的两个点图

随机森林分类与回归一样, 随着决策树的数目增加, 误判率会降低, 而随着变量的增加, 误判率也会降低. 下面代码就产生这样两个图(见图8.11):

```
ww <- cbind(w[,-25], matrix(runif(100 * nrow(w)),
    nrow(w), 100))
rr=rfcv(ww, w[,25], cv.fold=10)
par(mfrow=c(1,2))
plot(a,main="Error vs number of trees")
with(rr, plot(n.var, error.cv, type="o", lwd=2))
```

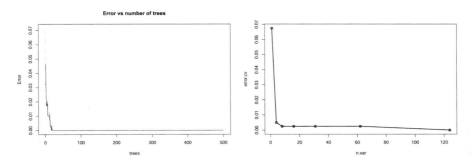

图 8.11　随机森林对例8.1拟合的决策树数目(左)及变量个数(右)与误差的关系图

　　图8.11的左图就是用plot(a)得到的, 其纵坐标为误差, 而横坐标为决策树的数目; 图8.11的右图是利用10折交叉验证得到的变量个数(横坐标)与误差(纵坐标)的关系, 右图变量数目变化的次序是按照变量重要性确定的. 从图8.11的左图可以看出, 对例8.1, 只要不到50棵树就够了.

8.3.7　寻求最佳节点竞争变量个数

　　在随机森林分类中, 在每个节点上, 按照函数randomForest()关于mtry选项的默认值, 只有自变量数目平方根的变量被随机选出来竞争拆分变量. 当然, 这并不一定对所有数据都合适. 和回归一样, 程序包randomForest的函数tuneRF()可以自动根据OOB误差计算最优的mtry值. 对于例8.1数据, 代码为:

```
set.seed(8888);tuneRF(w[,-25], w[,25],stepFactor=1.5)
```

　　但由于所得到的OOB误差都是0, 所以不会有更多为了改进精度而做的搜寻, 更不会输出图形了.

8.4　adaboost分类

8.4.1　概述

　　adaboost(adaptive boosting的缩写)是著名的分类方法, 其基本学习器是分类树. 它和bagging类似, 不同之处在于, adaboost每次用自助法抽样来构建树时, 都根据前一棵树的结果对于误判的观测值增加抽样权重, 使得下一棵树能够对误判的观测值有更多的代表性. 最终的结果由所有的树加权投票得到, 权重根据各棵树的精确度来确定. 我们要用程序包adabag中的函数boosting(), 该函数通过自助法加权抽样构建的决策树的默认棵数为100.

假定样本为$(\boldsymbol{X}_1, Y_1), (\boldsymbol{X}_2, Y_2), ..., (\boldsymbol{X}_n, Y_n)$, 为描述简单, 假定因变量为二分类变量, $Y \in \{0, 1\}$, 即只有两类. adaboost的具体步骤则为:

(1) 对观测值点选择初始的自助法抽样权重$w_i^{[0]} = 1/n$ $(i = 1, ..., n)$, 设$m = 0$.

(2) 把m增加1. 用基本方法(这里是分类树)拟合加权抽样的数据, 权重为$\boldsymbol{w}^{[m-1]}$, 产生分类器$\hat{g}^{[m]}(\cdot)$.

(3) 计算样本内的加权误判率:

$$\mathrm{err}^{[m]} = \sum_{i=1}^{n} w_i^{[m-1]} I(Y_i \neq \hat{g}^{[m]}(\boldsymbol{X}_i)) / \sum_{i=1}^{n} w_i^{[m-1]},$$

$$\alpha^{[m]} = \ln\left(\frac{1 - \mathrm{err}^{[m]}}{\mathrm{err}^{[m]}}\right),$$

然后更新权重:

$$\tilde{w}_i = w_i^{[m-1]} \exp(\alpha^{[m]} I(Y_i \neq \hat{g}^{[m]}(\boldsymbol{X}_i))),$$

$$w_i^{[m]} = \tilde{w}_i / \sum_{j=1}^{n} \tilde{w}_j.$$

(4) 重复第(2)和第(3)步, 直到预先设定的步数$m = m_{\mathrm{stop}}$. 这样就建立了根据加权投票来分类的组合分类器:

$$\hat{f}_{\mathrm{adaboost}}(\boldsymbol{x}) = \arg\min_{y \in \{0,1\}} \sum_{m=1}^{m_{\mathrm{stop}}} \alpha^{[m]} I(\hat{g}^{[m]}(\boldsymbol{x}) = y).$$

8.4.2 对例8.1全部数据的分类及变量重要性

用adaboost对例8.1全部数据拟合的代码为:

```
w=read.csv("kidney02.csv")
library(adabag)
set.seed(1010)
a=boosting(class~.,w)
```

由于同属于一个程序包, 因此和bagging类似, 可以得到很多结果. 比如可以用代码a$trees打印出默认的100棵决策树(很少有人愿意这样做), 也可以打印出你选择的树, 比如要打印第3棵树, 则用代码a$trees[[3]]即可. 如果你要得到每棵树对每个水平的加权($\alpha_i^{[m]}$)投票, 可以用代码a$votes得到100行2列(因变量在例8.1有2个水平)的矩阵. 而代码a$prob产生对每个观测值分到每一类的后验概率. a$class为各个观测值被预测的类.

使用代码a$importance可得到各个变量在分类时的相对重要性, 这是基于每个变量在每棵树中对Gini指数变化的影响以及该树的权重来度量的. 变量重要性的结果展示在图8.12中, 虽然其中有很多0, 重要变量仍然要比bagging稍微多些, 但不如随机森林涉及的多.

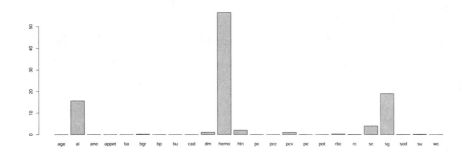

图 8.12　例8.1数据adaboost分类的变量重要性图

产生图8.12的代码为:

```
barplot(a$importance)
```

8.4.3　使用adaboost来预测

我们还是用前面使用分类树做预测时的数据(只有一行观测值, 来自经过改动的原来数据的第300行, 改变4个自变量的值并把因变量标为缺失), 代码和bagging相同:

```
new.data=w[300,];row.names(new.data)=NULL
new.data$hemo=14;new.data$sg=1
new.data$pc="abnormal";new.data$age=60
new.data$class=NA
new.data
levels(new.data[,25])=levels(w[,25])
predict(a,new.data)$class
```

得到预测值: ckd. 注意, 这里即使new.data的观测值的因变量值为NA, 也必须要确定其水平和训练集数据一样, 更不能只有自变量, 否则会有出错信息. 这是程序包adabag的缺陷.

对于训练集本身的"预测", 则用下面代码产生混淆矩阵和误判率:

```
a.p=predict(a,w)$class
table(a.p,w$class)
sum(a.p!=w$class)/nrow(w)
```

结果为:

```
a.p      ckd notckd
  ckd     250      0
  notckd    0    150
```

这个结果和随机森林分类完全一样, 误判率为0. 当然, 这仅仅是对训练集的"预测", 交叉验证的误判率则更有说服力.

8.4.4 用自带函数做交叉验证

对于adaboost方法的交叉验证函数为boosting.cv(). 下面利用这个函数对例8.1数据分类做10折交叉验证, 代码为:

```
cv=boosting.cv(class~.,w,v=10)
```

输出的混淆矩阵和误判率为:

```
> cv$confusion
              Observed Class
Predicted Class ckd notckd
        ckd     249      0
        notckd    1    150
> cv$err
[1] 0.0025
```

和用训练集做预测的零误差相比, 交叉验证有一个误判.

8.4.5 分类差额

我们在8.2.4节介绍了分类差额的概念, 并用于bagging分类. 对于adaboost分类, 也可以求出差额并产生其分布图. 我们用和做bagging分类时相同的训练集和测试集来作差额分布图(见图8.13), 代码如下:

```
mm=Fold(2,w,25,8888);m=mm[[1]]
a=boosting(class~.,w[-m,])
kdbat=margins(predict(a,w[-m,]),w[-m,])
kdbate=margins(predict(a,w[m,]),w[m,])
plot.margins(kdbat,kdbate)
```

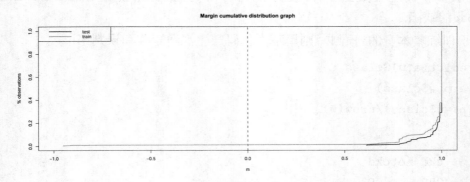

图 8.13　adaboost对例8.1拟合的训练集和测试集的差额分布

8.5　人工神经网络分类

在回归部分已经介绍了人工神经网络, 这里不再重复. 但神经网络做分类也是把因变量的水平数字化, 如同做回归一样. 下面根据例8.1数据, 利用程序包nnet中的函数nnet()对例8.1的全部数据做神经网络分类, 并画出神经网络图(见图8.14).

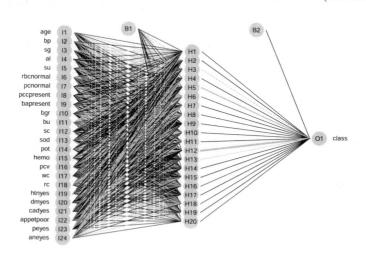

图 8.14　例8.1的有20个隐藏层节点、24个自变量及一个因变量的神经网络图

读入数据及做神经网络分类的代码[1]为:

```
w=read.csv("kidney02.csv")
library(nnet)
set.seed(9999)
a=nnet(class~.,w, size=20,rang=0.01,decay=5e-4, maxit=300)
```

由于例8.1的因变量为二分类变量, nnet()函数把它变成取值{0,1}的变量来拟合, 图8.14也说明了这一点. 最终的输出还有残差(a$residuals)、拟合值(a$fitted)、权重(a$wts)等.

对于训练集本身做预测, 代码及结果如下:

```
> ap=predict(a,w,type="class");table(ap,w$class)


ap      ckd notckd
  ckd     250      0
  notckd    0    150
```

误判率为0, 但是, 读者可以试试, 如果把隐藏层节点数目改成size=15, 就会有5个观测值被误判; 如果再减少到10, 就全部分成ckd了(属于notckd类的观测值全都被分

---

[1]画图代码和回归时一样, 但可能有些文件要下载或更新.

到ckd). 随机种子的改变也会大大改变分类结果. 因此, 神经网络至少不适合这个数据的分类.

8.6   支持向量机分类

支持向量机在回归中已经做了介绍. 虽然支持向量机回归方法是从分类发展出的(Burges, 1998), 但仍然和分类有不少区别. 其共同点是处理非线性问题时通过线性学习机利用核把低维变量映射到高维变量空间, 而且该系统的能力是由不依赖于变量空间维数的参数所控制的.

8.6.1   线性可分问题的基本思想

考虑训练数据样本$D = \{(\boldsymbol{x}_1, y_1), (\boldsymbol{x}_2, y_2), ..., (\boldsymbol{x}_m, y_m)\}$. 由于支持向量机的分类(无论有多少类)都是基于二分类的方法, 因此我们仅考虑二分类问题, 假定$y_j \in \{-1, 1\}$, 而自变量$\boldsymbol{x}_j \in \mathbb{R}^n$.

1.   线性可分问题和超平面

图8.15为在二维空间中线性可分问题的示意图.

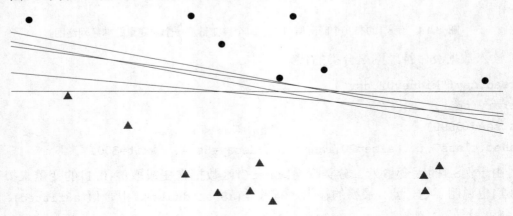

图 8.15   线性可分问题的二维示意图

图8.15中有两类点, 这两类点可以用一条直线(比如$a + bx = 0$)分开, 这属于线性可分问题. 在一维空间中, 线性可分意味着可以用一个点(比如$a = a_0$)把两类点分开; 在三维空间中, 线性可分意味着可以用平面把两类点分开; 在多维空间中, 线性可分则意味着可以用超平面把两类点分开. 用

$$\langle \boldsymbol{w}, \boldsymbol{x} \rangle + b = 0$$

表示这样的超平面.[1] 这里$\boldsymbol{w}$称为权向量(weight vector).

---

[1]这里的符号$\langle \boldsymbol{w}, \boldsymbol{x} \rangle$是向量$\boldsymbol{w}$和$\boldsymbol{x}$的内积或点积, 也可以写成$\boldsymbol{w}^\top \boldsymbol{x}$, $\boldsymbol{w} \cdot \boldsymbol{x}$或者$\boldsymbol{x}^\top \boldsymbol{w}$.

从图8.15可以看出, 可以分开这两类点的直线并不唯一. 因此, 问题就归结于选择哪一条直线的问题了. 代表超平面的函数

$$F(\boldsymbol{x}, \boldsymbol{w}, b) = \langle \boldsymbol{w}, \boldsymbol{x} \rangle + b$$

称为支持向量机分类函数(SVM classification function). b称为偏差(bias). 显然, 只要$w_i \neq 0$, 该超平面和第i个坐标轴交于点$(0, 0, ..., -b/w_i, ..., 0)$, 即在第$i$个坐标轴上的截距为$-b/w_i$. 显然向量$\boldsymbol{w}$为该超平面的法线方向, 正交于该超平面.

对于任何一个点$\boldsymbol{x}$, 如果其在超平面$F(\boldsymbol{x}, \boldsymbol{w}, b) = 0$上的投影点为$\boldsymbol{x}_p$, 而且$\boldsymbol{x}$与$\boldsymbol{x}_p$的有向距离(directed distance)为r, 那么可以表示为:

$$\boldsymbol{x} = \boldsymbol{x}_p + r\frac{\boldsymbol{w}}{\|\boldsymbol{w}\|},$$

这里的$\|\boldsymbol{w}\| = \sqrt{\langle \boldsymbol{w}, \boldsymbol{w} \rangle}$, $\boldsymbol{w}/\|\boldsymbol{w}\|$是单位权向量. 因此有

$$\begin{aligned}
F(\boldsymbol{x}, \boldsymbol{w}, b) &= \langle \boldsymbol{w}, \boldsymbol{x}_p + r\frac{\boldsymbol{w}}{\|\boldsymbol{w}\|} \rangle + b \\
&= \langle \boldsymbol{w}, \boldsymbol{x}_p \rangle + b + \langle \boldsymbol{w}, r\frac{\boldsymbol{w}}{\|\boldsymbol{w}\|} \rangle \\
&= 0 + r\frac{\langle \boldsymbol{w}, \boldsymbol{w} \rangle}{\|\boldsymbol{w}\|} \\
&= r\|\boldsymbol{w}\|,
\end{aligned}$$

也就是说, 点$\boldsymbol{x}$到超平面$F(\boldsymbol{x}, \boldsymbol{w}, b) = 0$的距离为:

$$r = \frac{F(\boldsymbol{x}, \boldsymbol{w}, b)}{\|\boldsymbol{w}\|}.$$

显然, 上面说的线性可分问题能够如下定义: 如果对于函数$F(\boldsymbol{x}, \boldsymbol{w}, b)$满足

$$F(\boldsymbol{x}, \boldsymbol{w}, b) > 0, \quad y_i = 1,$$
$$F(\boldsymbol{x}, \boldsymbol{w}, b) < 0, \quad y_i = -1,$$

或等价地

$$y_i(\langle \boldsymbol{w}, \boldsymbol{x}_i \rangle + b) > 0, \ \forall (\boldsymbol{x}_i, y_i) \in D, \tag{8.2}$$

则称D是线性可分的(linearly separable). 而点$\boldsymbol{x}$到超平面的绝对距离为:

$$\delta = yr = \frac{yF(\boldsymbol{x}, \boldsymbol{w}, b)}{\|\boldsymbol{w}\|}.$$

记点$\boldsymbol{x}_i$到超平面的绝对距离为δ_i, 则

$$\delta_i = \frac{y_i F(\boldsymbol{x}, \boldsymbol{w}, b)}{\|\boldsymbol{w}\|} = \frac{y_i(\langle \boldsymbol{w}, \boldsymbol{x}_i \rangle + b)}{\|\boldsymbol{w}\|}.$$

称点到超平面的距离的最小值为线性分类器的边距(margin), 即边距

$$\delta^* = \min_{\boldsymbol{x}_i}\{\delta_i\} = \min_{\boldsymbol{x}_i}\left\{\frac{y_i(\langle \boldsymbol{w}, \boldsymbol{x}_i \rangle + b)}{\|\boldsymbol{w}\|}\right\}.$$

所有满足上面最小值的点$\boldsymbol{x}^*$(记相应的y_i为y^*), 即

$$\boldsymbol{x}^* = \arg\min_{\boldsymbol{x}_i}\left\{\frac{y_i(\langle \boldsymbol{w}, \boldsymbol{x}_i \rangle + b)}{\|\boldsymbol{w}\|}\right\}$$

或

$$\delta^* = \left\{ \frac{y^*(\langle \boldsymbol{w}, \boldsymbol{x}^* \rangle + b)}{\|\boldsymbol{w}\|} \right\},$$

都称为支持向量(support vector).

2. 典则超平面

我们选择一个因子s, 使得

$$sy^*(\langle \boldsymbol{w}, \boldsymbol{x}^* \rangle + b) = sy^*(F(\boldsymbol{x}^*, \boldsymbol{w}, b)) = 1$$

或

$$s = \frac{1}{y^*(\langle \boldsymbol{w}, \boldsymbol{x}^* \rangle + b)} = \frac{1}{y^*(F(\boldsymbol{x}^*, \boldsymbol{w}, b))}.$$

于是支持向量$\boldsymbol{x}^*$到超平面$sF(\boldsymbol{x}^*, \boldsymbol{w}, b) = 0$(乘一个因子不会改变超平面)的距离(即边距)为:

$$\delta^* = \frac{1}{\|\boldsymbol{w}\|}.$$

这样的超平面$sF(\boldsymbol{x}^*, \boldsymbol{w}, b) = 0$称为典则超平面(canonical hyperplane). 对于典则超平面

$$y_i(\langle \boldsymbol{w}, \boldsymbol{x}_i \rangle + b) \geqslant 1, \ \forall (\boldsymbol{x}_i, y_i) \in D. \tag{8.3}$$

我们以后讨论的超平面都是指典则超平面.

3. 边距最大的典则超平面

在图8.15中可以有很多超平面来分割两类点. 直观上容易接受的超平面是选择使得不包含样本点的邻域最宽的直线作为最优分割直线.

最优的典则超平面$F^*(\boldsymbol{x}^*, \boldsymbol{w}, b) = 0$应该使得边距最大, 即

$$F^* = \arg \max_F \{\delta^*\} = \arg \max_{\boldsymbol{w}, b} \left\{ \frac{1}{\|\boldsymbol{w}\|} \right\}.$$

使边距最大化等价于最小化$\|\boldsymbol{w}\|$. 这时的问题就成为

$$\text{最小化}: Q(\boldsymbol{w}) = \frac{1}{2}\|\boldsymbol{w}\|^2, \tag{8.4}$$

$$\text{约束为}: y_i(\langle \boldsymbol{w}, \boldsymbol{x}_i \rangle + b) \geqslant 1, \ \forall (\boldsymbol{x}_i, y_i) \in D. \tag{8.5}$$

式(8.4)中$Q(\boldsymbol{w})$表达式$\|\boldsymbol{w}\|$前面的因子$\frac{1}{2}$是为了数学上的方便. 这是个有约束的优化问题.

式(8.4)和式(8.5)是带约束的优化问题, 可用Lagrange乘数法来解, 即对每个约束引进Lagrange乘数α_i, 并基于KKT条件

$$\alpha_i\{y_i(\langle \boldsymbol{w}, \boldsymbol{x}_i \rangle + b) - 1\} = 0, \ \alpha_i \geqslant 0.$$

构造Lagrange函数

$$\mathcal{L}(\boldsymbol{w}, b, \boldsymbol{\alpha}) = \frac{1}{2}\|\boldsymbol{w}\|^2 - \sum_{i=1}^{m} \alpha_i\{y_i(\langle \boldsymbol{w}, \boldsymbol{x}_i \rangle + b) - 1\}. \tag{8.6}$$

需要寻求使得$\mathcal{L}$最小的$\boldsymbol{w}, b$和α_i, 以得到最优典则超平面.

图8.16中的就是这样一个最优典则超平面(这里是直线), 表示其邻域的两条直线刚好接触到两类中的三个点, 实际上, 仅仅由这三个称为支持向量的点决定这条直线.

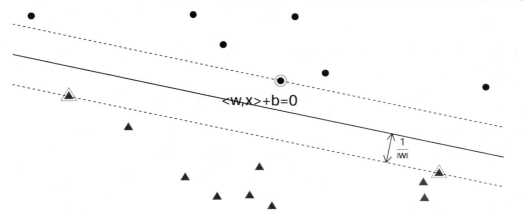

图 8.16　线性可分问题的最优分割直线

4. 对偶Lagrange问题

为了解上面的Lagrange问题, 需要求$\mathcal{L}$关于$\boldsymbol{w}, b$的偏导数, 并使它们等于0:

$$\frac{\partial}{\partial \boldsymbol{w}}\mathcal{L} = \boldsymbol{w} - \sum_{i=1}^{m} \alpha_i y_i \boldsymbol{x}_i = \boldsymbol{0} \text{ 或者 } \boldsymbol{w} = \sum_{i=1}^{m} \alpha_i y_i \boldsymbol{x}_i;$$

$$\frac{\partial}{\partial b}\mathcal{L} = \sum_{i=1}^{m} \alpha_i y_i = 0$$

把这些代入式(8.6)得到对偶Lagrange目标函数(dual Lagrangian objective function):

$$\mathcal{L}_{dual} = \frac{1}{2}\langle \boldsymbol{w}, \boldsymbol{w} \rangle - \langle \boldsymbol{w}, \sum_{i=1}^{m} \alpha_i y_i \boldsymbol{x}_i \rangle - b\sum_{i=1}^{m} \alpha_i y_i + \sum_{i=1}^{m} \alpha_i$$

$$= -\frac{1}{2}\langle \boldsymbol{w}, \boldsymbol{w} \rangle + \sum_{i=1}^{m} \alpha_i$$

$$= \sum_{i=1}^{m} \alpha_i - \frac{1}{2}\sum_{i=1}^{m}\sum_{j=1}^{m} \alpha_i \alpha_j y_i y_j \langle \boldsymbol{x}_i, \boldsymbol{x}_j \rangle.$$

这时的对偶目标问题就成为

$$目标: \max_{\boldsymbol{\alpha}} \mathcal{L}_{dual} = \sum_{i=1}^{m} \alpha_i - \frac{1}{2}\sum_{i=1}^{m}\sum_{j=1}^{m} \alpha_i \alpha_j y_i y_j \langle \boldsymbol{x}_i, \boldsymbol{x}_j \rangle. \tag{8.7}$$

$$约束: \alpha_i \geqslant 0, \forall i \in D; \sum_{i=1}^{m} \alpha_i y_i = 0.$$

按照KKT条件

$$\alpha_i\{y_i(\langle \boldsymbol{w}, \boldsymbol{x}_i \rangle + b) - 1\} = 0, \alpha_i \geqslant 0,$$

或者$\alpha_i = 0$, 或者$y_i(\langle \boldsymbol{w}, \boldsymbol{x}_i \rangle + b) = 1$. 如果$\alpha_i > 0$, 则$y_i(\langle \boldsymbol{w}, \boldsymbol{x}_i \rangle + b) = 1$, 那么$\boldsymbol{x}_i$一定是支持向量. 反之, 如果$y_i(\langle \boldsymbol{w}, \boldsymbol{x}_i \rangle + b) > 1$, 则$\boldsymbol{x}_i$一定不是支持向量, 那么$\alpha_i = 0$. 因此, 只用支持向量可计算$\boldsymbol{w}$:

$$\boldsymbol{w} = \sum_{i, \alpha_i > 0} \alpha_i y_i \boldsymbol{x}_i.$$

也就是说, 那些非支持向量对于确定$\boldsymbol{w}$毫无影响.

根据$y_i(\langle \boldsymbol{w}, \boldsymbol{x}_i \rangle + b) = 1$,

$$b = \frac{1}{y_i} - \langle \boldsymbol{w}, \boldsymbol{x}_i \rangle = y_i - \langle \boldsymbol{w}, \boldsymbol{x}_i \rangle.$$

取平均值: $b = \operatorname{avg}_{\alpha_i > 0}\{b\}$.

因此, 按照SVM分类器, 对于一个新的点$\boldsymbol{z}$, 预测的y值为:

$$\hat{y} = \operatorname{sign}(\langle \boldsymbol{w}, \boldsymbol{z} \rangle + b),$$

这里$\operatorname{sign}(\cdot)$为符号函数.

8.6.2 近似线性可分问题

我们可以放松条件, 以使得在允许一些误分类的情况下把某些线性不可分问题仍然按照线性可分情况处理. 这时, 我们在式(8.3)中引入松弛变量(slack variable)$\xi_i(\geqslant 0)$, 得到

$$y_i(\langle \boldsymbol{w}, \boldsymbol{x}_i \rangle + b) > 1 - \xi_i, \ \forall(\boldsymbol{x}_i, y_i) \in D. \tag{8.8}$$

在$0 < \xi_i < 1$时, 使用式(8.8)分类还和原先一样不会分错, 但当$\xi_i \geqslant 1$时, 就会分错. 在式(8.8)的设定下, 问题成为所谓的软边距(soft margin)问题:

$$\text{目标: } \min_{\boldsymbol{w}, b, \xi_i} \left\{ \frac{\|\boldsymbol{w}\|}{2} + C \sum_{i=1}^{m} (\xi_i)^k \right\}. \tag{8.9}$$

$$\text{约束: } y_i(\langle \boldsymbol{w}, \boldsymbol{x}_i \rangle + b) > 1 - \xi_i; \ \xi_i \geqslant 0, \ \forall(\boldsymbol{x}_i, y_i) \in D.$$

式(8.9)中的C和k为与误分类损失有关的常数. $\sum_{i=1}^{m}(\xi_i)^k$为损失, 是相对于可分问题的偏离的度量. 和回归时一样, C称为正则常数, 控制着最大化边距$2/\|\boldsymbol{w}\|$和最小化损失$\sum_{i=1}^{m}(\xi_i)^k$之间的平衡. k一般取1, 称为转轴损失(hinge loss), 或者取2, 称为二次损失.

1. 转轴损失情况

这时, KKT条件为:

$$\alpha_i\{y_i(\langle \boldsymbol{w}, \boldsymbol{x}_i \rangle + b) - 1 + \xi_i\} = 0, \ \alpha_i \geqslant 0,$$
$$\beta_i(\xi_i - 0) = 0, \ \beta_i \geqslant 0$$

Lagrange函数$\mathcal{L}(\boldsymbol{w}, b, \boldsymbol{\xi}, \boldsymbol{\alpha}, \boldsymbol{\beta}, C)$为:

$$\mathcal{L} = \frac{1}{2}\|\boldsymbol{w}\|^2 + C \sum_{i=1}^{m} \xi_i - \sum_{i=1}^{m} \alpha_i\{y_i(\langle \boldsymbol{w}, \boldsymbol{x}_i \rangle + b) - 1 + \xi_i\} - \sum_{i=1}^{m} \beta_i \xi_i. \tag{8.10}$$

对$\mathcal{L}$关于$\boldsymbol{w}, b, \boldsymbol{\xi}$求偏导数并设为0, 得到:

$$\boldsymbol{w} = \sum_{i=1}^{m} \alpha_i y_i \boldsymbol{x}_i, \ \sum_{i=1}^{m} \alpha_i y_i = 0, \ \beta_i = C - \alpha_i$$

把这些代入式(8.10)得到对偶Lagrange目标函数:

$$\begin{aligned}
\mathcal{L}_{dual} =& \frac{1}{2} \langle \boldsymbol{w}, \boldsymbol{w} \rangle - \langle \boldsymbol{w}, \sum_{i=1}^{m} \alpha_i y_i \boldsymbol{x}_i \rangle - b \sum_{i=1}^{m} \alpha_i y_i + \sum_{i=1}^{m} \alpha_i + C \sum_{i=1}^{m} \xi_i \\
& - \sum_{i=1}^{m} (\alpha_i + \beta_i) \xi_i \\
=& -\frac{1}{2} \langle \boldsymbol{w}, \boldsymbol{w} \rangle + \sum_{i=1}^{m} \alpha_i + C \sum_{i=1}^{m} \xi_i - \sum_{i=1}^{m} (\alpha_i + C - \alpha_i) \xi_i \\
=& \sum_{i=1}^{m} \alpha_i - \frac{1}{2} \sum_{i=1}^{m} \sum_{j=1}^{m} \alpha_i \alpha_j y_i y_j \langle \boldsymbol{x}_i, \boldsymbol{x}_j \rangle.
\end{aligned}$$

对偶目标问题为:

$$\text{目标: } \max_{\boldsymbol{\alpha}} \mathcal{L}_{dual} = \sum_{i=1}^{m} \alpha_i - \frac{1}{2} \sum_{i=1}^{m} \sum_{j=1}^{m} \alpha_i \alpha_j y_i y_j \langle \boldsymbol{x}_i, \boldsymbol{x}_j \rangle. \tag{8.11}$$

$$\text{约束: } 0 \leqslant \alpha_i \leqslant C, \ \forall i \in D; \ \sum_{i=1}^{m} \alpha_i y_i = 0.$$

类似于前面的结论, 如果$\alpha_i > 0$, 则$\boldsymbol{x}_i$一定是支持向量; 反之, 如果$\alpha_i = 0$, 则$\boldsymbol{x}_i$一定不是支持向量. 但是这里的支持向量包括所有满足

$$y_i (\langle \boldsymbol{w}, \boldsymbol{x}_i \rangle + b) = 1 - \xi_i$$

的点, 也就是说, 既包含在边距上的点($\xi_i = 0$的点), 也包括那些$\xi_i > 0$的点. 只用支持向量可计算$\boldsymbol{w}$:

$$\boldsymbol{w} = \sum_{i, \alpha_i > 0} \alpha_i y_i \boldsymbol{x}_i.$$

由于$\beta_i = C - \alpha_i$以及KKT条件$\beta_i (\xi_i - 0) = 0, (C - \alpha_i) \xi_i = 0$. 因此, 对于$\alpha_i > 0$的情况, 只有两种可能: $\alpha_i = C$, 或者$\alpha_i < C$ (这里$\alpha_i < C$意味着$\xi_i = 0$, 即没有软边距的情况). 这时可以解出

$$b = y_i - \langle \boldsymbol{w}, \boldsymbol{x}_i \rangle,$$

b可用平均值得到. 对于一个新的点$\boldsymbol{z}$, 预测的y值为:

$$\hat{y} = \text{sign}(\langle \boldsymbol{w}, \boldsymbol{z} \rangle + b).$$

2. 二次损失情况

在二次损失情况, Lagrange函数$\mathcal{L}(\boldsymbol{w}, b, \boldsymbol{\xi}, \boldsymbol{\alpha}, C)$为:

$$\mathcal{L} = \frac{1}{2} \|\boldsymbol{w}\|^2 + C \sum_{i=1}^{m} \xi_i^2 - \sum_{i=1}^{m} \alpha_i \{y_i (\langle \boldsymbol{w}, \boldsymbol{x}_i \rangle + b) - 1 + \xi_i\}. \tag{8.12}$$

对$\mathcal{L}$关于$\boldsymbol{w}, b, \boldsymbol{\xi}$求偏导数并设为0, 得到:

$$\boldsymbol{w} = \sum_{i=1}^{m} \alpha_i y_i \boldsymbol{x}_i, \ \sum_{i=1}^{m} \alpha_i y_i = 0, \ \xi_i = \frac{1}{2C} \alpha_i.$$

得到对偶Lagrange目标函数:

$$\mathcal{L}_{dual} = \sum_{i=1}^{m} \alpha_i - \frac{1}{2} \sum_{i=1}^{m} \sum_{j=1}^{m} \alpha_i \alpha_j y_i y_j \langle \boldsymbol{x}_i, \boldsymbol{x}_j \rangle - \frac{1}{4C} \sum_{i=1}^{m} \alpha_i^2$$

$$= \sum_{i=1}^{m} \alpha_i - \frac{1}{2} \sum_{i=1}^{m} \sum_{j=1}^{m} \alpha_i \alpha_j y_i y_j \left(\langle \boldsymbol{x}_i, \boldsymbol{x}_j \rangle + \frac{1}{2C} \delta_{ij} \right),$$

这里, 当$i \neq j$时, $\delta_{ij} = 0$; 而当$i = j$时, $\delta_{ij} = 1$. 对偶目标问题为:

$$\text{目标:} \ \max_{\boldsymbol{\alpha}} \mathcal{L}_{dual} = \sum_{i=1}^{m} \alpha_i - \frac{1}{2} \sum_{i=1}^{m} \sum_{j=1}^{m} \alpha_i \alpha_j y_i y_j \left(\langle \boldsymbol{x}_i, \boldsymbol{x}_j \rangle + \frac{1}{2C} \delta_{ij} \right). \tag{8.13}$$

$$\text{约束:} \ \alpha_i \geqslant 0, \ \forall i \in D; \ \sum_{i=1}^{m} \alpha_i y_i = 0.$$

类似于之前的结论, 有

$$\boldsymbol{w} = \sum_{i, \alpha_i > 0} \alpha_i y_i \boldsymbol{x}_i$$

以及

$$b = \underset{i, \alpha_i > 0}{\text{avg}} \{ y_i - \langle \boldsymbol{w}, \boldsymbol{x}_j \rangle \}.$$

8.6.3　非线性可分问题

1. 投影及核函数

图8.17显示了一维空间中的线性不可分割问题(左图), 但是做一个非线性变换$(x = x^2)$之后, 便成为二维的线性可分问题(右图).

因此, 对于非线性可分问题, 通常利用变换$\boldsymbol{x} \mapsto \varPhi(\boldsymbol{x})$把数据从空间$D = \{(\boldsymbol{x}_i, y_i)\}_{i=1}^{m}$投影到$D_{\varPhi} = \{(\varPhi(\boldsymbol{x}_i), y_i)\}_{i=1}^{m}$中, 形成新的数据集. 一般很难找到合适的变换$\varPhi(\boldsymbol{x})$, 但是, 由于我们目标问题的对偶性, 即运算是通过内积实现的, 因此可以通过核函数来实现, 这里的核函数为:

$$K(\boldsymbol{x}_i, \boldsymbol{x}_j) = \langle \varPhi(\boldsymbol{x}_i), \varPhi(\boldsymbol{x}_j) \rangle.$$

这时, 问题(8.9)就成为:

$$\text{目标:} \ \min_{\boldsymbol{w}, b, \xi_i} \left\{ \frac{\|\boldsymbol{w}\|}{2} + C \sum_{i=1}^{m} (\xi_i)^k \right\}. \tag{8.14}$$

$$\text{约束:} \ y_i(\langle \boldsymbol{w}, \varPhi(\boldsymbol{x}_i) \rangle + b) > 1 - \xi_i; \ \xi_i \geqslant 0, \ \forall (\boldsymbol{x}_i, y_i) \in D.$$

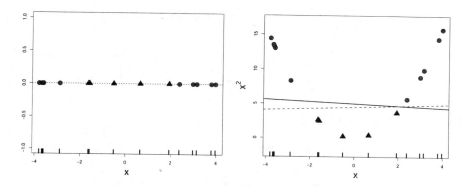

图 8.17 非线性可分问题(左图)及其投影到高维空间后成为的线性可分问题(右图)

2. 对偶目标问题

对于转轴损失, 对偶目标问题(8.11)为:

$$\text{目标: } \max_{\boldsymbol{\alpha}} \mathcal{L}_{dual} = \sum_{i=1}^{m} \alpha_i - \frac{1}{2}\sum_{i=1}^{m}\sum_{j=1}^{m}\alpha_i\alpha_j y_i y_j \langle \Phi(\boldsymbol{x}_i), \Phi(\boldsymbol{x}_j)\rangle.$$

$$= \sum_{i=1}^{m} \alpha_i - \frac{1}{2}\sum_{i=1}^{m}\sum_{j=1}^{m}\alpha_i\alpha_j y_i y_j K(\boldsymbol{x}_i, \boldsymbol{x}_j). \tag{8.15}$$

$$\text{约束: } 0 \leqslant \alpha_i \leqslant C, \,\forall i \in D; \,\sum_{i=1}^{m}\alpha_i y_i = 0.$$

对于二次损失, 取核函数为:

$$K^{(2)}(\boldsymbol{x}_i, \boldsymbol{x}_j) = \langle \Phi(\boldsymbol{x}_i), \Phi(\boldsymbol{x}_j)\rangle + \frac{1}{2C}\delta_{ij}$$

对偶目标问题(8.13)为:

$$\text{目标: } \max_{\boldsymbol{\alpha}} \mathcal{L}_{dual} = \sum_{i=1}^{m} \alpha_i - \frac{1}{2}\sum_{i=1}^{m}\sum_{j=1}^{m}\alpha_i\alpha_j y_i y_j K^{(2)}(\boldsymbol{x}_i, \boldsymbol{x}_j). \tag{8.16}$$

$$\text{约束: } \alpha_i \geqslant 0 \,\forall i \in D; \,\sum_{i=1}^{m}\alpha_i y_i = 0.$$

3. 权函数、偏差和预测

显然, 权函数为:

$$\boldsymbol{w} = \sum_{\alpha_i>0} \alpha_i y_i \Phi(\boldsymbol{x}_i).$$

但是, 我们没有必要去显式地计算$\boldsymbol{w}$. 记n^*为支持向量的数目, 则偏差为:

$$b = \frac{1}{n^*}\left(\sum_{\alpha_i>0} y_i - \sum_{\alpha_i>0}\langle \boldsymbol{w}, \Phi(\boldsymbol{x}_i)\rangle\right)$$

$$=\frac{1}{n^*}\left(\sum_{\alpha_i>0}y_i-\sum_{\alpha_i>0}\sum_{\alpha_j>0}\alpha_iy_i\langle\Phi(\boldsymbol{x}_i),\Phi(\boldsymbol{x}_j)\rangle\right)$$

$$=\frac{1}{n^*}\left(\sum_{\alpha_i>0}y_i-\sum_{\alpha_i>0}\sum_{\alpha_j>0}\alpha_iy_iK(\boldsymbol{x}_i,\boldsymbol{x}_j)\right)$$

对于一个新数据$\boldsymbol{z}$, 预测值为:

$$\begin{aligned}\hat{y}&=\text{sign}(\langle\boldsymbol{w},\Phi(\boldsymbol{z})\rangle+b)\\&=\text{sign}\left(\sum_{\alpha_i>0}\alpha_iy_i\langle\Phi(\boldsymbol{x}_i),\Phi(\boldsymbol{z})\rangle+b\right)\\&=\text{sign}\left(\sum_{\alpha_i>0}\alpha_iy_iK(\boldsymbol{x}_i,\boldsymbol{z})+b\right).\end{aligned}$$

显然, 我们不用计算$\boldsymbol{w}$, 也不用单独的$\Phi(\cdot)$函数, 计算仅仅基于支持向量, 全部通过非线性核函数进行, 这也称为核技巧(kernel trick). 常用的核函数在支持向量机回归一节已经介绍, 这里不再重复.

8.6.4　多于两类的支持向量机分类

前面的讨论都假定因变量只有两个水平$(y_i\in\{-1,1\})$. 但是, 有多个因子的分类不能直接推广两类的方法, 不过可以利用二分类的结果. 目前有两种常用做法: 一对一(one-versus-one)方法和一对多(one-versus-all)方法.

1.　一对一法分类

如果对$K>2$类的情况来做SVM分类, 要对训练集轮流做每两类的SVM二分类, 一共有$\binom{K}{2}$个SVM分类要做. 然后记录每个观测值分到各个类的次数. 最后, 一个观测值在$\binom{K}{2}$次分类中被划分到哪一类的次数最多就分到哪一类.

2.　一对多法分类

一对多法对$K>2$类的情况来做SVM分类, 是轮流把某一类表示为+1, 而把其余的$K-1$类的组合表示为-1, 并且做SVM二分类(一共K次). 这样, 对于一个新观测值$\boldsymbol{z}$, 每个分类(假定是第k类为+1)都产生了判别函数

$$\hat{y}_{\boldsymbol{z}}^{(k)}=\sum_{\alpha_{ik}>0}\alpha_{ik}K(\boldsymbol{x}_{ik},\boldsymbol{z})+b_k,\ k=1,...,K$$

这里$\boldsymbol{x}_{ik}$表示第k类为+1类时的支持向量. 对$\boldsymbol{z}$的最终判别结果为:

$$\hat{y}_{\boldsymbol{z}}=\arg\max_k\hat{y}_{\boldsymbol{z}}^{(k)}.$$

8.6.5　对例8.1全部数据的拟合

这里用程序包kernlab的支持向量机函数ksvm()对例8.1全部数据作拟合, 默认使用的核函数是径向基核函数. 代码为:

```
w=read.csv("kidney02.csv")
library(kernlab)
set.seed(1010)
a=ksvm(class~.,w,cross=10)
```

从此可以输出很多结果, 比如, 可以得到训练集的混淆矩阵(行是预测值, 列是真值):

```
> table(predict(a,w),w$class)

        ckd notckd
ckd     249      0
notckd    1    150
```

一共只有一个分错. 误判率为$1/400 = 0.0025$.

注意, 由于程序包kernlab是按照面向对象的S4[1](而不是原先的S3)语言规则编写的, 如果要看对象a中有什么内容, 使用slotNames(a) (而不是names(a)), 得到:

```
 [1] "param"      "scaling"    "coef"       "alphaindex"
 [5] "b"          "obj"        "SVindex"    "nSV"
 [9] "prior"      "prob.model" "alpha"      "type"
[13] "kernelf"    "kpar"       "xmatrix"    "ymatrix"
[17] "fitted"     "lev"        "nclass"     "error"
[21] "cross"      "n.action"   "terms"      "kcall"
```

举例来说, 训练集的误判率error可以用a@error (而不是a$error)来得到(当然也是0.0025); 而10折交叉验证的误判率可从a@cross得到(由于在选项中设置了cross=10), 也是0.0025; 而从a@alpha可得到所有大于0的α_i(这里有54个); 从a@b可得到$-b$的值(0.9585558); 从a@nSV可得到支持向量的个数(为54); 从a@fitted可得到拟合值(即由ckd和notckd组成的含400个元素的数组); 从a@obj可得到目标函数的值(-12.88154); 从a@kernelf可得到核函数的信息(种类和参数):

```
> a@kernelf
Gaussian Radial Basis kernel function.
 Hyperparameter : sigma =  0.0907663355987442
```

从a@alphaindex可得到所有54个支持向量的下标:

```
[1]    1  11  22  47  62  70  90 100 103 106 111 118 122 124
```

---
[1]参看网页http://adv-r.had.co.nz/S4.html.

[15] 129 130 146 149 151 168 186 194 199 201 207 212 215 219
[29] 226 244 248 250 267 272 275 277 283 295 305 308 337 339
[43] 340 346 352 354 359 362 366 370 375 384 385 395

8.7 k最近邻方法分类

在5.9节, 我们讨论过用原理上可能是最简单的方法即k最近邻方法作回归的问题, 下面考虑用k最近邻法作分类的问题. 首先看图8.18, 图中的训练集有两类点, 一类用三角形表示, 一类用圆圈表示. 问题是对于一个点z_1(左图和中图)和z_2(右图), 应该把它们分到哪一类.

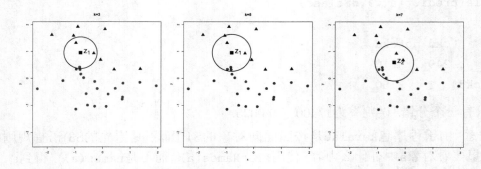

图 8.18 k最近邻法分类的几种情况

一般来说, 用最近邻的k个点来决定新点的类别. 在图8.18的左图中, 选择$k = 3$, 这时z_1应该分到上面(三角形表示的)一类, 因为在3个最近邻点中上面一类的点有2个, 而下面一类的只有1个, 上面一类以2比1胜出; 但在图8.18的中图中, 选择$k = 5$, 这时z_1应该分到下面(圆圈表示的)一类, 因为下面一类的点有3个, 下面一类以3比2胜出; 在图8.18的右图, 对于点z_2, $k = 7$, 似乎下面一类会以5比2胜出, 但z_2离上面一类的两点更近些, z_2应该属于哪一类呢? 这时加权投票似乎就有必要了. 此外, 在图8.18中的"近邻"是以欧氏距离定义的, 其实还有其他的距离可以用, 比如Minkowski距离、Mahalanobis距离, 等等. 总之, k的大小、距离以及权重(核函数)的选择都对k最近邻方法分类的结果有影响.

我们还是使用在回归中用过的程序包kknn中的kknn()函数来对例8.1全部数据做分类. 程序代码中选项的默认值为: k=7, distance=2 (即欧氏距离或参数为2的Minkowski距离), kernel="optimal"(参见5.9节)等. 程序代码为:

```
library(kknn)
w=read.csv("kidney02.csv")
a=kknn(class~., train= w,test=w)
table(a$fit,w$class)
```

得到混淆矩阵, 行为拟合(对训练集"预测")值, 列为真实值:

```
        ckd notckd
  ckd   250      0
notckd    0    150
```

这里显示误判率为0. 后面我们还会做交叉验证.

从输出中可以得到k个最近邻点对测试集点的投票(a\$CL)、权重(a\$W)、距离(a\$D)和最近邻点的下标(a\$C).

8.8 对例8.1做各种方法分类的交叉验证

为了做各种方法对例8.1数据分类的交叉验证, 使用2.4.4节平衡各测试集因变量水平的函数Fold()以及3.5.2节用于logistic回归的函数BI()和BIM(). 这里用来比较的方法有adaboost、bagging、随机森林(RF)、支持向量机(svm)、k最近邻方法(knn)、线性判别分析(lda)、混合线性判别分析(mda)、logistic回归(logit). 对例8.1数据分类的10折交叉验证平均误判率结果显示在图8.19中.

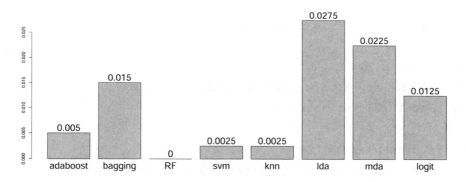

图 8.19 8种方法对例8.1分类的10折交叉验证平均误判率

对例8.1数据分类的10折交叉验证误判率结果的打印输出为:

	adaboost	bagging	RF	svm	knn	lda	mda	logit
1	0.00	0.000	0	0.000	0.000	0.000	0.000	0.000
2	0.00	0.000	0	0.000	0.025	0.025	0.025	0.025
3	0.00	0.025	0	0.000	0.000	0.000	0.000	0.000
4	0.00	0.025	0	0.000	0.000	0.025	0.000	0.025
5	0.05	0.050	0	0.025	0.000	0.025	0.025	0.025
6	0.00	0.000	0	0.000	0.000	0.000	0.000	0.000
7	0.00	0.000	0	0.000	0.000	0.050	0.075	0.025
8	0.00	0.000	0	0.000	0.000	0.025	0.025	0.000
9	0.00	0.025	0	0.000	0.000	0.050	0.025	0.025
10	0.00	0.025	0	0.000	0.000	0.075	0.050	0.025

其平均值(产生图8.19的值)为:

adaboost	bagging	RF	svm	knn	lda	mda	logit
0.0050	0.0150	0.0000	0.0025	0.0025	0.0275	0.0225	0.0125

从输出和图8.19可以看出, 对例8.1数据分类, 最好的是随机森林, 交叉验证误判率为0, 其次为svm和k最近邻方法, 两者并列, 然后是adaboost和logistic回归, 最差的是mda和lda.

上面计算所用的代码为:

```
library(MASS);library(adabag);library(randomForest)
library(kernlab);library(mda);library(kknn)
w=read.csv("kidney02.csv")
D=25;Z=10;n=nrow(w)
ff=paste(names(w)[D],"~.",sep="");ff=as.formula(ff)
mm=Fold(Z,w,D,8888)
E=matrix(99,Z,8)


J=1;set.seed(1010);for(i in 1:Z)
{m=mm[[i]]
a=boosting(ff,w[-m,])
E[i,J]=sum(w[m,D]!=predict(a,w[m,])$class)/length(m)}
J=J+1;set.seed(1010);for(i in 1:Z)
{m=mm[[i]]
a=bagging(ff,data=w[-m,])
E[i,J]=sum(w[m,D]!=predict(a,w[m,])$class)/length(m)}
J=J+1;set.seed(1010);for(i in 1:Z)
{m=mm[[i]]
a=randomForest(ff,data=w[-m,])
E[i,J]=sum(w[m,D]!=predict(a,w[m,]))/length(m)}
J=J+1;for(i in 1:Z)
{m=mm[[i]]
a=ksvm(ff,w[-m,])
E[i,J]=sum(w[m,D]!=predict(a,w[m,]))/length(m)}
J=J+1;for(i in 1:Z)
{m=mm[[i]]
a=kknn(ff, train= w[-m,],test=w[m,])
E[i,J]=sum(w[m,D]!=a$fit)/length(m)}
J=J+1;for(i in 1:Z)
{m=mm[[i]]
a=lda(ff,w[-m,])
```

```
E[i,J]=sum(w[m,D]!=predict(a,w[m,])$class)/length(m)}
J=J+1;set.seed(1010);for(i in 1:Z)
{m=mm[[i]]
a=mda(ff,w[-m,])
E[i,J]=sum(w[m,D]!=predict(a,w[m,]))/length(m)}
J=J+1;for(i in 1:Z)
{m=mm[[i]];E[i,J]=BIM(D,w,ff,m)}

E=data.frame(E)
NN=c("adaboost","bagging","RF","svm","knn","lda","mda","logit")
names(E)=NN
(ME=apply(E,2,mean));E
```

8.9 案例分析: 蘑菇可食性数据

例 8.2 蘑菇可食性数据(agaricus-lepiota1.txt, agaricus-lepiota.txt) 该数据[1]有23个变量、8124个观测值, 变量用V1, V2, ..., V23表示. 其中, V1表示能否食用, 水平 "e"(edible)代表可食用, 水平 "p"(poisonous)代表有毒; 其余变量都是分类变量, 表示各种蘑菇各部位的形状、颜色、气味、生长特点、生长环境等属性, 全都用字母表示其水平(最多有12个水平). 数据文件agaricus-lepiota.txt是原始数据, 而agaricus-lepiota1.txt是补了(V12)的缺失值之后的(下面要用的)数据. 此外, 由于V17只有一个水平, 对建模不起作用.[2] 下面处理时把该数据的V1(能否食用)看成因变量, 其他作为自变量. 这是一个因变量只有两个水平的分类问题.

注意: 由于自变量全是分类变量, 因此那些基于数量变量的经典的判别分析、混合线性判别分析、logistic回归、支持向量机、k最近邻方法、神经网络都不能正常运行, 只能用决策树和基于决策树的组合分类方法来处理.

8.9.1 决策树分类

1. 拟合全部数据

首先, 得到对例8.2全部数据分类的决策树(见图8.20). 这是用下面代码得到的:

```
w=read.table("agaricus-lepiota1.txt",header=T)
library(rpart.plot)
```

---

[1]Lichman, M. (2013) UCI Machine Learning Repository [http://archive.ics.uci.edu/ml]. Irvine, CA: University of California, School of Information and Computer Science. 数据来自http://archive.ics.uci.edu/ml/datasets/Mushroom.

[2]由于这类不起作用的变量对我们所要使用的基于决策树的4种方法没有影响, 我们没有刻意删除V17, 所有这几种方法都把V17的重要性标为0, 自动不使用它, 这也说明了这些方法的稳健性. 但是如果要用诸如线性判别分析、logistic回归等方法, 这类变量必须删除.

```
(a=rpart(V1~.,w))
rpart.plot(a,type=4,extra=3,digits=4,Margin=0)
```

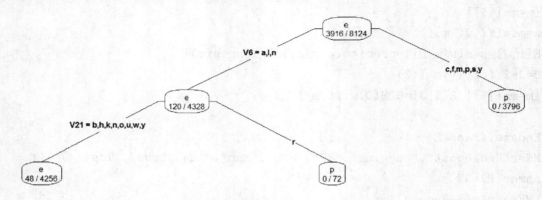

图 8.20 例8.2全部数据分类的决策树

打印出来的树为:

```
n= 8124
node), split, n, loss, yval, (yprob)
      * denotes terminal node


1) root 8124 3920 e (0.5180 0.4820)
  2) V6=a,l,n 4328   120 e (0.9723 0.0277)
    4) V21=b,h,k,n,o,u,w,y 4256    48 e (0.9887 0.0113) *
    5) V21=r 72     0 p (0.0000 1.0000) *
  3) V6=c,f,m,p,s,y 3796     0 p (0.0000 1.0000) *
```

该决策树仅仅使用了两个拆分变量: V6和V21. 从summary(a)得到的(部分)结果为:

```
Node number 1: 8124 observations,    complexity param=0.969
  predicted class=e  expected loss=0.482  P(node) =1
    class counts:  4208  3916
   probabilities: 0.518 0.482
  left son=2 (4328 obs) right son=3 (3796 obs)
  Primary splits:
    V6  splits as  LRRLRLRRR,    improve=3820, (0 missing)
    V21 splits as  LRLLLRLRL,    improve=2200, (0 missing)
    V10 splits as  RLRRLLLLRLLL, improve=1540, (0 missing)
    V13 splits as  LRLL,         improve=1400, (0 missing)
    V14 splits as  LRLL,         improve=1330, (0 missing)
  Surrogate splits:
```

```
    V21 splits as LRLLLLLRL,        agree=0.862, adj=0.705,(0 split)
    V10 splits as RLRRLLLLLLLL, agree=0.811, adj=0.595,(0 split)
    V13 splits as LRLL,             agree=0.781, adj=0.532,(0 split)
    V14 splits as LRLL,             agree=0.781, adj=0.531,(0 split)
    V20 splits as RLRRL,            agree=0.780, adj=0.530,(0 split)

Node number 2: 4328 observations,      complexity param=0.0184
  predicted class=e  expected loss=0.0277  P(node) =0.533
    class counts:   4208     120
   probabilities: 0.972 0.028
  left son=4 (4256 obs) right son=5 (72 obs)
  Primary splits:
    V21 splits as LLLLLRLLL,      improve=138.0, (0 missing)
    V10 splits as -LLLLLLLRLLL, improve= 45.6, (0 missing)
    V16 splits as --LLLLLR,      improve= 45.6, (0 missing)
    V4  splits as RLLLLRLLL,      improve= 26.1, (0 missing)
    V15 splits as --LLLLLR,      improve= 15.2, (0 missing)
  Surrogate splits:
    V10 splits as -LLLLLLLRLLL, agree=0.989,adj=0.333,(0 split)
```

这个输出说明除了V6和V21之外, V10, V13, V14, V20作为备选也被考虑过, 这也说明了重要变量是如何选出来的.

我们还可以得到混淆矩阵

```
> a.p=predict(a,w,type="class")
> table(a.p,w$V1)


a.p    e      p
  e 4208    48
  p    0 3868
```

误判的有48个. 虽然误判率只有0.00591, 但如果把48个毒蘑菇误判成可食的, 问题很严重.

2. 变量重要性

决策树的变量重要性输出为:

```
> a$var
  V6   V21   V10   V13   V14   V20
3823 2834 2322 2035 2031 2027
```

在22个自变量中, 重要变量只涉及6个, 而这些变量都是在summary(a)的输出中涉及的.

8.9.2　bagging分类

为对例8.2全部数据分类, 使用下面代码:

```
library(adabag)
a=bagging(V1~.,w)
```

如果有耐心的话, 可以使用代码a$trees来查看默认生成的100棵树, 还可以看到这些树全都由强势变量V6和V21当拆分变量, 所有树的形状完全一样, 因此, bagging方法没有对决策树的结果产生任何改进. 这种现象体现了bagging方法应对少数极端强势变量状况时的缺陷. 从代码barplot(a$importance,cex.names=1.2)所产生的变量重要性图(见图8.21)可以看出这两个变量的主导作用.

图 8.21　bagging对例8.2分类的变量重要性

8.9.3　随机森林分类

1.　对例8.2拟合全部数据

用随机森林拟合例8.2全部数据的代码如下:

```
library(randomForest)
set.seed(1010)
a=randomForest(V1~.,w,importance=T,localImp=T,proximity=T)
print(a)
```

可以得到OOB数据交叉验证误差(等于0)的信息:

```
Number of trees: 500
No. of variables tried at each split: 4
        OOB estimate of  error rate: 0%
Confusion matrix:
    e    p class.error
e 4208    0           0
p    0 3916           0
```

2. 随机森林分类的变量重要性

用语句a$importance可以输出$22 \times 4$的关于22个自变量的重要性矩阵, 图8.22显示了变量重要性. 图8.22的上面两图是关于两类(因变量两个水平"e"和"p")的各个变量的重要性图, 下面两图是综合分类的变量重要性图.

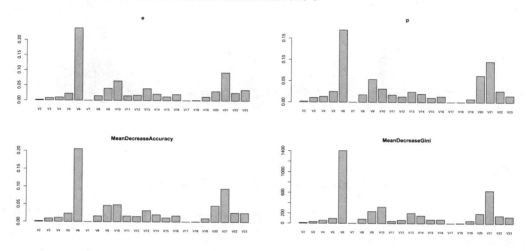

图 8.22 　随机森林对例8.2拟合的变量重要性图

图8.22是由下面代码产生的:

```
Imp=a$importance
par(mfrow=c(2,2))
for(i in 1:4)
barplot(Imp[,i],cex.names=.7,main=colnames(Imp)[i])
```

显然, 由于随机森林在每棵树的每个节点仅仅随机选择少数(这里是4个)变量来竞争拆分变量, 限制了强势变量, 很多变量都进入决策树, 这对随机变量的OOB误判率为0有很大贡献. 显示了更多变量的图8.22与bagging分类变量重要性图(见图8.21)很不一样.

3. 随机森林分类的局部重要性

为了看哪些观测值与哪些变量有关, 可以查看局部重要性图(见图8.23). 图8.23是用下面代码产生的:

```
matplot(2:23,a$local,type="l",xlab="Variable",
    ylab="Local importance",main="Local importance",
    xaxp=c(2,23,21))
```

从图8.23可以很清楚地看出, 有相当一部分观测值并不支持那两个在bagging分类中仅有的重要变量V6和V21, 这也说明了为什么只依赖于V6和V21的bagging和决策树无法对这些观测值正确分类.

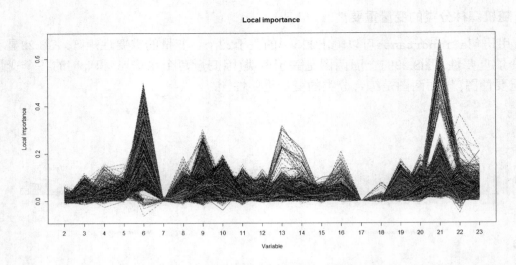

图 8.23 随机森林对例8.2拟合的局部变量重要性图

　　在决策树分类和bagging分类中有48个观测值被误判. 前面说, 在决策树分类和bagging分类中的强势变量是V6和V21, 而仅依赖这两个变量并不能正确地对这48个观测值分类. 到底这48个观测值和哪些变量有关呢? 通过随机森林所显示的局部重要性图可以清楚地回答这个问题.

　　下面代码产生bagging所误判的48个观测值的局部重要性图(见图8.24):

```
a=bagging(V1~.,w)
pp=w[predict(a,w)$class!=w$V1,]
pn=as.numeric(row.names(pp))
b=randomForest(V1~.,w,importance=T,localImp=T,proximity=T)
matplot(2:23,b$local[,pn],type="l",xlab="Variable",
    ylab="Local importance",
    main="Local importance for 48 points",xaxp=c(2,23,21))
```

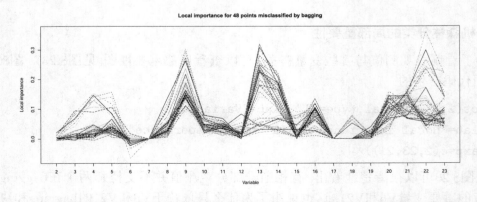

图 8.24 随机森林对例8.2中被bagging和决策树误判的48个观测值的局部变量重要性图

图8.24显示, 这些点和bagging分类所依赖的重要变量(V6和V21)关系并不密切, 而其他一些变量, 比如V9, V13和V22, 对于某些观测值的分类更加重要. 随机森林方法使得这些决策树中的弱势变量发挥了作用.

4. 随机森林分类的部分依赖图

为了看每个自变量的各个水平的影响, 可以查看部分依赖图(见图8.25).

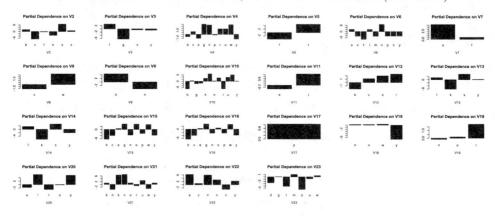

图 8.25 随机森林对例8.2拟合的变量部分依赖图

图8.25是用下面代码产生:

```
NM=names(w)[2:23]
par(mfrow=c(4,6))
for(i in 1:22)
partialPlot(a,pred.data=w,NM[i],xlab=NM[i],
    main=paste("Partial Dependence on",NM[i]))
```

8.9.4 adaboost分类

用adaboost对于例8.2全部数据拟合并产生变量重要性图(见图8.26).

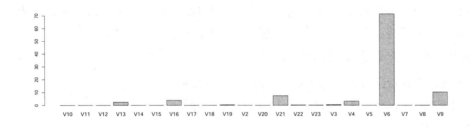

图 8.26 adaboost对例8.2拟合的变量重要性图

拟合并产生图8.26的代码为:

```
library(adabag)
```

```
set.seed(1010)
a=boosting(V1~.,w)
barplot(a$importance,cex.names=1.2)
```

图8.26显示, adaboost从另一个角度来纠正在决策树中存在强势变量的问题. 由于调整再抽样的权重使得一些"弱势"观测值得以在样本中较多地被代表, 这样也使得相关的变量有机会成为拆分变量, 打破了仅代表主流数据的强势变量的垄断.

8.9.5　4种方法的交叉验证

和前面一样, 为了对各种方法做对例8.2分类的交叉验证, 我们使用2.4.4节平衡测试集合中因变量水平的函数Fold(). 由于其他方法全都不能用, 这里比较的方法只有决策树、adaboost、bagging和随机森林. 表8.1展示了这4种方法交叉验证的结果.

表 8.1　4种方法对例8.2分类的10折交叉验证误判率

折次	tree	adaboost	bagging	RF
1	0.005908	0.000000	0.005908	0.000000
2	0.004920	0.000000	0.004920	0.000000
3	0.004920	0.000000	0.004920	0.000000
4	0.003690	0.000000	0.003690	0.000000
5	0.008610	0.000000	0.008610	0.000000
6	0.003690	0.000000	0.003690	0.000000
7	0.011070	0.000000	0.011070	0.000000
8	0.006158	0.000000	0.006158	0.000000
9	0.007389	0.000000	0.007389	0.000000
10	0.004932	0.000000	0.004932	0.000000
平均	0.003699	0.000000	0.003699	0.000000

表8.1显示了决策树和bagging相同的误判率以及adaboost和随机森林的误判率为0的精确性. 这个数据本身也显示了基于分类树的机器学习组合方法中随机森林及adaboost的优越性, 并且揭示了存在强势变量时bagging方法的不足.

上面交叉验证计算所使用的代码为:

```
w=read.table("agaricus-lepiota1.txt",header=T)
library(MASS);library(rpart);library(adabag)
library(randomForest)

D=1;Z=10;n=nrow(w)
ff=paste(names(w)[D],"~.",sep="");ff=as.formula(ff)
mm=Fold(Z,w,D,8888)
```

```
Sys.time()->t1
E=matrix(99,Z,4);J=1
for(i in 1:Z)
{m=mm[[i]]
a=rpart(ff,w[-m,])
E[i,J]=sum(w[m,D]!=predict(a,w[m,],type="class"))/length(m)}
J=J+1;set.seed(1010);for(i in 1:Z)
{m=mm[[i]]
a=boosting(ff,w[-m,])
E[i,J]=sum(w[m,D]!=predict(a,w[m,])$class)/length(m)}
J=J+1;set.seed(1010);for(i in 1:Z)
{m=mm[[i]]
a=bagging(ff,data =w[-m,])
E[i,J]=sum(w[m,D]!=predict(a,w[m,])$class)/length(m)}
J=J+1;set.seed(1010);for(i in 1:Z)
{m=mm[[i]]
a=randomForest(ff,data=w[-m,])
E[i,J]=sum(w[m,D]!=predict(a,w[m,]))/length(m)}

E=data.frame(E)
NN=c("tree","adaboost","bagging","RF");names(E)=NN
(ME=apply(E,2,mean));E
```

8.10 案例分析: 手写数字笔迹识别

例 8.3   手写数字笔迹识别(pendigits.csv) 该数据有10992个观测值和17个变量, 其中前3498个观测值构成测试集, 而后7494个观测值构成训练集. 原始数据是两个数据集合, 有大量缺失值, 这里给出的数据文件为用missForest()函数弥补缺失值后的数据. 变量中, 第17个变量(V17)为有10个水平的因变量, 而其余变量都是数量变量.

如果要用原始数据(从网上下载), 请注意数据格式的转换和缺失值的标识方法.[1]

本节将用几种方法来对该数据做分类, 使用的方法包括adaboost(boost)、随机森林(RF)、支持向量机(svm)、k最近邻方法(kknn)、线性判别分析(lda)、混合线性判

---

[1]原数据的网址之一为: http://www.csie.ntu.edu.tw/~cjlin/libsvmtools/datasets/multiclass.html#news20 , 数据名为pendigits(训练集)和pendigits.t(测试集), 都属于LIBSVM格式. 网站https://archive.ics.uci.edu/ml/datasets/Pen-Based+Recognition+of+Handwritten+Digits也提供该数据, 但其中的缺失值都以字符"空格+0"表示(但说明中显示无缺失值, 这是不对的). 第二个网址给出了数据的细节. 数据来源于E. Alpaydin, Fevzi. Alimoglu, Department of Computer Engineering, Bogazici University, 80815 Istanbul Turkey, alpaydinboun.edu.tr.

别分析(mda).

8.10.1 使用给定的测试集来比较各种方法

我们使用下面的代码对上面提到的各种方法做比较:

```
w=read.csv("pendigits.csv");w[,17]=factor(w[,17])
m=1:3498 #testing set

library(MASS);library(rpart);library(adabag)
library(randomForest);library(kernlab)
library(mda);library(kknn)

D=17;n=nrow(w)
ff=paste(names(w)[D],"~.");ff=as.formula(ff)
a=list()

E=rep(999,6);J=1;set.seed(1010)
a[[J]]=boosting(ff,w[-m,])
E[J]=sum(w[m,D]!=predict(a[[J]],w[m,])$class)/length(m)
J=J+1;set.seed(1010)
a[[J]]=randomForest(ff,data=w[-m,])
E[J]=sum(w[m,D]!=predict(a[[J]],w[m,]))/length(m)
J=J+1;set.seed(1010)
a[[J]]=ksvm(ff,w[-m,])
E[J]=sum(w[m,D]!=predict(a[[J]],w[m,]))/length(m)
J=J+1;set.seed(1010)
a[[J]]=kknn(ff, train= w[-m,],test=w[m,])#KKNN
E[J]=sum(w[m,D]!=a[[J]]$fit)/length(m)
J=J+1
a[[J]]=lda(ff,w[-m,])
E[J]=sum(w[m,D]!=predict(a[[J]],w[m,])$class)/length(m)
J=J+1;set.seed(1010)
a[[J]]=mda(ff,w[-m,])
E[J]=sum(w[m,D]!=predict(a[[J]],w[m,]))/length(m)
```

得到的误判率分别为(见图8.27):

```
  boost    RF    svm   kknn    lda    mda
 0.0403 0.0312 0.0203 0.0229 0.1792 0.0652
```

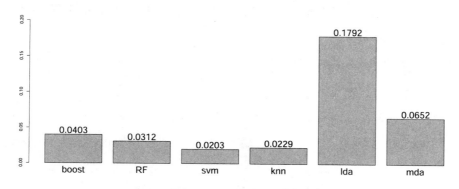

图 8.27 几种方法对例8.3拟合的误判率图

从结果可以看出, 最好的方法是svm, 其次是k最近邻方法, 然后是随机森林、adaboost, 最后是混合线性判别和线性判别分析方法.

8.10.2　各种方法的单独分析

1. adaboost

利用程序包adabag本身自带的与adaboost对应的名为boosting.cv()的交叉验证函数可对全部数据做交叉验证, 10折交叉验证表明, 对全部数据做10折交叉验证的误判率要小于对于给定的原始测试集的误判率(0.042). 这样做的代码为:

```
BC=boosting.cv(V17~.,w,v=10)
BC$confusion
```

得到综合的混淆矩阵及误判率:

```
                Observed Class
Predicted     0     1     2     3     4     5     6     7     8     9
Class     0 1132     0     0     0     2     0     1     0     6     1
          1    0  1093     8     6     0     3     0     6     0     4
          2    0    33  1128     1     1     0     0     6     0     0
          3    0    10     0  1040     0     3     0     4     0     1
          4    2     0     0     0  1140     1     1     0     1     0
          5    0     1     0     2     0  1041     2     0     1     3
          6    0     1     0     0     0     1  1051     1     1     0
          7    0     3     8     3     1     0     1  1121     1     1
          8    7     0     0     0     0     2     0     4  1042     1
          9    2     2     0     3     0     4     0     0     3  1044
```

```
BC$error
[1] 0.0146
```

可以利用下面代码产生根据全部数据得到的adaboost的变量重要性图(见图8.28):

```
bb=boosting(V17~.,w)
barplot(bb$importance,cex.names=1.6)
```

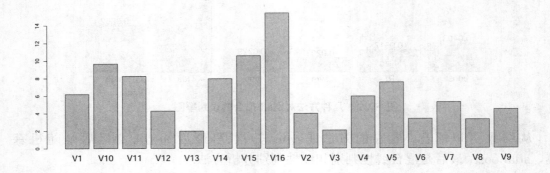

图 8.28 adaboost对例8.3全部数据拟合的变量重要性图

2. 随机森林

利用下面代码:

```
(b=randomForest(V17~.,w,,importance=T,localImp=T,proximity=T))
```

可以得到随机森林对整个数据集分类的OOB交叉验证误差:

```
        OOB estimate of  error rate: 0.79%
Confusion matrix:                              class.err
     0    1    2    3    4    5    6    7    8    9
0 1133    0    0    0    4    0    1    0    4    1  0.008749
1    0 1112   23    6    0    1    0    0    0    1  0.027122
2    0    9 1132    1    0    0    0    2    0    0  0.010490
3    0    3    1 1047    0    1    0    1    0    2  0.007583
4    1    0    0    0 1143    0    0    0    0    0  0.000874
5    0    0    0    4    1 1046    0    0    1    3  0.008531
6    0    0    1    0    0    1 1054    0    0    0  0.001894
7    0    1    4    1    0    0    1 1135    0    0  0.006130
8    0    0    0    0    0    1    0    1 1052    1  0.002844
9    0    2    0    0    0    1    0    0    1 1051  0.003791
```

输出表明, OOB误判率为0.0079, 比单独用给定的原始测试集的误判率(0.0312)要小.

用全部数据得到的变量重要性显示在图8.29中, 其中上图为分别对因变量10个水平的变量重要性图, 下面两图分别为关于全局精确度和分类能力的变量重要性图.

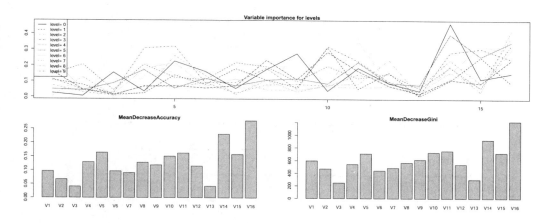

图 8.29　随机森林对例8.3全部数据拟合的变量重要性图

利用下面代码可以得到随机森林对例8.3全部数据拟合的局部变量重要性图(见图8.30):

```
matplot(1:16,b$local,type="l",xlab="Variable",
    ylab="Local importance",main="Local importance",
    xaxp=c(1,16,15))
```

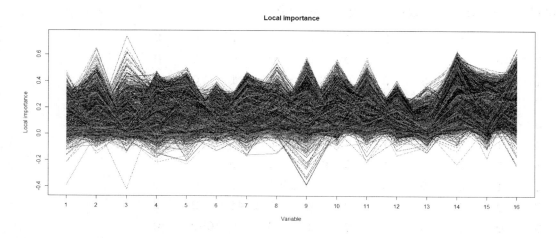

图 8.30　随机森林对例8.3全部数据拟合的局部变量重要性图

利用下面代码可以得到随机森林对例8.3全部数据拟合的部分依赖性图(见图8.31):

```
NM=names(w)[1:16]
par(mfrow=c(4,4))
for(i in 1:16)
partialPlot(b,pred.data=w,NM[i],xlab=NM[i],
    main=paste("Partial Dependence on",NM[i]))
```

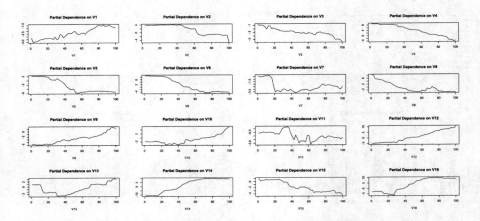

图 8.31 随机森林对例8.3全部数据拟合的部分依赖性图

3. 支持向量机

利用下面代码:

```
bsvm=ksvm(V17~.,w,cross=10)
table(predict(bsvm,w),w$V17)
bsvm@cross
```

可以得到SVM对整个数据集分类的混淆矩阵:

	0	1	2	3	4	5	6	7	8	9
0	1140	0	0	0	0	0	0	0	0	0
1	1	1122	3	3	0	0	0	1	0	2
2	0	7	1140	1	0	0	0	0	0	0
3	0	9	0	1045	0	1	0	0	0	0
4	1	1	0	1	1144	0	0	0	0	1
5	0	0	0	1	0	1051	1	0	1	0
6	1	0	0	0	0	0	1055	0	0	0
7	0	3	1	2	0	0	0	1141	2	2
8	0	0	0	0	0	1	0	0	1052	0
9	0	1	0	2	0	2	0	0	0	1050

及自带的10折交叉验证误差:

```
[1] 0.00628
```

由代码 bsvm@error 可以得到训练集(全部数据)误判率为0.00473. 这两个误判率都要比用给定的原始测试集的0.0203小.

4. k最近邻方法

利用下面代码:

```
ka=kknn(V17~., train= w,test=w)
table(ka$fit,w$V17)
sum(ka$fit!=w$V17)/nrow(w)
```

可以得到k最近邻方法对整个数据集分类的混淆矩阵:

	0	1	2	3	4	5	6	7	8	9
0	1140	0	0	0	0	0	0	0	0	0
1	0	1135	1	1	0	0	0	0	0	0
2	0	4	1143	2	0	0	0	2	0	0
3	0	0	0	1048	0	1	0	0	0	0
4	2	1	0	1	1142	0	0	0	0	1
5	0	1	0	0	1	1054	1	0	1	0
6	1	0	0	0	0	0	1055	0	0	0
7	0	1	0	1	0	0	0	1140	1	0
8	0	0	0	0	0	0	0	0	1053	0
9	0	1	0	2	1	0	0	0	0	1054

和训练集(整个数据)误判率:

[1] 0.00255

误判率比用给定的原始测试集的0.0229要小.

5. **线性判别分析**

利用下面代码:

```
ldar=lda(V17~.,w)
table(predict(ldar,w)$class,w$V17)
sum(w$V17!=predict(ldar,w)$class)/nrow(w)
```

可以得到线性判别分析方法对整个数据集分类的混淆矩阵:

	0	1	2	3	4	5	6	7	8	9
0	1015	0	0	0	0	0	9	0	59	1
1	13	770	19	13	0	11	0	46	37	34
2	0	211	1113	1	1	0	0	29	0	0
3	0	26	0	1029	0	38	0	57	25	8
4	13	0	0	0	1108	1	2	2	0	7
5	1	73	0	0	9	718	1	5	70	26
6	5	6	0	0	4	27	1029	0	6	7
7	0	35	12	8	1	6	0	979	4	2
8	89	1	0	0	0	7	15	4	839	0
9	7	21	0	4	21	247	0	20	15	970

和训练集(整个数据)误判率:

[1] 0.129

6. 混合线性判别分析

利用下面代码:

```
mdar=mda(V17~.,w)
table(predict(mdar,w),w$V17)
sum(w$V17!=predict(mdar,w))/nrow(w)
```

可以得到混合线性判别分析方法对整个数据集分类的混淆矩阵:

	0	1	2	3	4	5	6	7	8	9
0	1122	0	0	0	0	0	2	0	13	18
1	0	995	13	5	0	11	0	6	3	16
2	0	83	1129	1	0	0	0	11	0	0
3	0	49	0	1044	0	23	0	10	0	11
4	4	1	0	0	1125	0	0	0	0	1
5	0	1	0	0	11	1005	1	0	0	39
6	1	4	0	0	2	0	1053	3	2	0
7	1	8	2	4	4	0	0	1105	5	2
8	13	0	0	0	0	2	0	7	1025	0
9	2	2	0	1	2	14	0	0	2	968

和训练集(整个数据)误判率:

[1] 0.0383

8.10.3 对例8.3整个数据做几种方法的10折交叉验证

下面不用给出的原始测试集, 而用全部数据(10992个观测值)来做10折交叉验证, 全部代码如下(使用了2.4.4节的函数Fold()来平衡测试集的各类水平):

```
D=17;Z=10;n=nrow(w)
ff=paste(names(w)[D],"~.");ff=as.formula(ff)
mm=Fold(Z,w,D,8888)


E=matrix(999,Z,6);J=1
set.seed(1010);for(i in 1:Z)
{m=mm[[i]]
a=boosting(ff,w[-m,])
E[i,J]=sum(w[m,D]!=predict(a,w[m,])$class)/length(m)}
J=J+1;set.seed(1010);for(i in 1:Z)
```

```
{m=mm[[i]]
a=randomForest(ff,data=w[-m,])
E[i,J]=sum(w[m,D]!=predict(a,w[m,]))/length(m)}
J=J+1;for(i in 1:Z)
{m=mm[[i]]
a=ksvm(ff,w[-m,])
E[i,J]=sum(w[m,D]!=predict(a,w[m,]))/length(m)}
J=J+1;for(i in 1:Z)
{m=mm[[i]]
a=kknn(ff, train= w[-m,],test=w[m,])#KKNN
E[i,J]=sum(w[m,D]!=a$fit)/length(m)}
J=J+1;for(i in 1:Z)
{m=mm[[i]]
a=lda(ff,w[-m,])
E[i,J]=sum(w[m,D]!=predict(a,w[m,])$class)/length(m)}
J=J+1;for(i in 1:Z)
{m=mm[[i]]
a=mda(ff,w[-m,])
E[i,J]=sum(w[m,D]!=predict(a,w[m,]))/length(m)}
```

用6种方法拟合例8.3数据的10折交叉验证结果显示在图8.32中, 左图为6种方法10折交叉验证的误判率, 右图为交叉验证的平均误判率.

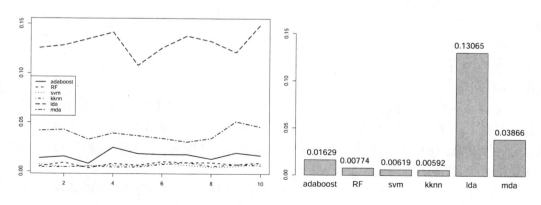

图 8.32 6种方法拟合例8.3数据的10折交叉验证结果

这里10折交叉验证结果最好的为k最近邻方法, 其他方法的排序没有变化, 但误判率的值有所变化. 这个结果显然比仅有一个训练集和一个测试集更客观些.

各种方法的平均误判率(第一行)及10折误判率的打印输出如下:

```
adaboost        RF        svm        kknn        lda        mda
 0.01629    0.00774    0.00619    0.00592    0.13065    0.03866
```

	adaboost	RF	svm	kknn	lda	mda
1	0.01357	0.00543	0.00724	0.00452	0.126	0.0416
2	0.01538	0.00905	0.00452	0.00452	0.129	0.0425
3	0.00815	0.00362	0.00543	0.00543	0.135	0.0326
4	0.02450	0.00817	0.00635	0.00454	0.142	0.0390
5	0.01818	0.00636	0.00545	0.00455	0.108	0.0364
6	0.01734	0.01004	0.00821	0.00730	0.126	0.0338
7	0.01735	0.00913	0.00639	0.00913	0.138	0.0301
8	0.01279	0.00913	0.00457	0.00548	0.132	0.0338
9	0.01918	0.00731	0.00548	0.00731	0.121	0.0511
10	0.01644	0.00913	0.00822	0.00639	0.150	0.0457

8.11　第七章和第八章习题

1. 用代码w=read.csv("column.2C.csv")输入脊柱数据. 该数据在前面第三章习题中出现过. 请用logistic回归及第七、八章介绍的所有方法对此数据做分类预测精度的交叉验证.

2. 使用下面方法对例8.2数据进行分类. 由于不能使用全部自变量, 但可以使用部分自变量来试, 变量数可以从多到少, 也可以从少到多, 先试水平少的, 再加水平多的, 看看结果如何. 对过程及结果进行讨论.

   (1) 线性判别分析.

   (2) 混合线性判别分析.

   (3) logistic回归.

   (4) 支持向量机.

   (5) k最近邻方法.

   (6) 神经网络.

3. 用w=read.csv("crx.csv")下载信用审批数据(crx.csv). 该数据是关于信用审批的, 来源保密.[1] 所有的变量都没有解释, 在16个变量中, 因变量(V16)为用"+"和"−"表示的定性变量, 在15个自变量(V1~V15)中, 有9个定性变量. 我们的目的是利用15个自变量对因变量分类.

   (1) 使用8.8节的10折交叉验证代码, 做多种方法的10折交叉验证的预测误判率的比较. 代码和8.8节的基本一样, 仅仅是前7行改变为:

   ```
   library(MASS);library(adabag)
   library(randomForest);library(kernlab);library(kknn)
   w=read.csv("crx.csv")
   ```

---

[1]Lichman, M. (2013) UCI Machine Learning Repository [http://archive.ics.uci.edu/ml]. Irvine, CA: University of California, School of Information and Computer Science. 数据网址: http://archive.ics.uci.edu/ml/datasets/Credit+Approval.

```
D=16;Z=10;n=nrow(w)
ff=paste(names(w)[D],"~.",sep="");ff=as.formula(ff)
mm=Fold(Z,w,D,8888)
E=matrix(99,Z,7)
```

并且在中间删除下面关于混合线性判别分析(mda)的4行(因为在自变量中定性变量太多或它们的水平太多时, 混合线性判别分析无法运行):

```
J=J+1;set.seed(1010);for(i in 1:Z)
{m=mm[[i]]
a=mda(ff,w[-m,])
E[i,J]=sum(w[m,D]!=predict(a,w[m,]))/length(m)}
```

(2) 对上面交叉验证结果做出评论.

(3) 单独用混合线性判别方法做分类, 由于不能使用全部自变量, 可以逐渐增减自变量, 使得该方法可行. 对过程和结果做讨论.

4. 用代码w=read.csv("yeast1.csv")下载酵母数据.[1] 该数据本有10个变量, 但第一个对分类不起作用. 分析该数据的目的是预测蛋白质的细胞定位. 这里的9个变量为mcg(McGeoch方法信号序列的识别), gvh(von Heijne方法信号序列的识别), alm(ALOM薄膜扩张检测识别), mit(关于线粒体的检测), erl(关于内质网的检测), pox(关于过氧化酶的检测), vac(关于细胞液的检测), nuc(关于细胞核的检测), loc(蛋白质的细胞定位). 最后一个为因变量, 有10个水平.

(1) 用各种可能的方法以loc为因变量做分类.

(2) 使用类似于本章所用的代码, 对各种方法做交叉验证(只能5折, 想想为什么), 并对过程和结果做出评论.

---

[1]Kenta Nakai, Institue of Molecular and Cellular Biology, Osaka, University, http://www.imcb.osaka-u.ac.jp/nakai/psort.html. 数据来自http://archive.ics.uci.edu/ml/datasets/Yeast.

附录 练习: 熟练使用R软件

实践1(最初几步):

```
x=1:100#把1,2,...,100这个整数向量赋值到x
(x=1:100)#同上，只不过显示出来
sample(x,20)#从1,2,...,100中随机不放回地抽取20个值作为样本
set.seed(0);sample(1:10,3)#先设随机种子再抽样
#从1,2,...,200000中随机不放回地抽取10000个值作为样本:
z=sample(1:200000,10000)
z[1:10]#方括号中为向量z的下标
y=c(1,3,7,3,4,2)
z[y]#以y为下标的z的元素值
(z=sample(x,100,rep=T))#从x有放回地随机抽取100个值作为样本
(z1=unique(z))
length(z1)#z中不同元素的个数
xz=setdiff(x,z)#x和z之间的不同元素，即集合差
sort(union(xz,z))#对xz及z的并的元素从小到大排序
setequal(union(xz,z),x)#xz及z的并的元素与x是否一样
intersect(1:10,7:50)#两个数据的交
sample(1:100,20,prob=1:100)#从1:100中不等概率随机抽样
#上一语句各数字被抽到的概率与其值大小成比例
```

实践2(一些简单运算):

```
pi*10^2#能够用?"*"来看基本算术运算方法，pi是圆周率
"*"(pi,"^"(10,2))#和上面一样，有些烦琐，没有人这么用
pi*(1:10)^-2.3#可以对向量求指数幂
x = pi * 10^2 x print(x)#和上面一样
(x=pi *10^2)#赋值带打印
pi^(1:5)#指数也可以是向量
print(x, digits= 12)#输出x的12位数字
```

实践3(关于R对象的类型等):

```
x=pi*10^2
class(x)#x的class
typeof(x)#x的type
class(cars)#cars是一个R中自带的数据
typeof(cars)#cars的type
names(cars)#cars数据的变量名字
summary(cars)#cars的汇总
head(cars)#cars的头几行数据，和cars[1:6,]相同
tail(cars)#cars的最后几行数据
str(cars)#也是汇总
row.names(cars)#行名字
attributes(cars)#cars的一些信息
```

```
class(dist~speed)#公式形式,"~"左边是因变量,右边是自变量
plot(dist~speed,cars)#两个变量的散点图
plot(cars$speed,cars$dist)#同上
```

实践4(包括简单自变量为定量变量及定性变量的回归):

```
ncol(cars);nrow(cars)#cars的行列数
dim(cars)#cars的维数
lm(dist~speed,data=cars)#以dist为因变量,speed为自变量做OLS
cars$qspeed=cut(cars$speed, breaks=quantile(cars$speed),
    include.lowest=TRUE)#增加定性变量qspeed,以四分位点为分割点
names(cars)#数据cars多了一个变量
cars[3]#第三个变量的值, 和cars[,3]类似
table(cars[3])#列表
is.factor(cars$qspeed)
plot(dist~qspeed,data=cars)#点出箱线图
#拟合线性模型(简单最小二乘回归):
(a=lm(dist ~ qspeed, data = cars))
summary(a)#回归结果(包括一些检验)
```

实践5(简单样本描述统计量):

```
x <- round(runif(20,0,20), digits=2)#四舍五入
summary(x)#汇总
min(x);max(x)#极值, 与range(x)类似
median(x)#中位数(median)
mean(x)#均值(mean)
var(x)#方差(variance)
sd(x)#标准差(standard deviation),为方差的平方根
sqrt(var(x))#平方根
rank(x)#秩(rank)
order(x)#升序排列的x的下标
order(x,decreasing = T)#降序排列的x的下标
x[order(x)]#和sort(x)相同
sort(x)#同上: 升幂排列的x
sort(x,decreasing=T)#sort(x,dec=T),降序排列的x
sum(x);length(x)#元素和及向量元素个数
round(x)#四舍五入,等于round(x,0),而round(x,5)为留到小数点后5位
fivenum(x)#五数汇总, quantile
quantile(x)#分位点,quantile (different convention)有多种定义
quantile(x, c(0,.33,.66,1))
mad(x)#"median average distance"
cummax(x)#累积最大值
cummin(x)#累积最小值
cumprod(x)#累积积
cor(x,sin(x/20))#线性相关系数(correlation)
```

实践6(简单图形):

```
x=rnorm(200)#将200个随机正态数赋值到x
hist(x,col="light blue")#直方图(histogram)
rug(x)#在直方图下面加上实际点的大小
stem(x)#茎叶图
x=rnorm(500)
y=x+rnorm(500)#构造一个线性关系
plot(y~x)#散点图
a=lm(y~x)#做回归
abline(a,col="red")#或者abline(lm(y~x),col="red"),散点图加拟合线
print("Hello World!")
paste("x 的最小值= ",min(x))#打印
demo(graphics)#演示画图(点击Enter来切换)
```

实践7(复数运算和求函数极值):

```
(2+4i)^-3.5+(2i+4.5)*(-1.7-2.3i)/((2.6-7i)*(-4+5.1i))#复数运算
#下面构造一个10维复向量, 实部和虚部均为10个标准正态样本点:
(z=complex(real=rnorm(10),imaginary=rnorm(10)))
complex(re=rnorm(3),im=rnorm(3))#3维复向量
Re(z)#实部
Im(z)#虚部
Mod(z)#模
Arg(z)#辐角
choose(3,2)#组合
factorial(6)#排列6!
#解方程:
f=function(x) x^3-2*x-1
uniroot(f,c(0,2))#迭代求根
#如果知道根为极值
f=function(x) x^2+2*x+1#定义一个二次函数
optimize(f,c(-2,2))#在区间(-2,2)内求极值
```

实践8(字符型向量和因子型变量):

```
a=factor(letters[1:10]);a#letters:小写字母向量,LETTERS:大写
a[3]="w"#不行! 会给出警告
a=as.character(a)#转换一下
a[3]="w"#可以了
a;factor(a)#两种不同的类型
#定性变量的水平:
levels(factor(a))
sex=sample(0:1,10,r=T)
sex=factor(sex);levels(sex)
#改变因子的水平:
levels(sex)=c("Male","Female");levels(sex)
#确定水平次序:
```

```
sex=ordered(sex,c("Female","Male"));sex
levels(sex)
```

实践9(数据输入输出):

```
x=scan()#屏幕输入,可键入或粘贴,多行输入在空行后按Enter键
1.5 2.6 3.7 2.1 8.9 12 -1.2 -4

x=c(1.5,2.6,3.7,2.1,8.9,12,-1.2,-4)#等价于上面代码
w=read.table(file.choose(),header=T)#从列表中选择有变量名的数据
setwd("f:/mydata")#建立工作路径
(x=rnorm(20))#给x赋值20个标准正态数据值
#(注:有常见分布的随机数、分布函数、密度函数及分位数函数)
write(x,"test.txt")#把数据写入文件(路径要对)
y=scan("test.txt");y#扫描文件数值数据到y
y=iris;y[1:5,];str(y)#iris是R自带数据
write.table(y,"test.txt",row.names=F)#把数据写入文本文件
w=read.table("test.txt",header=T)#读带有变量名的数据
str(w)#汇总
write.csv(y,"test.csv")#把数据写入csv文件
v=read.csv("test.csv")#读入csv数据文件
str(v)#汇总
data=read.table("clipboard")#读入剪贴板的数据
```

实践10(序列等):

```
(z=seq(-1,10,length=100))#从-1到10等间隔的100个数组成的序列
z=seq(-1,10,len=100)#和上面写法等价
(z=seq(10,-1,-0.1))#10到-1间隔为-0.1的序列
(x=rep(1:3,3)) #三次重复1:3
(x=rep(3:5,1:3))#自己看, 这又是什么呢?
x=rep(c(1,10),c(4,5))
w=c(1,3,x,z);w[3]#把数据(包括向量)组合(combine)成一个向量
x=rep(0,10);z=1:3;x+z#向量加法(如果长度不同, R给出警告和结果)
x*z#向量乘法
rev(x)#颠倒次序
z=c("no cat","has","nine","tails")#字符向量
z[1]=="no cat"#双等号为逻辑等式
z=1:5
z[7]=8;z#什么结果? 注:NA为缺失值(not available)
z=NULL
z[c(1,3,5)]=1:3;
z
rnorm(10)[c(2,5)]
z[-c(1,3)]#去掉第1、3元素
z=sample(1:100,10);z
which(z==max(z))#给出最大值的下标
```

实践11(矩阵):

```
x=sample(1:100,12);x#抽样
all(x>0);all(x!=0);any(x>0);(1:10)[x>0]#逻辑符号的应用
diff(x)#差分
diff(x,lag=2)#差分
x=matrix(1:20,4,5);x#矩阵的构造
x=matrix(1:20,4,5,byrow=T);x#矩阵的构造，按行排列
t(x)#矩阵转置
x=matrix(sample(1:100,20),4,5)
2*x
x+5
y=matrix(sample(1:100,20),5,4)
x+t(y)#矩阵之间相加
(z=x%*%y)#矩阵乘法
z1=solve(z)#用solve(a,b)可以解方程ax=b
z1%*%z#应该是单位矩阵，但浮点运算不可能得到干净的0
round(z1%*%z,14) #四舍五入
b=solve(z,1:4); b#解联立方程
```

实践12(矩阵续):

```
nrow(x);ncol(x);dim(x)#行列数目
x=matrix(rnorm(24),4,6)
x[c(2,1),]#第2和第1行
x[,c(1,3)]#第1和第3列
x[2,1]#第[2,1]元素
x[x[,1]>0,1]#第1列大于0的元素
sum(x[,1]>0)#第1列大于0的元素的个数
sum(x[,1]<=0)#第1列不大于0的元素的个数
x[,-c(1,3)]#没有第1、3列的x
diag(x)#x的对角线元素
diag(1:5)#以1:5为对角线元素,其他元素为0的对角线矩阵
diag(5)#5维单位矩阵
x[-2,-c(1,3)]#没有第2行，第1、3列的x
x[x[,1]>0&x[,3]<=1,1]#第1列>0并且第3列<=1的第1列元素
x[x[,2]>0|x[,1]<.51,1]#第1列<0.51或者第2列>0的第1列元素
x[!x[,2]<.51,1]#第1列中相应于第2列>=0.51的元素
apply(x,1,mean)#对行(第一维)求均值
apply(x,2,sum)#对列(第二维)求和
x=matrix(rnorm(24),4,6)
x[lower.tri(x)]=0;x#得到上三角阵
#为得到下三角阵，用x[upper.tri(x)]=0
```

实践13(高维数组):

```
x=array(runif(24),c(4,3,2));x
#上面用24个服从均匀分布的样本点构造4乘3乘2的三维数组
```

```
is.matrix(x)
dim(x)#得到维数(4,3,2)
is.matrix(x[1,,])#部分三维数组是矩阵
x=array(1:24,c(4,3,2))
x[c(1,3),,]
x=array(1:24,c(4,3,2))
apply(x,1,mean)#可以对部分维做求均值运算
apply(x,1:2,sum)#可以对部分维做求和运算
apply(x,c(1,3),prod)#可以对部分维做求乘积运算
```

实践14(矩阵与向量之间的运算):

```
x=matrix(1:20,5,4)#5乘4矩阵
sweep(x,1,1:5,"*")#把向量1:5的每个元素乘到每一行
sweep(x,2,1:4,"+")#把向量1:4的每个元素加到每一列
x*1:5
#下面把x标准化,即每一元素减去该列均值,除以该列标准差
(x=matrix(sample(1:100,24),6,4));(x1=scale(x))
(x2=scale(x,scale=F))#自己观察并总结结果
(x3=scale(x,center=F))#自己观察并总结结果
round(apply(x1,2,mean),14)#自己观察并总结结果
apply(x1,2,sd)#自己观察并总结结果
round(apply(x2,2,mean),14);apply(x2,2,sd)#自己观察并总结结果
round(apply(x3,2,mean),14);apply(x3,2,sd)#自己观察并总结结果
```

实践15(缺失值, 数据的合并):

```
airquality#有缺失值(NA)的R自带数据
complete.cases(airquality)#判断每行有没有缺失值
which(complete.cases(airquality)==F)#有缺失值的行号
sum(complete.cases(airquality))#完整观测值的个数
na.omit(airquality)#删去缺失值的数据
#附加、横向或竖向合并数据: append,cbind,rbind
x=1:10;x[12]=3
(x1=append(x,77,after=5))
cbind(1:5,rnorm(5))
rbind(1:5,rnorm(5))
cbind(1:3,4:6);rbind(1:3,4:6)
(x=rbind(1:5,runif(5),runif(5),1:5,7:11))
x[!duplicated(x),]#去掉矩阵重复的行
unique(x)
```

实践16(list):

```
#list可以是任何对象(包括list本身)的集合
z=list(1:3,Tom=c(1:2,a=list("R",letters[1:5]),w="hi!"))
z[[1]];z[[2]]
z$T
```

```
z$T$a2
z$T[[3]]
z$T$w
```

实践17(条形图和表):

```
x=scan()#30个顾客在五个品牌中挑选的结果
3 3 3 4 1 4 2 1 3 2 5 3 1 2 5 2 3 4 2 2 5 3 1 4 2 2 4 3 5 2

barplot(x)#不合题意的图
table(x)#制表
barplot(table(x))#正确的图
barplot(table(x)/length(x))#比例图(和上图形状一样)
table(x)/length(x)
```

实践18(形成表格):

```
library(MASS)#载入程序包MASS
quine#MASS所带数据
attach(quine)#把数据变量的名字放入内存
#下面语句产生从该数据得到的各种表格
table(Age)
table(Sex, Age); tab=xtabs(~ Sex + Age, quine); unclass(tab)
tapply(Days, Age, mean)
tapply(Days, list(Sex, Age), mean)
detach(quine)#attach的逆运行
```

实践19(如何写函数):

```
#下面这个函数是按照定义(编程简单,但效率不高)求n以内的素数
ss=function(n=100){z=2;
for (i in 2:n)if(any(i%%2:(i-1)==0)==F)z=c(z,i);return(z) }
fix(ss)#用来修改任何函数或编写一个新函数
ss()#计算100以内的素数
t1=Sys.time()#记录时间点
ss(10000)#计算10000以内的素数
Sys.time()-t1#计算费了多少时间
system.time(ss(10000))#计算执行ss(10000)所用的时间
#函数可以不写return,这时最后一个值为return的值
#为了输出多个值,最好使用list输出
```

实践20(画图):

```
x=seq(-3,3,len=20);y=dnorm(x)#产生数据
w=data.frame(x,y)#合并x,y成为数据w
par(mfcol=c(2,2))#准备画四个图的地方
plot(y~x,w,main="正态密度函数")
plot(y~x,w,type="l",main="正态密度函数")
```

```
plot(y~x,w,type="o",main="正态密度函数")
plot(y~x,w,type="b",main="正态密度函数")
par(mfcol=c(1,1))#取消par(mfcol=c(2,2))
```

实践21(色彩和符号等的调整):

```
plot(1,1,xlim=c(1,7.5),ylim=c(0,5),type="n")#画出框架
#在plot命令后面追加点(如要追加线可用lines函数):
points(1:7,rep(4.5,7),cex=seq(1,4,l=7),col=1:7, pch=0:6)
text(1:7,rep(3.5,7),labels=paste(0:6,letters[1:7]),
     cex=seq(1,4,l=7),col=1:7)#在指定位置加文字
points(1:7,rep(2,7),pch=(0:6)+7)#点出符号7到13
text((1:7)+0.25, rep(2,7),paste((0:6)+7))#加符号号码
points(1:7,rep(1,7),pch=(0:6)+14)#点出符号14到20
text((1:7)+0.25,rep(1,7),paste((0:6)+14))#加符号号码
#关于符号形状、大小、颜色以及其他画图选项的说明可用"?par"来查看
```

参 考 文 献

[1] Ambler, G. and Royston, P. (2001) Fractional polynomial model selection procedures: Investigation of Type I error rate. *Journal of Statistical Simulation and Computation*, 69: 89 – 108.

[2] Bates, D.M. and Watts, D.G. (1988) *Nonlinear Regression Analysis and Its Applications*. Wiley, Appendix A1.3.

[3] Box, G. E. P. and Cox, D. R. (1964) An analysis of transformations. *Journal of the Royal Statistical Society*, Series B, 26: 211-252.

[4] Breiman, L. (1996) Bagging predictors. *Machine Learning*, 24: 123 – 140.

[5] Breiman, L. (2001) Random forests. *Machine Learning*, 45: 5 – 32.

[6] Breslow, N.E. (1984) Extra-Poisson variation in log-linear models. *Applied Statistics*, 33: 38 – 44.

[7] Bühlmann, P. and Hothorn, T. (2007) Boosting algorithms: Regularization, prediction and model fitting (with discussion). *Statistical Science*, Vol. 22, No. 4: 477 – 505.

[8] Burges, C.J.C. (1998) A tutorial on support vector machines for pattern recognition. *Data Mining and Knowledge Discovery*, 2: 121 – 167.

[9] Cule, E. and De Iorio, M. (2012) A semi-automatic method to guide the choice of ridge parameter in ridge regression. arXiv:1205.0686v1 [stat.AP].

[10] Diggle, P., Heagerty, P., Liang, K., Zeger, S. (2013) *Analysis of Longitudinal Data*, 2nd ed. Oxford University Press.

[11] Dobson, A. J. (1983) *An Introduction to Statistical Modelling*. London: Chapman and Hall.

[12] Efron, Hastie, Johnstone and Tibshirani (2004). Least angle regression (with discussion). *Annals of Statistics*, Vol. 32, No. 2: 407 – 499.

[13] Ezekiel, M. (1930) *Methods of Correlation Analysis*. Wiley.

[14] Friedman, J. (2001) Greedy function approximation: A gradient boosting machine. *Ann. Statist*, 29: 1189 – 1232.

[15] Friedman, J. (2008) Fast sparse regression and classification. *Technical Report*, Standford University.

[16] Garthwaite, P.H. (1994) An interpretation of partial least squares. *J. Amer. Statist. Assoc.*, 89: 122-127.

[17] Genuer, R., Poggi, J., Tuleau-Malot, C. (2010) Variable selection using random forests. *Pattern Recognition Letters*, Elsevier, 31 (14): 2225-2236.

[18] Hastie, T., and Tibshirani, R. (1996) Discriminant analysis by Gaussian mixtures. *Journal of the Royal Statistical Society series* B, 58: 158-176.

[19] Hastie, T., Tibshirani, R. and Buja, A. (1994) Flexible disriminant analysis by optimal scoring. *JASA*: 1255-1270.

[20] Hosmer, D.W. and Lemeshow, S. and May, S. (2008) *Applied Survival Analysis: Regression Modeling of Time to Event Data*, Second Edition. John Wiley and Sons Inc., New York, NY

[21] Hothorn, T., Peter Buehlmann, P., Kneib, T., Schmid, M., and Hofner, B. (2010) Model-based boosting 2.0. *Journal of Machine Learning Research*, 11: 2109-2113.

[22] Kalbfleisch, J. D. and Prentice, R. L. (1980) *The Statistical Analysis of Failure Time Data*. John Wiley & Sons Inc., New York.

[23] Karush, W. (1939) Minima of functions of several variables with inequalities as side constraints. Master's thesis, Dept. of Mathematics, Univ. of Chicago.

[24] Koenker, R. and Bassett, G. (1982) Robust tests of heteroscedasticity based on regression quantiles. *Econometrica*, 50: 43–61.

[25] Kuhn, H. W. and Tucker, A. W. (1951) Nonlinear programming. In *Proc. 2nd Berkeley Symposium on Mathematical Statistics and Probabilistics*. pages 481–492, Berkeley. University of California Press.

[26] Lambert, D. (1992) Zero-inflated Poisson regression, with an application to defects in manufacturing. *Technometrics*, 34: 1-14.

[27] Legendre, Adrien-Marie (1805). *Nouvelles méthodes pour la détermination des orbites des comètes* [New methods for the determination of the orbits of comets] (in French). Paris: F. Didot.

[28] Mangasarian, O. L. (1969) *Nonlinear Programming*. McGraw-Hill, New York.

[29] McCormick, G. P. (1983) *Nonlinear Programming: Theory, Algorithms, and Applications*. John Wiley and Sons, New York, 1983.

[30] McCullagh, P. and Nelder, J.A. (1989) *Generalized Linear Models*, 2nd ed. Chapman & Hall/CRC, Boca Raton, Florida. ISBN 0-412-31760-5.

[31] McNeil, D. R. (1977) *Interactive Data Analysis*. Wiley.

[32] Mullahy, J. (1986) Specification and testing of some modified count data models. *Journal of Econometrics*, 33: 341-365.

[33] Nelder, J.A. and Wedderburn, R. W. M. (1972) Generalized linear models. *J. R. Statist. Soc.* A, 135: 370–384.

[34] Sela, Rebecca J., and Simonoff, Jeffrey S.(2012) RE-EM trees: A data mining approach for longitudinal and clustered data. *Machine Learning*, 86: 169–207.

[35] Smyth, G. K. (1989) Generalized linear models with varying dispersion. *J. R. Statist. Soc.*, B, 51: 47 - 60.

[36] Smola, A. J., and Schölkopf, B. (2004) A tutorial on support vector regression. *Statistics and Computing*, Volume 14, Issue 3: 199-222.

[37] Thall, P.F. and Vail, S.C. (1990) Some covariance models for longitudinal count data with overdispersion. *Biometrics*, 46: 657 - 71.

[38] Treloar, M. A. (1974) Effects of puromycin on galactosyltransferase in golgi membranes. M.Sc. Thesis, U. of Toronto.

[39] Vanderbei, R. J. (1997) LOQO user's manual—version 3.10. Technical Report SOR-97-08, Princeton University, Statistics and Operations Research, 1997. Code available at http://www.princeton.edu/?rvdb/.

[40] Vapnik, V. (1995) *The Nature of Statistical Learning Theory.* Springer, N.Y.

[41] Wold, S., Wold, H., Dunn, W.J. and Ruhe, A.(1984) The collinearity problem in linear regression. The Partial least squares (PLS) approach to generalized inverses. *SIAM J. Sci. Stat. Comput.*, 5: 735-743.

[42] Wold, S., Sjöström, M., Eriksson, L. (2001) PLS-regression: A basic tool of chemometrics. *Chemometrics and Intelligent Laboratory Systems*, 58 (2): 109 - 130. doi:10.1016/S0169-7439(01)00155-1.

[43] Yeh, I-Cheng (1998). Modeling of strength of high performance concrete using artificial neural networks. *Cement and Concrete Research,* Vol. 28, No. 12: 1797-1808.

图书在版编目(CIP)数据

应用回归及分类: 基于R / 吴喜之编著. —北京: 中国人民大学出版社, 2016.1
(基于R应用的统计学丛书)
ISBN 978-7-300-22287-5

I. ①应··· II. ①吴··· III. ①回归分析 – 高等学校 – 教材 IV. ①O212.1

中国版本图书馆CIP数据核字(2015) 第309285号

基于R应用的统计学丛书
应用回归及分类
—— 基于R
吴喜之 编著
Yingyong Huigui ji Fenlei

出版发行	中国人民大学出版社				
社　　址	北京中关村大街31号		**邮政编码** 100080		
电　　话	010-62511242(总编室)		010-62511770(质管部)		
	010-82501766(邮购部)		010-62514148(门市部)		
	010-62515195(发行公司)		010-62515275(盗版举报)		
网　　址	http://www.crup.com.cn				
	http://www.ttrnet.com (人大教研网)				
经　　销	新华书店				
印　　刷	北京鑫丰华彩印有限公司				
规　　格	185mm× 260mm　16开本		**版　　次**	2016年1月第1版	
印　　张	15.75 插页1		**印　　次**	2020年1月第3次印刷	
字　　数	326 000		**定　　价**	32.00元	

教师教学服务说明

中国人民大学出版社工商管理分社以出版经典、高品质的工商管理、财务会计、统计、市场营销、人力资源管理、运营管理、物流管理、旅游管理等领域的各层次教材为宗旨。

为了更好地为一线教师服务，近年来工商管理分社着力建设了一批数字化、立体化的网络教学资源。教师可以通过以下方式获得免费下载教学资源的权限：

在"人大经管图书在线"（www.rdjg.com.cn）注册,下载"教师服务登记表"，或直接填写下面的"教师服务登记表"，加盖院系公章，然后邮寄或传真给我们。我们收到表格后将在一个工作日内为您开通相关资源的下载权限。

如您需要帮助，请随时与我们联络：

中国人民大学出版社工商管理分社

联系电话：010-62515735，62515749，62515987

传真：010-62515732，62514775　　　电子邮箱：rdcbsjg@crup.com.cn

通讯地址：北京市海淀区中关村大街甲59号文化大厦1501室（100872）

···

教师服务登记表

姓名		□先生 □女士	职称		
座机/手机			电子邮箱		
通讯地址			邮编		
任教学校			所在院系		
	课程名称	现用教材名称	出版社	对象(本科生/研究生/MBA/其他)	学生人数
所授课程					
需要哪本教材的配套资源					
人大经管图书在线用户名					

院/系领导（签字）：

院/系办公室盖章